FCD First-Class Disciplines 一流学科建设研究生教材

固体催化剂制备技术

Preparation Technology of Solid Catalyst

刘　源　张翠娟　编著

化学工业出版社

·北京·

内容简介

高效催化剂是催化过程的核心，而催化剂制备是获得高性能催化剂的关键。《固体催化剂制备技术》重点介绍了固体催化剂制备常用方法，包括沉淀法、浸渍法、溶胶-凝胶法、模板法等，并以文献为例说明如何通过调节制备条件实现对催化剂性能的调控。此外，还介绍了固体催化剂制备过程中的干燥、煅烧和还原等热处理以及成型方法。最后，以作者课题组的研究为例，介绍如何针对具体的反应设计和制备催化剂。

本书可作为高等学校化学、化工、材料、能源、环境、医药等相关专业高年级本科生、研究生教材，也可作为固体催化剂研究入门者的参考书。

图书在版编目（CIP）数据

固体催化剂制备技术 / 刘源，张翠娟编著. -- 北京：化学工业出版社，2025. 4. --（一流学科建设研究生教材）. -- ISBN 978-7-122-47368-4

Ⅰ. TQ426

中国国家版本馆 CIP 数据核字第 2025W8Q890 号

责任编辑：徐雅妮	文字编辑：孙凤英
责任校对：宋　玮	装帧设计：刘丽华

出版发行：化学工业出版社
　　　　　（北京市东城区青年湖南街 13 号　邮政编码 100011）
印　　装：北京天宇星印刷厂
787mm×1092mm　1/16　印张 11¾　字数 236 千字
2025 年 11 月北京第 1 版第 1 次印刷

购书咨询：010-64518888　　　　　售后服务：010-64518899
网　　址：http://www.cip.com.cn
凡购买本书，如有缺损质量问题，本社销售中心负责调换。

定　　价：49.00 元　　　　　　　　版权所有　违者必究

前言

固体催化剂在化学、化工、材料、能源、环境、医药等诸多领域具有广泛应用，而且往往是技术的核心或关键。由于固体催化剂的广泛应用和重要性，从事固体催化剂研究和开发的科技人才显著增加。制备出催化剂才能展开实验研究，所以制备是固体催化剂研究的基础。

制备和生产出具有实际应用价值的催化剂是催化剂研究和开发的目的，学习固体催化剂制备方法的目的则在于制备出性能优良的催化剂。催化剂的构效关系、反应机理等基础研究旨在揭示优良性能催化剂需具备的结构特征，催化剂制备的任务则在于制备出具有该结构特征的催化剂。催化基础研究重在深刻认识催化剂的本质特性，催化剂制备则更重视创意、灵活，通过创新构想和对已有知识的灵活应用，设计和构筑出具有特定结构的催化剂。

本书介绍了常用的固体催化剂制备方法，包括各种制备方法所得催化剂的特点及其涉及的基本原理。作者在撰写过程中期望做到以下几点，这也是本书的特色：将应用广泛的制备方法尽量包含在内，包括传统的制备方法和近些年发展起来的方法；与科学研究和技术开发相结合，介绍固体催化剂制备知识的同时注重知识的应用；在思维角度，注重培养创新意识。固体催化剂制备技术本身就是化学、化工基础知识在催化剂制备中的应用，即固体催化剂制备技术本身就是基础知识的应用产物；另一方面，固体催化剂制备方法也是知识；所以，固体催化剂制备技术的发展过程也是创造知识的过程，是创新过程。

基于上述思路，在此给读者提几点建议。第一，掌握固体催化剂制备基本知识并会应用。对书中介绍的催化剂制备方法及其基本原理能够很好地理解，这是学习基本知识；针对催化剂的基本特征，能够选择对应的制备方法，这是对所学知识的基本应用。第二，融会贯通，体会知识的创造过程。关联和比较这些制备方法，领悟和体会其中的巧妙之处。例如，从共沉淀到柠檬酸配合法，再到醇盐水解的溶胶-凝胶法，就通过化学反应调控催化剂组分的均匀性而言，适用面依次拓宽，这是制备技术的发展过程，也是知识的创造过程。第三，创造新知识，解决面临的问题。针对正在研究或将要研究的催化反应，提出新的催化剂制备方案。新方案可以是本书介绍的某个基本原理的应用，也可以是某几个基本原理的组合应用，也可以是应用其他领域的知识制备催化剂。所提出的新方案应用面越宽、适用性越强，价值就越大。有价值的新方案及其对应的原理属于新知识，于是，从学习知识发展为创造知识，这就是创新过程。

对绝大多数催化剂研发工作者而言，需要针对催化剂面临的问题，提出独到的、有创意的解决方案。创意和灵感需要信息刺激，新的信息会触发灵感，所以知识面要宽，多了解最新进展。奇思妙想可能源于关联广博知识激发的灵感，也可能触发于其他领域的最新研究成果、研究思路，或者借鉴和利用其他领域的最新研究成果、研究思路。好的奇思妙想是独辟蹊径、开拓新方法的开始，也是开拓新的催化剂制备方法的有效途径。

本书共分 10 章，刘源负责撰写第 1 章绪论、第 2 章催化剂制备的基础知识、第 3 章沉淀法制备催化剂、第 4 章浸渍法制备催化剂、第 8 章催化剂热处理、第 9 章催化剂成型、第 10 章固体催化剂设计与制备示例，负责全文整体构思和内容把关。张翠娟负责撰写第 5 章溶胶-凝胶法制备催化剂、第 6 章模板法制备催化剂、第 7 章其他制备方法，并对全书的语言进行了修改和润色，负责全书的文字、图、表的编辑和校订。本书是在作者多年教学材料的基础上整理、撰写而成，张斯然、白杨、孙若琳和陈晨同学做了大量编辑、整理工作，李双双博士制作了书中的部分插图。化学工业出版社在本书的编审、校对等方面做了大量工作，在此表示感谢。

感谢国家自然科学基金委和科技部的经费资助，本书第 10 章的研究工作在基金委和科技部的"863"计划资助下完成。感谢天津大学研究生院创新人才培养项目和天津大学化工学院提供了出版资助。

由于固体催化剂制备技术涉及的知识面非常广，且不断有新技术涌现出来，限于作者知识水平和经验有限，书中难免存在疏漏或不足之处，恳请读者批评指正。

刘源　张翠娟
2025 年 3 月于天津大学北洋园

目录

第4章　浸渍法制备催化剂 // 39

第 8 章 催化剂热处理 // 114

第 9 章 催化剂成型 // 134

第 10 章　固体催化剂设计与制备示例 // 143

第 1 章

绪 论

1.1　固体催化剂及其制备的重要性

随着社会和技术的发展，固体催化剂在化工、能源、环保等领域占有愈来愈重要的地位。在化工领域，目前 80% 以上的化工过程需要催化剂，且大多数情况下催化剂是技术的核心，如合成氨的铁基催化剂，合成甲醇的 $Cu/ZnO\text{-}Al_2O_3$ 催化剂，早期天然气（主要成分是甲烷）经合成气（CO 和 H_2 混合气）制甲醇等化学品（通过 $CH_4 + H_2O \longrightarrow CO + 3H_2$，$CO + 2H_2 \longrightarrow CH_3OH$ 等反应）所使用的镍基和 $Cu/ZnO\text{-}Al_2O_3$ 催化剂等。除此之外，煤化工中的煤经合成气制烯烃、乙二醇、芳烃等先后进入了工业示范运行，其技术核心是催化剂；生物质制化学品（涉及加氢脱氧等）的相关催化剂研发也颇受关注。在能源领域，煤经合成气制汽油、柴油、乙醇、天然气，石油加工以及石油制化学品，碳氢化合物、光解水制氢等过程的技术核心也是催化剂。在可再生能源储存领域，如利用太阳能和风能发电，然后电解水制氢（电能储存于氢分子中），温室气体 CO_2 加 H_2 制碳氢化合物（氢能转化为化学能储存于碳氢化合物中），于是将可再生能源储存为化学能，该过程的技术核心也是催化剂，其中包括电催化。近年来，我国提出"碳达峰、碳中和"目标，强化了对 CO_2 排放的限制，可再生能源、CO_2利用等相关的催化剂研究非常活跃。在环保领域，如汽车尾气净化、烟气脱硫、脱氮、废水处理、固体垃圾的焚烧等过程，固体催化剂往往是核心。

固体催化剂属于一种无机材料，很多无机材料的设计和制备与固体催化剂的设计和制备有相似之处，所以学习固体催化剂制备的基础知识对研发其他无机材料也有裨益。制备是固体催化剂研发的核心，生产性能优良、可实际应用的催化剂是催化领域研发的目标；催化剂设计与制备的核心就在于制备具有特定"结构特征"的催化剂，这里说的"结构特征"是指实际应用催化剂所要求具备的核心特点。

固体催化剂研发涉及的主要工作及其相互之间的关系如图 1-1 所示。基础研究和应用基础研究（"催化剂结构"和"反应机理"方面的研究）旨在揭示催化剂的反应机理和构效关系。构效关系即结构和效果的关系，对于催化剂来说，效果反映在性能上。催化剂的构效关系是指催化剂结构与催化性能之间的关系。研究构效关系首先需要研究催化剂结构，包括催化剂的孔结构、主要组分的晶型、活性组分的价态等化学状态；测试催化剂的性能，包括活性、选择性和稳定性等；关联结构和性能的关系，找出规律，认识其中的机理。

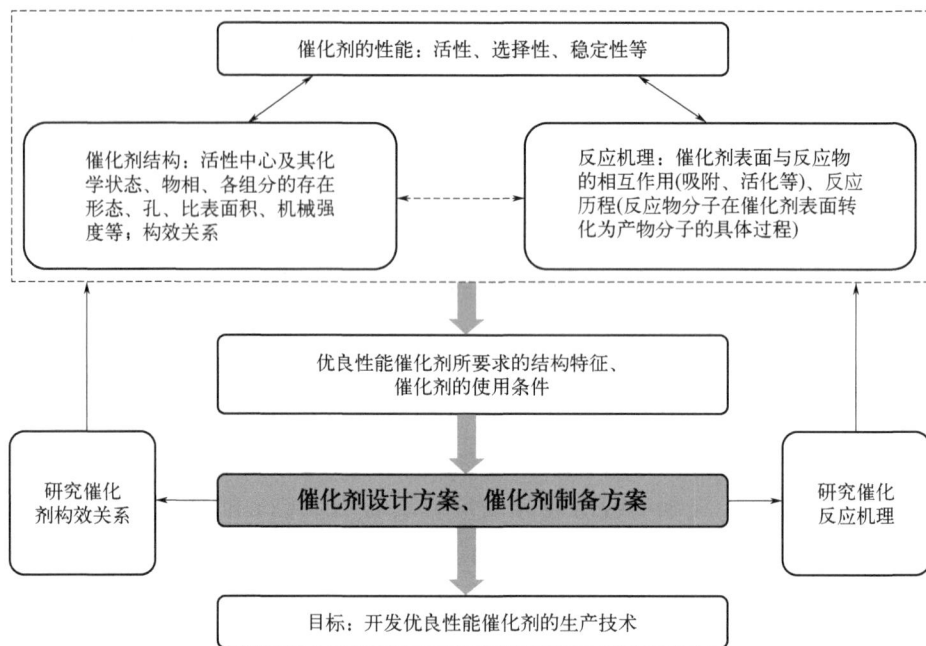

图 1-1　催化剂设计与制备在催化剂研发中的位置

反应机理研究反应物分子在催化剂表面如何吸附、活化，然后转化为什么样的中间物种，再如何生成产物，研究有催化剂活性中心参与的表面反应过程。反应机理研究和构效关系研究密切相关。例如，知道了活性中心的特征才能更好地研究反应物分子如何在活性中心上进行化学吸附、成键等。

构效关系研究的目的是认识优良催化剂所要求具备的"结构特征"；反应机理研究则期望知晓在具备该"结构特征"的催化剂表面，反应的目的产物和副产物分别如何生成、在什么条件下生成。催化剂制备研究，即催化剂制备技术的研发，就是设计出具备这些优良"结构特征"催化剂的制备方案，并基于该制备方案制备出催化剂；还需要结合反应机理，通过反应条件和催化剂组成调控，使得该优良的"结构特征"发挥作用，生成目的产物而不是副产物。

举例说明，对于 CO 在钴催化剂上的加氢反应，金属 Co 解离吸附 CO，加氢形成 CH_x 过渡态，CH_x 过渡态可以再加氢生成产物甲烷，也可以聚合然后加氢生成乙烷或丙烷等。带正电的 Co 或者钴离子对 CO 是非解离吸附，非解离吸附的 CO 加氢则生成醇。制备 CO 制甲烷的钴催化剂时，钴应易被还原，采用给电子助剂以便于钴处于金属状态。反应条件应该控制在 Co 不易被氧化，选不容易与 Co 反应生成钴离子的载体和助剂，反应的空速高一些以期使得中间产物脱附而非聚合成为乙烷或丙烷等。如果制备 CO 加氢生产醇的催化剂，则选取与 Co 强相互作用的氧化物载体，使得 Co 带正电；或通过生成 $CoAl_2O_4$、Co_2C 等使钴处于离子状态。除了催化剂组成筛选外，为了实现对钴的价态和化学状态的控制，需要选择对应的制备方法和制备条件。

本课程就是学习基本的、常用的催化剂制备方法，并通过一些示例说明如何灵活应用这些方法制得特定结构的催化剂。

催化剂制备技术的研发不是一蹴而就的过程，需要提出催化剂设计和制备方案，制备出催化剂，测试性能，通过催化剂结构研究分析和判断是否达到预期，再进行催化剂结构-性能关系研究和机理研究，直至制备出可实际应用的催化剂。

近年来，随着高性能计算机的发展，计算化学发展很快。基于理论计算，例如密度泛函理论（DFT）预测优良催化剂的结构特征，进而设计实验方案制备具有特定结构特征的催化剂，这是很有前途的方向。然而由于固体催化剂的催化过程太复杂，实际反应过程很难模拟，目前计算化学对实际催化剂制备的指导尚有限。

1.2　固体催化剂的性能指标

衡量固体催化剂性能的指标包括活性、选择性、稳定性、机械强度、成本等。实际应用的催化剂，对这些性能指标有具体要求，其数值或范围依具体反应而定。

活性是判断催化效能高低的标准，表示方法主要有：①时空收率，在一定条件下，单位体积（或质量）催化剂在单位时间内所生成的产物质量；②转化率，一定反应条件下，反应物转化的百分率；③转化频数，在一定条件下，单位时间内一个活性位上转化的分子数，单位是 s^{-1}；④比活性，单位表面上的转化率或收率。前两种多用于实际生产及技术开发，后两种多用于基础研究。

选择性是指当化学反应在理论上可能有几个反应发生时，专门对某一反应起加速作用的性能。对某一生成物的选择性为消耗于该生成物的原料量与原料总的转化量之比。由于绝大多数催化反应会生成副产物，所以选择性的调控很重要。

稳定性，也称为寿命，指在一定反应条件下，活性与选择性保持不变（或能满足要求）所能持续的时间。影响寿命的主要因素有耐热性能（如烧结、固相反应等会导致催化剂失活）、抗中毒性能（如硫、铅等中毒）、积碳（导致活性表面被覆盖而失活）等。催化剂失活一般经历快速失活期、平稳期（失活速度缓慢）、严重失活期（不能使用）。

对于机械强度而言，一般要求能够抵抗使用过程中的各种应力或磨损等，如固定床中催化剂被气流冲击的磨损、浆态床中浆液对固体催化剂的冲刷。

注意：上述催化剂的性能指标数据，只有在"一定反应条件下"才有意义，因为这些性能指标会随着催化反应条件的变化而变化，如温度、压力均会对转化率有显著影响。

1.3 制备方法对催化剂性能的影响

制备方法对催化剂的催化性能具有重要影响，如图 1-2 所示。首先催化剂中活性组分的性质对催化性能有显著影响，组成及其配比是催化剂设计的主要部分。催化剂的制备方法和条件则直接决定其物理、化学结构。催化剂的物理结构（如孔结构）会影响传热、传质，进而影响反应物转化率等；化学结构则直接影响活性位对反应物的吸附与活化等，进而影响活性。因此，对于相同的催化剂组成，不同的制备方法会导致催化性能具有显著差异。制备方法可以调变催化剂组分的性质，从而改变催化作用行为。

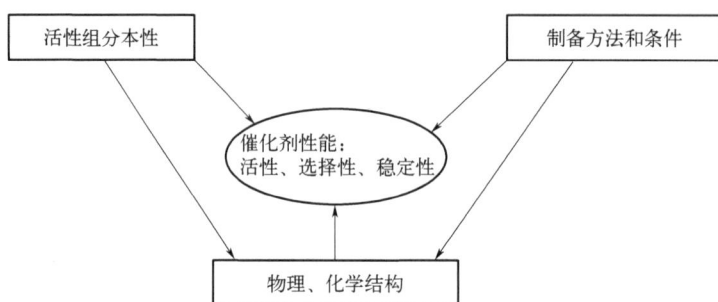

图 1-2 影响催化剂性能的因素

图 1-3 给出了用沉淀法制备出载体，然后采用浸渍法负载活性组分的流程。这是工业催化剂生产比较常见的流程，其中溶液的 pH 值往往是制备过程中的基本调控参数。

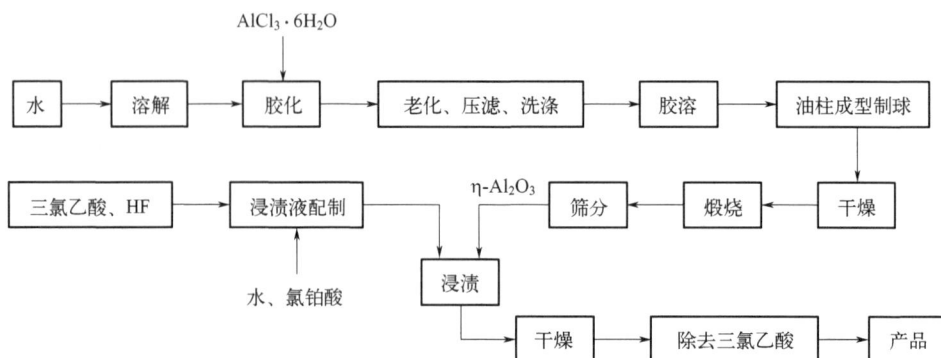

图 1-3 铂重整催化剂生产流程框图

图 1-4 表明在催化剂制备过程中，具体的方法或条件与其性能的关系，及对催化剂机械强度的影响。例如，改变沉淀过程的 pH 值，沉淀得到的固体微粒的 ξ 电位会相应变化，因此固体微粒之间的作用力，即"颗粒间作用力"就会发生变化。

催化剂块体的机械强度与"颗粒间作用力"有密切关系,所以催化剂的机械强度可以通过制备过程的 pH 值进行调控。

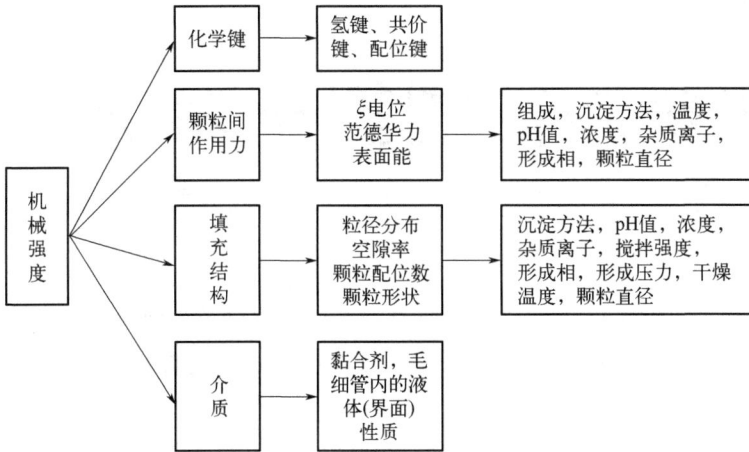

图 1-4 制备条件对催化剂机械强度的影响

第2章
催化剂制备的基础知识

在学习固体催化剂制备之前，本章介绍以下三方面的内容作为铺垫。首先，介绍催化剂制备相关的基本知识；其次，通过介绍孔尺寸对催化反应速率的影响，说明催化剂制备的重要性；最后，原材料的准备。

2.1 催化剂的物理结构

催化剂的物理结构包括织构和体相结构。织构即在电子显微镜等条件下观测到的形貌和组织结构，拓展以后一般指表面形貌、形状、孔结构、粒度、比表面积等。体相结构包括晶型、晶格缺陷、晶粒度等。物理结构对催化剂的催化性能具有很大影响，例如：对活性而言，由于孔与扩散相关，因此孔结构影响转化率；晶型结构会影响烧结情况，因而可能影响催化剂的稳定性；机械强度则与粒度、孔相关，一般颗粒尺寸大、孔隙率低则机械强度高。由于催化反应在表面上进行，所以先介绍最主要的比表面积，然后介绍孔结构。催化剂的外表面积很小，催化反应主要在内表面上进行，内表面即孔壁。

催化剂制备中，"晶粒"和"颗粒"是常用词，但二者含义不同。晶粒指离子、原子或分子按晶格点阵结构排列的整块粒子；颗粒指显微镜下看到的粒子，它可以是一个晶粒也可以是几个晶粒团聚而成。对于几个晶粒团聚而成的颗粒，其中的晶粒之间存在界面，而一个晶粒内没有界面。

2.1.1 催化剂的比表面积、密度和孔结构

比表面积、密度和孔结构等是容易理解的一些名词术语，但是它们反映催化剂的基本性质。通过介绍这些名词术语，可以让读者了解固体催化剂的一些基本特征。

（1）比表面积

比表面积即单位质量催化剂所具有的面积。测定方法包括重量法或容量法，测

出样品对惰性气体的吸附量或脱附量，按照 BET 公式算出单分子层的饱和吸附量 V_m，然后由式(2-1) 得到比表面积 S_g，m^2/g：

$$S_g = \frac{V_m N_A \sigma}{22.4 \times 10^3 W} \tag{2-1}$$

式中，V_m 为单分子层的饱和吸附量，即覆盖单分子层所需气体的体积，mL；N_A 为阿伏伽德罗常数，6.023×10^{23}；σ 为吸附分子的截面积，$Å^2$（$1Å = 0.1nm$，下同）；W 为催化剂样品的质量，g。

(2) 催化剂的密度

密度是指单位体积催化剂的质量：

$$\rho = \frac{m}{V} \tag{2-2}$$

式中，ρ 是密度；m 是质量；V 是体积，包括堆体积（$V_堆$）、空隙体积（$V_隙$）、孔体积（$V_孔$）和材料的真实体积（$V_真$），它们之间的关系是：

$$V_堆 = V_隙 + V_孔 + V_真 \tag{2-3}$$

堆密度（ρ_b）：

$$\rho_b = \frac{m}{V_堆} \tag{2-4}$$

颗粒密度（ρ_p）：

$$\rho_p = \frac{m}{V_堆 - V_隙} = \frac{m}{V_孔 + V_真} \tag{2-5}$$

真密度（ρ_t）：

$$\rho_t = \frac{m}{V_真} \tag{2-6}$$

(3) 比孔容和孔隙率

比孔容，又称为比孔容积或孔容，以 V_g 表示，指 1g 催化剂颗粒内部所有孔体积的总和，mL/g：

$$V_g = \frac{V_孔}{m} \tag{2-7}$$

孔隙率（ε）指催化剂中孔的体积占催化剂颗粒体积的分数：

$$\varepsilon = \frac{V_孔}{V_孔 + V_真} \tag{2-8}$$

(4) 孔径

由于孔的形状、大小不均一，所以孔半径（r）和孔直径（d）与模型相关。

模型中，对孔的形状做了简化或理想化处理，以便得出数学模型。根据国际纯粹应用化学联合会的规定，一般将孔分为微孔（micro-pore，$d<2nm$）、介孔（meso-pore，$d=2\sim50nm$）和大孔（macro-pore，$d>50nm$）。

这里以一个高度简化的模型即圆柱毛细孔模型说明孔径的计算方法。假设所有的孔均为圆柱形，其平均长度为 L，平均半径为 r，每克样品有 n 个孔，且颗粒外表面积可忽略不计，则比表面积（S_g）为：

$$S_g = 2\pi r L n \tag{2-9}$$

比孔容（V_g）为：

$$V_g = \pi r^2 L n \tag{2-10}$$

两式相除可得：

$$r = \frac{2V_g}{S_g} \tag{2-11}$$

即平均孔径可由测得的比表面积和比孔容计算得到。

（5）孔径分布

比孔容随孔径大小变化的分布即为孔径分布，或称孔分布。图 2-1 是某硅胶的孔分布曲线。

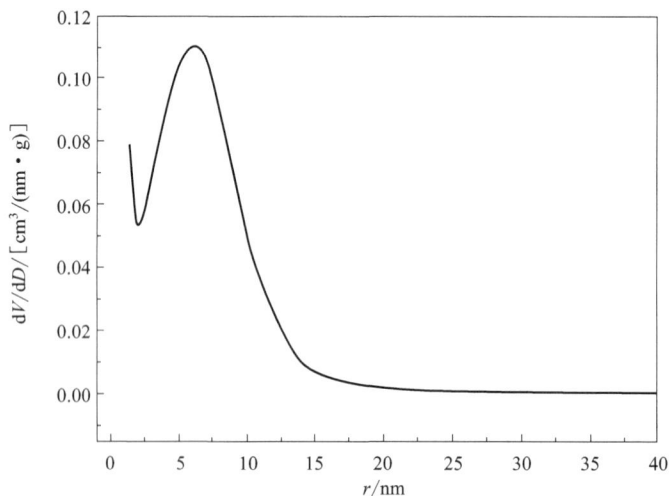

图 2-1 孔分布曲线示例

孔分布的测定技术主要有毛细管凝聚法（测 20nm 以下的孔）和压汞法（测 10nm 以上的孔）。毛细管凝聚法测定孔分布和上述测定比表面积相同，一般采用液氮物理吸附。与计算比表面积相比，孔分布需要测定更多的数据，获得孔分布曲线的模型也更复杂，这里不做叙述。

压汞法测定孔分布的基本原理如下。

测定孔分布时，液氮能够润湿试样，而汞不能润湿大多数固体催化剂，需要通过外加压力对抗表面张力将汞压入孔内。外加压力与孔径的关系为：

$$p = \frac{-2\sigma\cos\theta}{r} \tag{2-12}$$

式中，p 为外加压力，kgf/cm^2（$1kgf = 9.80665N$，下同）；σ 为汞的表面张力，$480dyn/cm$（$1dyn = 10^{-5}N$，下同）；θ 为接触角；r 为孔半径，$\mathring{A}$。

当 $\theta = 140°$ 时，代入式(2-12)得 $r = 75000/p$。当外加压力为 $1000kgf/cm^2$ 时，汞可以填满 $75\mathring{A}$ 的孔。测定约 $10nm$ 的孔需要非常大的压力，所以压汞法主要用来测较大的介孔或大孔的孔分布。

2.1.2　孔的类型

（1）微粒型

即微粒堆积形成的孔，孔的形状取决于微粒形状及其堆积方式，孔的大小则取决于微粒大小及其堆积方式。包括球粒模型孔，微粒为球粒，如气凝胶；圆盘间的孔，微粒为层状圆盘，如高岭土；多面体间的孔，微粒为多面体，如活性炭；狭缝孔，微粒为片状，层状结构的结晶堆积孔；圆轴间的孔，微粒为圆轴状，如薄水铝石。

（2）海绵型

即固体为整块或大颗粒，其间贯穿着孔，主要有柱状毛细孔，孔为柱状，如多孔玻璃；瓶状孔，孔为瓶状，如骨架催化剂。

（3）混合结构

微粒内部存在海绵型的孔，微粒之间又堆积形成微粒型孔。

2.1.3　微球模型中孔径与颗粒的关系

若多孔催化剂由微球堆积构成，则微球的表面积 S_q 和体积 V_q 分别是：

$$S_q = \pi D^2 \quad 或 \quad 4\pi r^2 \tag{2-13}$$

$$V_q = \frac{\pi D^3}{6} \quad 或 \quad \frac{4\pi r^3}{3} \tag{2-14}$$

二者相除可得：

$$\frac{S_q}{V_q} = \frac{6}{D} \tag{2-15}$$

对任意形状的颗粒，则有：

$$\frac{S_k}{V_k} = \frac{K_k}{D} \tag{2-16}$$

式中，S_k 为任意形状颗粒的颗粒表面积；V_k 为颗粒体积；K_k 为颗粒的形状系数，球体的 K_k 为 6；D 为颗粒尺寸，对于球形孔则是颗粒直径。引入颗粒的形状系数 K_k 后，可将球形颗粒的关系式套用于任意形状的颗粒，其差别在于 K_k。

将孔按类似颗粒的方式处理，即把孔看成是气体颗粒，可得：

$$\frac{S_p}{V_p} = \frac{K_p}{d} \tag{2-17}$$

式中，S_p 和 V_p 分别为气体颗粒的表面积和体积，微粒堆积形成孔，微粒和孔的界面是微粒的表面又对应"气体颗粒"的表面，故：

$$S_k = S_p \tag{2-18}$$

由式(2-16)～式(2-18) 可得：

$$d = \frac{K_p V_p D}{K_k V_k} \tag{2-19}$$

式(2-19) 分子和分母分别除以 $(V_k + V_p)$，并代入孔隙率 $\varepsilon = \dfrac{V_p}{V_k + V_p}$，可得：

$$d = \frac{K_p \varepsilon D}{K_k (1-\varepsilon)} \tag{2-20}$$

从式(2-20) 可以看出，孔径与颗粒直径成正比，孔径随孔隙率增大而增大。孔隙率与颗粒的堆积方式有关。

2.2　催化剂物理结构对催化反应的影响

2.2.1　孔结构对内表面利用率的影响

催化剂表面的反应速率（u）可表示为：

$$u = u_s S_g \eta \tag{2-21}$$

式中，u_s 为催化剂单位表面的反应速率；S_g 为比表面积；η 为内表面利用率；u_s 为催化剂单位表面积的反应速率，设为常数。由于 $V_k = 1/\rho_t$，代入式(2-16) 可得：

$$D = \frac{K_k}{S_k \rho_t} \tag{2-22}$$

可以看出颗粒直径与比表面积成反比，从反应速率的表达式可知 $u \propto S_g \propto 1/D \propto 1/d$（"$\propto$"表示成正比），$S_k$ 就是比表面积 S_g。

对于内表面利用率 η，孔径小时，η 小。孔径小，则扩散限制较大，表面利用率下降。又知 $S_g \propto 1/D \propto 1/d$，所以，孔径小、颗粒小和比表面积高时，$\eta$ 小；η 小，会导致 u 一定程度降低。下面采用一个简化模型，推导孔径对反应速率和内表面利用率的影响。

以圆柱孔为例（图 2-2），在稳定状态下，单位时间内扩散进入微元 $\mathrm{d}x$ 反应物的量与在 $x+\mathrm{d}x$ 处扩散出来的反应物的量之差，等于在微元内进行化学反应所消耗的反应物的量：

$$\pi r^2 D_\mathrm{e}\left(\frac{\mathrm{d}C}{\mathrm{d}x}\right)_x - \pi r^2 D_\mathrm{e}\left(\frac{\mathrm{d}C}{\mathrm{d}x}\right)_{x+\mathrm{d}x} = 2\pi r\,\mathrm{d}x k_1 C \tag{2-23}$$

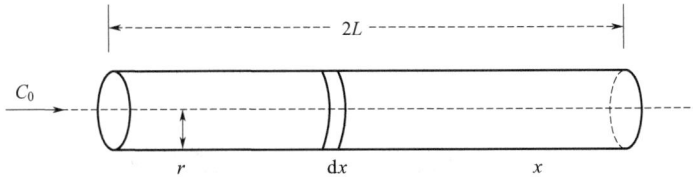

图 2-2　柱形孔示意

整理式(2-23)得：

$$\pi r^2 D_\mathrm{e}\left(\frac{\mathrm{d}^2 C}{\mathrm{d}x^2}\right)\mathrm{d}x = 2\pi r\,\mathrm{d}x k_1 C \tag{2-24}$$

即

$$\frac{\mathrm{d}^2 C}{\mathrm{d}x^2} = \frac{2k_1 C}{r D_\mathrm{e}} \tag{2-25}$$

式中，C 为 x 点处的反应物浓度；D_e 为有效扩散系数；k_1 为一级反应速率常数。其边界条件为：$x=0$ 处，$C=C_0$；$x=L$ 处，$\dfrac{\mathrm{d}C}{\mathrm{d}x}=0$。

此线性二阶微分方程的解为：

$$\frac{C}{C_0} = \frac{\cosh\left[L\left(\dfrac{2k_1}{rD_\mathrm{e}}\right)^{\frac{1}{2}} - x\left(\dfrac{2k_1}{rD_\mathrm{e}}\right)^{\frac{1}{2}}\right]}{\cosh\left(\dfrac{2Lk_1}{rD_\mathrm{e}}\right)} \tag{2-26}$$

对 x 微分，在 $x=0$ 处的浓度可表示为：

$$\left(\frac{\mathrm{d}C}{\mathrm{d}x}\right)_{x=0} = C_0\left(\frac{2k_1}{rD_\mathrm{e}}\right)^{\frac{1}{2}}\tanh\left[L\left(\frac{2k_1}{rD_\mathrm{e}}\right)^{\frac{1}{2}}\right] \tag{2-27}$$

在扩散影响的稳态条件下，扩散进入孔内的量即为反应掉的量，此时反应速率 R 为：

$$R = \pi r^2 D_\mathrm{e}\left(\frac{\mathrm{d}C}{\mathrm{d}x}\right)_{x=0} = \frac{\pi r^2 D_\mathrm{e} C_0 \psi \tanh\psi}{L} \tag{2-28}$$

其中，$\psi = L\left(\dfrac{2k_1}{rD_\mathrm{e}}\right)^{\frac{1}{2}}$ 为模数。

如不存在扩散影响，则浓度均为 C_0，即孔表面全部被利用，半个孔表面上的反应速率 R_0 为：

$$R_0 = 2\pi r L k_1 C_0 \tag{2-29}$$

孔长为 $2L$，如图 2-2 所示。内表面利用率 η 为：

$$\eta=\frac{R}{R_0}=\frac{\pi r^2 D_e C_0 \sqrt{\dfrac{2k_1}{rD_e}}}{2\pi rLk_1 C_0}\tanh\psi=\frac{1}{\psi}\tanh\psi \qquad (2\text{-}30)$$

对于式(2-30)，分两种情况讨论。

(1) 当 $\psi<0.5$ 时

由数学推算知 $\tanh\psi\approx\psi$，于是 $R\approx R_0$，$\eta\approx1$。由 ψ 的表达式可以看出，ψ 小，对应 L 小、r 大和温度低（反应速率常数 k_1 小）。L 小即颗粒小，此处的颗粒指成型后催化剂的颗粒，颗粒内有孔，L 是颗粒内孔的长度；r 大即孔径大，温度低则本征反应慢。当 ψ 小时，反应为动力学（催化表面反应）控制，反应物分子容易扩散至催化剂表面。

由 $u=u_s S_g \eta$ 得 $u\approx u_s S$，又有 $S\propto1/r$，u_s 为常数，故 $u\propto1/r$。

(2) 当 $\psi>3$ 时

可分为两种情况。其一，r 较大属于分子扩散范围时，基于式(2-30)的相应数学推导可得出 $\eta\propto r^{0.5}$，而 $S\propto1/r$，所以 $u\propto S\eta\propto1/r^{0.5}$。在此条件下，反应存在内扩散影响，但是减小孔径，提高比表面积对活性的提高贡献更大，二者综合效果得出减小孔径仍然可以提高反应速率。其二，孔径足够小，小于分子自由程时，即 $2r/\lambda<1$，λ 指分子平均自由程。此时根据相关的扩散模型，将该扩散模型的扩散系数代入内表面利用率的表达式后得 $\eta\propto r$，又有 $S\propto1/r$，所以 $u\propto S\eta$，反应速率与孔半径无关，通过减小孔径提高比表面积不能提高反应速率。

由上述反应速率与孔径变化的模型可得到图 2-3 所示的变化关系。当 $1/r$ 小即 r 大时，由于表面利用率高，反应速率随比表面积的增大（$1/r$ 增大）而线性增大（"1"段）。当 $1/r$ 较大即 r 较小时（"2"段），通过减小孔径提高比表面积可以提高反应速率，但提高的幅度变小；当孔径很小时，受扩散限制，很小的孔不能被利用，不能通过减小孔径提高比表面积来提高反应速率。

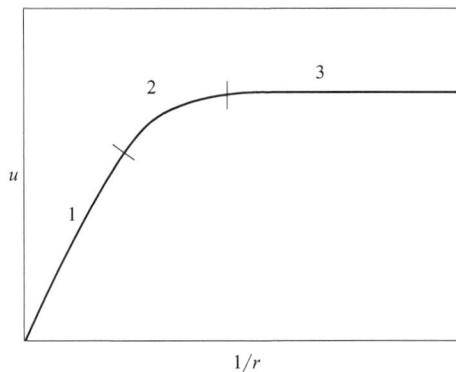

图 2-3   孔半径对反应速率的影响

① 当反应为动力学控制时，催化剂的表面可被充分利用，S 大则优，可选小孔结构。

② 内扩散控制时，催化剂的孔径等于反应物或生成物分子的平均自由程为佳。如对于 2Å 大小的分子，常压下分子自由程 $\lambda \approx 1000$Å，300atm（1atm＝101325Pa，下同）下，$\lambda \approx 10$Å。因此，对于高压反应，无论何为控制步骤，均以小孔催化剂为佳。

③ 对有机大分子，则根据分子大小选择催化剂孔径，孔径一般应该大于分子的尺寸。

采用双孔结构（大孔的壁上有介孔或小孔）的催化剂可大大提高反应速率。大孔有利于传质，小孔使其保持高比表面积。

2.2.2　孔结构对选择性的影响

对于平行反应 $A \longrightarrow B$ 和 $A \longrightarrow C$，均为不可逆反应，B 为主产物（n_1 级反应），C 为副产物（n_2 级反应），则有：

$$\frac{\mathrm{d}C_B}{\mathrm{d}t} = k_1 C_A^{n_1}, \quad \frac{\mathrm{d}C_C}{\mathrm{d}t} = k_2 C_A^{n_2} \tag{2-31}$$

如果颗粒较大、孔径较小，反应易为扩散控制，此时若 C_A 降低，当 $n_2 > n_1$ 时，$A \longrightarrow C$ 的反应速率降低得更快，则反应选择性提高；反之当 $n_2 < n_1$ 时，反应选择性降低。如果催化剂的孔径足够大，反应易为表面反应控制，则孔径对选择性无影响。

对于串联反应 $A \longrightarrow B \longrightarrow C$，其中 B 为主产物。存在扩散影响或内扩散控制时选择性降低，表面反应为速率控制步骤时则无影响。扩散控制相当于延长了接触时间。

2.2.3　孔结构对催化剂强度的影响

对微球组成的多孔体，其抗拉强度（σ_z）为：

$$\sigma_z = \frac{9(1-\varepsilon)kH}{8\pi D^2} \tag{2-32}$$

式中，D 为微球颗粒直径；ε 为孔隙率；k 为配位数；H 为接触点的联结力，如范德华力、毛细管力等。由于 $\pi = k\varepsilon$，代入式(2-32) 得：

$$\sigma_z = \frac{9}{8} \times \frac{H}{D^2} \times \frac{(1-\varepsilon)}{\varepsilon} \tag{2-33}$$

多孔催化剂的强度一般采用抗压强度（σ_D）表示，σ_D 随 σ_z 增大而增大。D 越小，ε 越小，则 σ_z 和 σ_D 越大。因此就机械强度而言，催化剂的孔径不宜过大。对于双孔分布的催化剂，其大孔的孔径也不宜超过分子平均自由程。

综上可以看出，孔结构对催化剂很重要，如何制造或调节催化剂的孔结构是固体催化剂制备的一个重点。

2.3 催化剂的化学结构

催化剂的化学结构是指催化剂的化学组成、化学状态和晶相结构等，这些直接影响活性中心的性质，显著影响催化性能。化学状态包含价态、原子的外层电子结构、成键状况等，晶相结构包含晶面、缺陷等。

2.3.1 主催化剂、助催化剂和载体

主催化剂是催化剂的主要活性组分，通过化学吸附活化反应物，无主催化剂则催化剂无活性。如合成氨催化剂 $Fe-Al_2O_3-K_2O$ 中 Fe 为主催化剂。

助催化剂是通过影响主催化剂或载体的性质调变催化剂的活性、选择性或稳定性的少量或微量物质，又称为催化剂的助剂。根据其作用不同分为结构助剂和调变助剂。结构助剂可以增大比表面积、提高稳定性等，如上述例子中的 Al_2O_3。调变助剂可以调节活性组分（主催化剂）的化学状态或表面状态等，如上述例子中的 K_2O。

载体是沉积活性组分的骨架，使催化剂具有一定的机械强度和形状，提高活性组分的分散度，使其具有大的比表面积，提高导热或/和导电性能，增加抗中毒性能，与活性组分产生相互作用，调变活性组分的性质，有时本身参与催化反应。

2.3.2 催化剂的活性表面

催化剂需具有适宜的孔结构和大的比表面，但更重要的是催化剂应该具备有活性的表面。通常认为，各种结晶缺位（棱与角）、各种性质的位错和化学畸变都具有较高的催化活性。不同晶面上催化活性不同，高密勒指数的晶面对一些化学吸附和催化具有特殊活性。不同晶型，其催化活性也可能明显不同。

活性表面则指催化剂活性组分的表面，如合成甲醇催化剂 $Cu/ZnO-Al_2O_3$ 的活性组分（即主催化剂）是 Cu，活性表面就是指铜的表面，其比表面积可由化学吸附法测得。

由物理吸附测得的催化剂的比表面积包含了所有惰性气体分子能到达的表面，一般以 N_2 吸附测定。由于 He 的分子尺寸更小，以 He 吸附可以测更小的孔。需要注意的是，由物理吸附法测得的比表面积与活性组分的比表面积通常不一致。

2.4　催化剂原料

2.4.1　原料的选择

（1）选择原料的要求

选择原料时，首先成本要低，其次要避免带入杂质。如生产氧化铝时采用氨水为沉淀剂，沉淀后的铵根离子容易煅烧除去，不留杂质。类似地，由于硝酸根离子容易分解除去，常选用硝酸盐为原料。另外要依据催化剂性能的要求选用特定的沉淀剂，如 $Cu/ZnO-Al_2O_3$ 催化剂用碳酸钠作沉淀剂，可以形成复盐沉淀，利于组分间相互作用。

（2）生产催化剂原料的配比计算

如果催化剂生产或制备过程中无物料损失，则加入的物质质量等于生产出来的催化剂质量，而实际生产中产出的量是加入的量乘以原料利用率。催化剂组成（各元素或化合物在催化剂中的含量）可由原子比、重量比等来表示。催化剂生产的原料配比就是根据物料平衡计算，并按需要以原子比或者重量比表示。

（3）纯水的制备

水中的杂质即使含量很低也可能对催化剂性能有负面影响，为了避免，生产催化剂时大多使用纯水。但有些催化剂，微量杂质影响很小。对水的纯度要求依具体催化剂而定。

制备催化剂使用的水可分为软化水、脱盐水、去离子水、高纯水等。软化水即软水，含盐量在 $1\sim5mg/L$，去除了 Ca^{2+}、Mg^{2+}（一般以碳酸盐或硫酸盐形式存在）。软化一般是降低硬度，而总含盐量不变。脱盐水是除掉了大部分强电解质后的水，含盐量小于 $1.0mg/L$。去离子水或称纯水，含盐量小于 $0.1mg/L$，并除去了大部分硅酸和 CO_2，是最常用的。高纯水又称超纯水，含盐量小于 $0.1mg/L$，不含胶粒等固体、气体和有机物。水纯度通常用电阻率表示，即 1mL 水的电阻值。高纯水的电阻率通常为 $18M\Omega$。

纯水可采用蒸馏法、离子交换法、电渗析法等制备。其中蒸馏法纯度不够高，能耗高，但简单易行。离子交换法采用阴、阳离子交换树脂通过交换除去杂质离子，具有纯度高、水质稳定的特点，但交换树脂需要再生，再生的酸碱消耗量大。电渗析法是在电场的作用下使离子移动，选择性离子交换膜可使特定的离子透过，实现溶质、离子和水分离，所制得的水纯度并非很高，但操作简单。

2.4.2　催化剂溶液的制备

绝大部分催化剂制备是从溶液开始的。生产上对原料溶液的要求包括完全溶解，以提高利用率；溶液浓度高，利于输送；溶解速度快。

溶解度是指在一定温度下，当溶液达到饱和时，100g 溶剂中所溶解溶质的质量（g）。溶液浓度可用体积质量浓度（g/L）、体积摩尔浓度（M，mol/L）等表示，不同表示方式之间可以进行换算。对于盐类，通常加水直接溶解，一般希望得到高浓度溶液，所以需要基于催化剂的量、溶液浓度计算加料量等。对于金属的溶解则有所不同，由于一般用硝酸溶解，需要关注硝酸对设备的腐蚀、浓硝酸可能钝化金属以及硝酸分解导致污染等问题。

为了提高盐类的溶解度，可以提高温度。对于弱酸盐和氢氧化物，可通过加酸分别生成不解离的弱酸和水。这样抑制了金属离子与弱酸的酸根、氢氧根分别结合成为弱酸盐、氢氧化物，从而提高金属离子的溶解度，但要注意溶解过程中防止水解而产生沉淀。可以利用氧化还原反应改变金属离子的价态，生成溶解度大的盐。此外还可以通过生成配合物的方式提高溶解度。

2.4.3　原料的溶解速率

溶解速率可由式(2-34) 表示：

$$-\frac{\mathrm{d}W}{\mathrm{d}\tau}=kS(C_0^*-C)\qquad(2\text{-}34)$$

式中，$\frac{\mathrm{d}W}{\mathrm{d}\tau}$ 为单位时间内溶解的固体的质量；k 为比例常数，$k=D/\delta$，D 为扩散系数，δ 为滞流层厚度；S 为液固相的接触面；C_0^* 为固体表面溶液的浓度即饱和浓度；C 为溶液的浓度。

提高溶解速率的方法有：提高温度 T，T 升高，则 D 和 k 升高，一般情况下溶解度随温度升高而升高，则 C_0^*-C 升高，所以溶解速率增大，但易导致能耗增加；制备低浓度溶液即降低 C，则 C_0^*-C 升高，溶解速率增加；通过搅拌减小扩散层的厚度 δ，也可以提高溶解速率；通过粉碎等方法增加液固相的接触面 S 也可以提高溶解速率。

第 3 章

沉淀法制备催化剂

金属盐溶液与沉淀剂发生化学反应生成氢氧化物或金属盐沉淀，然后经过滤、干燥、煅烧等得到催化剂或催化剂载体的方法称为沉淀法。其中，沉淀是关键步骤，直接影响催化剂的物理和化学结构。

3.1 沉淀的生成

3.1.1 沉淀剂的选择

工业用催化剂多以氧化物或金属为活性组分，使用前的催化剂一般以氧化物存在，对应的沉淀则为金属氢氧化物、碳酸盐或有机酸盐等，后经干燥、煅烧等得到氧化物催化剂，将氧化物还原则可得到金属催化剂。

通常使用的沉淀剂主要有氨水、NaOH、KOH 等碱类；$(NH_4)_2CO_3$、Na_2CO_3 等碳酸盐；乙酸（CH_3COOH）、草酸（$H_2C_2O_4$）等有机酸。选择沉淀剂时，首先沉淀要完全，原料要充分利用，因此要求所生成沉淀的溶解度小但沉淀剂本身的溶解度要大。其次不引入杂质，如使用氨水、碳酸氢铵。再次要考虑价格因素，如通常使用 NaOH 而非 KOH 是由于后者成本较高。得到的沉淀要便于洗涤和分离，如 $Fe(OH)_2$ 难以洗涤，而 $FeCO_3$ 较易洗涤。在形成复盐或有机配合物时，碳酸盐为沉淀剂有时会得到碱式碳酸盐沉淀，柠檬酸则可以和金属离子配合，这些会对所制备的催化剂性能有显著影响。

3.1.2 沉淀析出时的 pH

由溶解度或溶度积（K_{sp}）可求出沉淀完全时和开始沉淀时的 pH。

【例 3-1】 $Ni(OH)_2$ 在 25℃下的 $K_{sp}=2.0\times10^{-15}$，溶液中 Ni^{2+} 浓度为 2mol/L，计算开始出现沉淀及沉淀完全时的 pH。

解：当 $[Ni^{2+}][OH^-]^2>K_{sp}$ 时开始出现沉淀，

$$[OH^-]=\sqrt{\frac{K_{sp}}{[Ni^{2+}]}}=\sqrt{\frac{2.0\times10^{-15}}{2}}=3.16\times10^{-8}(mol/L)$$

即当$[OH^-]>3.16\times10^{-8}mol/L$时，可出现$Ni(OH)_2$沉淀。由于$[H^+][OH^-]=1.0\times10^{-14}$，

$$[H^+]=\frac{1.0\times10^{-14}}{3.16\times10^{-8}}=3.16\times10^{-7}(mol/L),pH=6.5$$

当溶液中Ni^{2+}浓度小于$10^{-5}mol/L$时，可认为沉淀完全，此时

$$[OH^-]=\sqrt{\frac{2.0\times10^{-15}}{1\times10^{-5}}}=1.41\times10^{-5}(mol/L),pH=9.15$$

常见金属氢氧化物开始沉淀时和完全沉淀时的pH见表3-1。

沉淀时，有几种经常会遇到但又容易忽略的情况：①对于两性化合物如$Al(OH)_3$，向硝酸铝溶液滴加碱会生成氢氧化铝沉淀，但当pH太高时则沉淀又溶解生成铝酸盐溶液；②金属离子和氨可形成配位离子，如铜氨配位离子等；③以碳酸盐为沉淀剂，形成的沉淀可能是氢氧化物、碳酸盐或复盐等。

表 3-1　常见金属氢氧化物沉淀的 pH

氢氧化物	溶度积	开始沉淀时的pH(0.1mol/L)	完全沉淀时的pH($<10^{-5}$mol/L)
$Al(OH)_3$	1.3×10^{-33}	3.37	4.71
$Co(OH)_2$	1.6×10^{-15}	7.1	9.1
$Cr(OH)_3$	6.3×10^{-31}	4.27	5.6
$Cu(OH)_2$	2.2×10^{-20}	4.67	6.67
$Fe(OH)_2$	8.0×10^{-16}	6.95	8.95
$Fe(OH)_3$	4×10^{-38}	1.87	3.2
$Mg(OH)_2$	1.8×10^{-11}	9.13	11.13
$Ni(OH)_2$	2.0×10^{-15}	6.5	9.15
$Zn(OH)_2$	1.2×10^{-17}	6.04	8.04

3.2　沉淀的析出

3.2.1　溶液的过饱和度

对于饱和溶液，其对应的浓度为饱和浓度（C^*）；对于过饱和溶液，其对应的浓度记为C，则过饱和度S可表示为$S=C/C^*$。开始析出沉淀对应的过饱和度为临界过饱和度。在图3-1中，只有当溶液浓度高于CD线时，才可能生成沉淀，在P点或Q点均不能发生沉淀，在高于CD线区域（如S点）能发生沉淀。溶液饱

和却不能析出沉淀，这是由于沉淀的形成过程需要经历一个成核过程，首先需形成晶核，只有当晶核尺寸大于一定临界尺寸时，才能形成稳定的晶核。稳定晶核的形成需要一定的过饱和度。晶核难以形成的原因是晶核的比表面积高，对应的溶解度大，大于通常所说的溶解度，即比表面积可以忽略不计的大颗粒对应的溶解度。

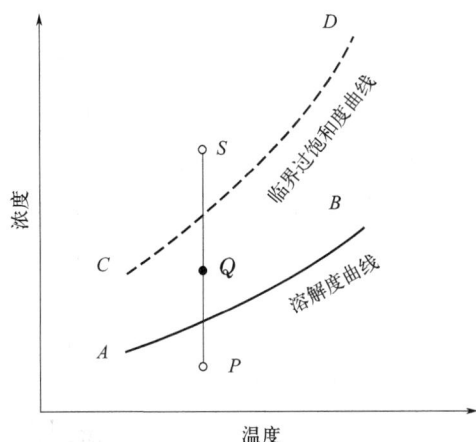

图 3-1　溶液临界过饱和度示意

3.2.2　微小晶粒的溶解度

微小晶粒的溶解度较大，这是由于晶粒小则表面能高，对应晶粒组分的化学势高，与之平衡溶液中对应组分的化学势也高，即对应组分在溶液中的浓度高。类似微小液滴的表面张力即表面能高，对应的平衡蒸气压也高。二者均为两相平衡，前者为固液平衡，后者为气液平衡。

Kelvin 公式给出了微小液滴的平衡蒸气压与液滴半径的关系：

$$\ln \frac{p^r}{p^0} = \frac{2\sigma M}{\rho RTr} \tag{3-1}$$

类似地，微小晶粒的溶解度与其粒径的关系为：

$$\ln \frac{C}{C^*} = \frac{2\sigma M}{\rho RTr} = \ln S \tag{3-2}$$

则：

$$r = \frac{2\sigma M}{\rho RT \ln S} \tag{3-3}$$

式中，σ 为表面张力；M 为分子量；ρ 为密度；R 为气体常数；T 为绝对温度；r 为粒径；p^r 是半径为 r 的液滴的平衡蒸气压；p^0 为液面的平衡蒸气压；S 为过饱和度。

由式（3-3）可知，晶粒半径越小，溶解度越大，对应的平衡浓度越高。在一定的过饱和度、表面张力、温度下，存在一个与之平衡的晶粒尺寸，大于此尺寸则晶粒长大，反之则溶解。

晶核的前身是胚芽，离子、分子的随机碰撞、涨落可聚集成胚芽，胚芽的形成与温度、搅拌等沉淀条件以及溶液的性质有关。

3.2.3　晶核的形成

溶质的离子或分子局部聚集成团簇，或分解，或长大成胚芽。如果胚芽长大使得其中离子或分子有序排列，则为晶核，即晶核是离子或分子有序排列的胚芽。晶核能稳定存在与过饱和溶液处于平衡，符合 Kelvin 公式，晶核有特定的粒径。

出现胚芽即形成两相，出现了界面，其自由能变化为：

$$E_n = E_s + (E_{v\text{-}s} - E_{v\text{-}l}) = E_s + E_v \tag{3-4}$$

式中，E_n 是出现胚芽引起的自由能的变化；E_s 是胚芽的表面自由能；$E_{v\text{-}s}$ 是形成的固体（胚芽）的自由能；$E_{v\text{-}l}$ 由于形成固体而消失的液体的自由能；$E_v = E_{v\text{-}s} - E_{v\text{-}l}$ 是相变引起的体相自由能的变化。

在过饱和溶液中，E_v 是负值。假设胚芽或晶核按照大晶粒的晶型点阵排列，饱和溶液处于固液平衡状态，其 E_v 为 0，即 $E_{v\text{-}s} = E_{v\text{-}l}$。对于过饱和溶液，由于其浓度高，则其 $E_{v\text{-}l}$ 大于饱和溶液的 $E_{v\text{-}l}$，但是同一种固相的自由能相同，即过饱和溶液与饱和溶液的 $E_{v\text{-}s}$ 相同，因此过饱和溶液的 $E_v = E_{v\text{-}s} - E_{v\text{-}l}$ 是负值。

胚芽单位体积的形成自由能设为 E_v'（负值），单位表面能为 σ（正值）。为方便讨论，这里以胚芽是半径为 r 的球体进行说明，但是得到的结论适用于其他形状。以均相成核为例，假设 E_v' 和 σ 不随沉淀晶粒尺寸而变化，则球形胚芽体系的自由能变化为：

$$E_n = \frac{4\pi r^3 E_v'}{3} + 4\pi r^2 \sigma \tag{3-5}$$

如图 3-2 所示，E_n 最大值对应的晶核半径即为晶核的临界尺寸 r_c，半径小于 r_c 时可看作为胚芽。

当胚芽的半径 r 大于晶核的临界尺寸 r_c 即 $r > r_c$ 时，$\Delta E_n < 0$，即随 r 增大体系自由能减小，胚芽/晶核长大为自发过程。反之，当 $r < r_c$ 时，$\Delta E_n > 0$，即随 r 增大体系自由能增大，r 减小则体系自由能减小，所以胚芽/晶核溶解为自发过程。

需要注意的是，应根据自由能的变化 ΔE_n 是正还是负来判断胚芽/晶核长大还是溶解，而不是 E_n 的正或负，如图 3-2 所示。E_n 是将形成胚芽前的体系自由能记为零时，出现胚芽引起的自由能的变化；或者说是相对于相变前，含胚芽体系的自由能。

E_n 的极大值处对应的晶核尺寸为晶核临界尺寸，对应的自由能为临界自由能 E_c，通过数学处理 $\left(\dfrac{\mathrm{d}E_n}{\mathrm{d}r} = 0\right)$ 可得：

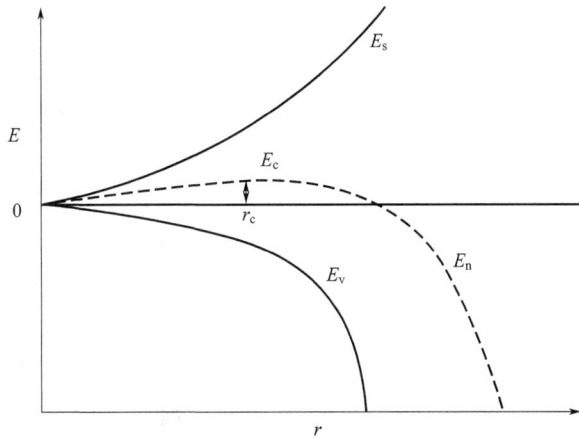

图 3-2　E_n 与 r 的关系

$$r_c = -\frac{2\sigma}{E_v'} \tag{3-6}$$

将式(3-6) 代入式(3-5) 得：

$$E_c = (E_n)_{极大} = A = \frac{4\pi r_c^2 \sigma}{3} \tag{3-7}$$

E_c 为形成晶核所需要做的功，即活化能。对比式(3-5) 中的第二项，它刚好等于临界晶核表面自由能的 $1/3$。

从临界晶核与过饱和度的关系，即由上面的 Kelvin 公式可得出：

$$r_c = \frac{2\sigma M}{\rho RT \ln S} \tag{3-8}$$

将式(3-8) 代入式(3-7) 可得：

$$A = \frac{16\pi\sigma^3 M^2}{3(\rho RT \ln S)^2} \tag{3-9}$$

晶核的生成速度是单位时间在单位体积内所形成的晶核数，这里以 N 表示。将活化能代入 Arrhenius 公式得：

$$N = K\exp\left(-\frac{A}{RT}\right) = K\exp\left[-\frac{16\pi\sigma^3 M^2}{3\rho^2 R^3 T^3 (\ln S)^2}\right] \tag{3-10}$$

式(3-10) 中，除 S 外其他参数在一定条件下是常数，S 大则 N 大。故式(3-10) 可写为：

$$N = k(C - C^*)^m \qquad (m = 3 \sim 4) \tag{3-11}$$

过饱和度 S 反映于式中的 $(C - C^*)$，其他常数归并在一起反映于 k 和 m。采用这样简化的表达式，k 和 m 可以拟合获得。拟合时，有时用下面的表示方式：

$$N = k\frac{C - C^*}{C^*} \tag{3-12}$$

从得到过饱和溶液到晶核形成所需要的时间称为形成晶核的诱导期（潜伏期）。诱导期随溶液浓度的增大而减小，具有如下关系：

$$t_1 C_0^n = k \tag{3-13}$$

式中，t_1 为诱导期；C_0 为溶液的初浓度；n 一般在 3～10 之间。

以上讨论均是基于均相成核，但实际成核过程通常发生在界面处，为非均相成核，其需要的能量通常低于均相成核所需能量，只有当完全不润湿，即接触角为 180° 时，二者才相等。

温度、杂质、搅拌等也会影响晶核生成速度。由式（3-10）可知温度直接影响成核速度，T 升高则过饱和度 S 降低、指前因子 K 升高，且 σ 和 ρ 也与温度有关。一般地，晶核生成速度随温度的升高存在极大值。不溶性杂质可吸附溶质，导致局部浓度提高，因而晶核生成速度变大。由于溶液中离子之间存在相互作用，可溶性杂质会影响溶液中被沉淀离子的性质；可溶性杂质吸附于沉淀胶粒表面则会影响胶粒的性质；如果可溶性杂质进入胶粒晶格将会影响胶粒的种类，具体影响因杂质种类而变。采用搅拌（或超声波）由于提供了新相生成的能量，可显著提高晶核析出速度。

3.2.4　沉淀粒子的长大

在过饱和溶液中析出晶核后，在晶核的表面上溶质不断沉积，使晶粒不断长大。晶粒的长大可以用线性尺寸的增大速度、单位时间内质量或体积的增大来表示。实际沉淀过程中，晶粒的生成和长大同时进行，晶核的生成可以看作是亚稳态晶核的长大过程。当溶液饱和度一定，即溶质浓度一定时，如果晶核生成多，消耗的溶质多，用来使晶粒长大的溶质则减少，生成的晶体则小。晶体的大小取决于晶核析出速度和晶粒长大速度的相对大小。

晶粒长大过程包括表面扩散和表面反应两个过程，离子从主体溶液扩散至固液界面发生表面反应，同时固体表面的离子也可以溶解并扩散至主体溶液，是一个动态过程，如图 3-3 所示。

表面反应设为一级反应，达到稳态时扩散速率与表面反应速率相等，可得：

$$\frac{dm}{d\tau} = \frac{DA(C-C')}{\delta} = k'A(C'-C^*) \tag{3-14}$$

式中，m 为在时间 τ 内沉积的固体量；D 为溶质在溶液中的扩散系数；A 为晶体粒子表面积；δ 为滞流层厚度；k' 为表面反应速率常数；C、C'、C^* 分别为溶液主体、界面、固体表面的浓度，同时 C^* 也是饱和浓度（见图 3-3）。

界面浓度 C' 难以测得，由式（3-14）后两项求出 C'，代入式（3-14）前两项，可得：

$$\frac{dm}{d\tau} = \frac{A(C-C^*)}{\dfrac{1}{k'} + \dfrac{\delta}{D}} = \frac{A(C-C^*)}{\dfrac{1}{k'} + \dfrac{1}{k_d}} \tag{3-15}$$

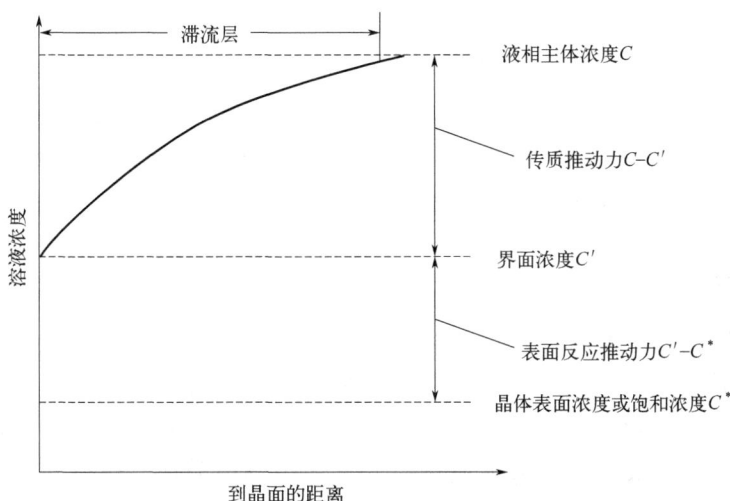

图 3-3　溶液中浓度变化示意

式中，$k_d = \dfrac{D}{\delta}$ 为传质系数。

当表面反应速率远大于扩散速率即 $k' \gg k_d$ 时，式(3-15) 可简化为：

$$\frac{\mathrm{d}m}{\mathrm{d}\tau} = k_d A(C - C^*) \tag{3-16}$$

此条件下属于扩散控制，它是扩散控制条件下晶粒长大速度表达式。

扩散控制对应表面反应速率足够快，即界面浓度只要高于固体结晶的平衡浓度，就会发生结晶反应，以降低该浓度。与固体平衡的浓度就是饱和浓度，所以会维持界面浓度等于（或无限趋近于）饱和浓度。此时，$C' = C^*$。将式(3-14) 以 C^* 代替 C' 可以直接得出式(3-16)。

当结晶速率（表面反应速率）远小于扩散速率即 $k_d \ll k'$ 时，式(3-15) 可简化为：

$$\frac{\mathrm{d}m}{\mathrm{d}\tau} = k' A(C - C^*) \tag{3-17}$$

即一级反应动力学方程，表面反应速率等于结晶速度减去溶解速度。

表面反应为速率控制步骤即表面反应很慢，对应扩散足够快即体相溶质扩散到界面足够快，于是体相浓度等于（无限趋近于）界面浓度，即 $C' = C$。将式(3-14) 以 C 代替 C' 可以直接得出式(3-17)。

有人认为结晶过程的表面反应为 $1 \sim 2(n)$ 级，于是得到：

$$\frac{\mathrm{d}m}{\mathrm{d}\tau} = kA(C - C^*)^n \tag{3-18}$$

扩散控制时 n 为 1，表面反应控制时 n 为 $1 \sim 2$。

扩散控制、表面反应控制或二者同时影响反应速率，属于哪种情况由反应条件而定。扩散控制时，搅拌的影响较大；表面反应控制时，温度的影响较大。

3.2.5　影响沉淀颗粒尺寸的因素

沉淀颗粒尺寸大小由晶核形成速度和晶粒长大速度二者的相对快慢决定。晶粒长大速度慢，晶核形成速度快，则晶粒小；晶粒长大速度快，晶核形成速度慢，则晶粒大。成核速度和晶粒长大速度的主要影响因素如下。

（1）过饱和度

鉴于晶粒长大速度［式(3-18)］和晶核析出速度［式(3-11)］，晶粒析出速度、长大速度、晶粒大小随过饱和度的变化如图 3-4 所示。过饱和度小时，晶粒长大速度慢，晶核形成速度更慢，晶粒尺寸大，易形成完整的晶型；过饱和度大，晶粒长大速度大，晶核形成速度更大，易得到小晶粒。过饱和度小，接近于饱和浓度时，接近于动态平衡，晶粒缓慢长大，易形成完整的晶型，常用于制备大晶粒，如分子筛合成。过饱和度太大时，易产生位错、晶格缺陷及包藏杂质等。

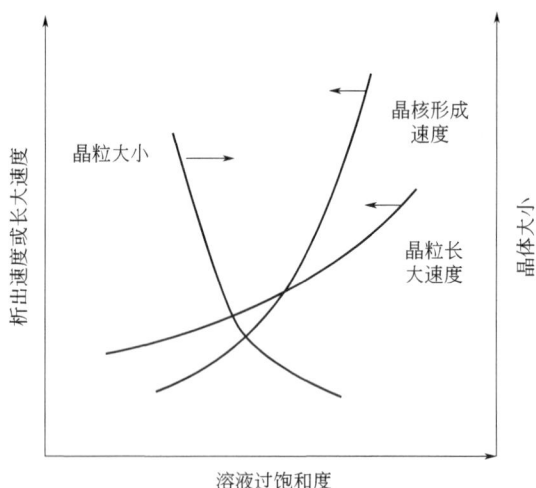

图 3-4　过饱和度与结晶速度、晶粒长大速度、晶体大小的关系

（2）温度

温度升高，黏度降低，传质加快，晶粒长大速度增大；晶核生成速度随温度的升高存在极大值。二者相比，升高温度对晶粒长大速度的促进更显著，所以高温一般得到大晶粒。

（3）搅拌

搅拌可减小滞留层厚度（见图 3-3），有利于传质，促进晶粒长大。当扩散控制时，搅拌利于晶粒长大。当搅拌速度增至一定值后，变为表面反应控制，再增大搅拌速度则对晶粒长大无贡献。

（4）晶种

加入的晶种起晶核的作用，缩短诱导期。另外，晶种有诱导晶型的作用。

（5）杂质

固体杂质可以吸附离子利于离子团聚，从而有助于晶核的形成。杂质可以通过影响晶粒长大过程从而影响所形成晶粒的性质。若杂质吸附于晶粒表面，则阻碍晶粒长大；若选择吸附于特定的晶面，可形成缺陷或阻碍某特定晶面的生长。

3.3　胶凝

3.3.1　基本概念

胶体是直径在 $1 \sim 100nm$ 之间的分散相粒子，常称为胶粒。胶粒分散于溶剂中形成溶胶，一般溶剂为水，溶剂为气体则为气溶胶。由沉淀法制得的沉淀粒子在 $1 \sim 100nm$ 之间并分散于溶剂中则为溶胶。溶胶中的胶体粒子称为溶胶的分散相，而胶体粒子所在的介质则为溶胶的分散介质。水为分散介质的溶胶称为水溶胶，简称溶胶。类似的醇为分散介质的溶胶称为醇溶胶。根据分散相和分散介质之间亲和力不同可将溶胶分为亲液溶胶和憎液溶胶。

对于亲液溶胶，分散相和分散介质之间的亲和力大，分散相中包含大量的分散介质。如蛋白质的水溶液，蛋白质分子尺寸大，在纳米级，可以看作胶粒，分散于水中形成水溶胶。对于憎液溶胶，分散相和分散介质之间的亲和力小或没有亲和力，如贵金属溶胶、硫化物和很多氢氧化物溶胶。憎液溶胶的胶粒难以分散在分散介质中，易沉降下来形成沉淀，形成的沉淀一般不含或少含水（水为分散介质时）。$Al(OH)_3$、$Fe(OH)_3$ 等属于过渡的憎水溶胶，胶粒间可以通过羟基聚合或连接，有一定的亲水性，易发生胶凝作用形成凝胶，即溶胶不稳定，得到的凝胶中又含有一定量的水。

凝胶是指胶体在一定的条件下聚集所形成的立体网状结构，胶粒堆积形成丰富的孔，孔内含有大量溶剂（分散介质）。

由凝聚法直接生成的胶粒为一次粒子，由若干一次粒子聚集而成的集聚体为二次粒子。凝聚法指由小到大构筑胶粒，例如金属离子水溶液加碱形成氢氧化物胶粒，由金属离子和氢氧根（离子尺寸在 Å 级别）生成纳米级的颗粒。但是，制备单晶或分子筛则不同，单晶或分子筛制备需要在饱和溶液中长时间老化，一次粒子会很大。

3.3.2 溶胶的形成

可采用分散法或凝聚法制备溶胶。分散法是指由大到小，将大颗粒转变为$1\sim$ 100nm 的小粒子并分散于分散介质中，包括机械磨碎、气流粉碎、超声波、电弧、胶溶法等，属于物理法。凝聚法则是指由小到大，将分子、离子或原子凝聚为聚集体如胶粒，胶粒又分散于分散介质中；通过复分解、水解、氧化还原等反应实现，属于化学法。

由于晶核生成速度与 $(C-C^*)$ 的 $3\sim4$ 次方成正比，而晶粒长大速度与 $(C-C^*)$ 的 $1\sim2$ 次方成正比，在溶解度 C^* 很小时，晶核生成速度大于其长大速度，随溶解度的增大晶核生成速度的降低比长大速度降低得快。因此溶解度小的盐类易生成小晶粒，易生成溶胶。过饱和度大时易生成溶胶，过饱和度大即 $(C-C^*)$ 大，如图 3-5 所示，图中曲线的弯曲是由于扩散的复杂影响所致。

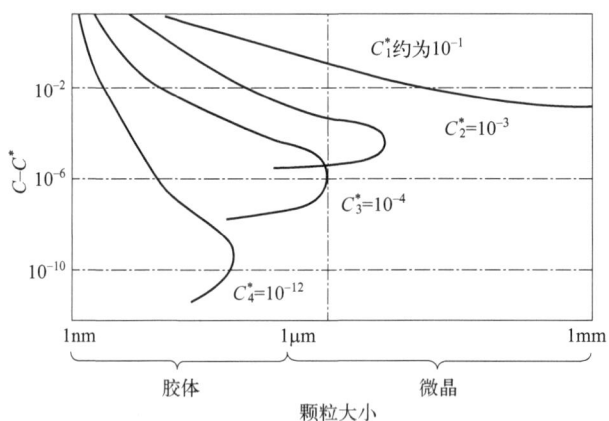

图 3-5 溶液过饱和度、饱和浓度 C^* 对胶粒大小的影响

3.3.3 溶胶的稳定性和双电层理论

溶胶是高度分散的非均相体系，胶粒在分散介质中可以稳定存在。从热力学考虑，胶粒很小（$1\sim100$nm），表面能很高，溶胶倾向于形成凝胶。凝胶是溶胶粒子通过范德华力、氢键等连接起来但仍然保持原来的胶粒（例如两个胶粒相连接但并未合并在一起）。胶粒之间相互连接成立体网状结构，其中含有大量的分散介质，一般是水或醇。

溶胶的稳定性可以用双电层理论来解释。双电层理论指出胶粒由双电层构成，胶粒界面的双电层反映了固体微粒的基本性质。双电层由紧密层（吸附层）和分散层（扩散层）构成，如图 3-6 所示，NM 代表胶核的表面，带负电，水平线 MAC 从 M 到 A 再到 C 方向指示远离胶核。

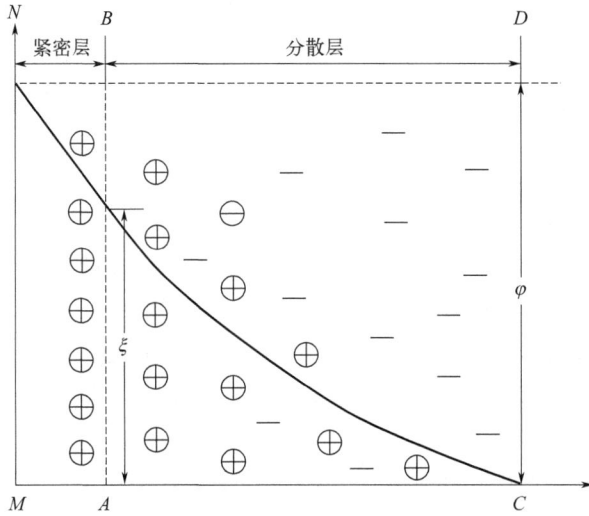

图 3-6　胶粒中的双电层分布示意

MA 区域包含被胶核化学吸附的离子和被胶核静电吸附而固定的反离子，其厚度（δ）大约为几个水分子，是紧密层（吸附层）。AC 区域的溶液可以流动，其中与吸附离子带相反电荷的离子浓度随距晶核距离增加而减少，是分散层（扩散层）。AC 厚度的大小决定于溶液中反离子的浓度、离子间的引力、热扩散的强弱等，远大于紧密层的厚度。

分散层两端的电位差称为动电电位（ξ 电位），它随分散层的变化而变化，ξ 电位大，则分散层厚。ξ 反映反电荷在分散层与紧密层中的分配比例，ξ 大则反电荷在分散层中的比例高，胶粒的分散层带电多，溶剂化层厚，溶胶比较稳定。ξ 电位的大小是衡量溶胶稳定性的尺度。

图 3-6 中的 φ 是热力学电位，是吸附离子的胶核与溶液间的电位差。

胶团内部包含胶粒，胶粒内部包含胶核。胶团由胶粒和分散层构成。溶液中的离子是溶剂化的，如水合离子，溶液中不存在"裸"离子。胶粒由胶核和紧密层构成，即由胶核、化学吸附的离子、紧密与胶核结合的反离子构成。胶核是指形成溶胶过程中所得到的有晶型结构的纳米级粒子，其表面能很高，具有表面悬空键，很容易吸附离子或分子等。

胶核将优先吸附形成其晶格的离子，从而有效降低表面能。胶核表面（化学）吸附离子则带电，于是将静电吸引带相反电荷的离子，其带电量与胶粒表面的吸附离子相等。这种由静电吸引的离子可分为两部分，一部分与胶核紧密结合，另一部分离胶核较远并与溶液中的相同离子保持动态平衡（指这部分离子在胶核附近与本体溶液之间移动）。

由离子或原子按晶格点阵排列构成晶粒，在晶粒体相中，点阵的离子或原子与相邻离子或原子形成化学键、保持特定的配位数，比如常见的有六配位、八配位等。但是在晶粒的表面则不同，晶粒表面的离子或原子向晶粒内部（晶粒体相）方向，将与晶粒中的离子或原子以化学键结合，而向外侧则不存在构成晶粒的离子或原子，不能形成化学键。于是，晶粒表面离子或原子向外侧存在悬空键，就是表面悬空键。表面悬空键蕴含的能量若未释放，则能量高、不稳定，会导致高的表面能。

表面悬空键对理解胶粒和一般的固体微粒很重要，以面心立方结构的 CeO_2 为例简要说明。完整晶粒内部的每个 Ce^{4+} 和 8 个 O^{2-} 以化学键结合，每个 O^{2-} 与 4 个 Ce^{4+} 结合，构成晶格点阵；但是表面的 Ce^{4+} 和 O^{2-} 则不同，向晶体内部一侧分别与 O^{2-} 和 Ce^{4+} 成键，向晶体外部一侧则不再存在这两种离子，于是形成了悬空键。可以推知表面悬空键具有很强的成键能力，这也是表面能的由来。一般情况下，固体表面离子会吸附气体或液体分子，降低表面能。对于胶核，则通过化学吸附离子降低表面能。

以 AgI 胶粒为例说明胶团构成，可以看作 $AgNO_3$ 和 KI 反应生成。注意晶核表面吸附的是 Ag^+ 还是 I^- 与它们在溶液中的浓度有关，优先吸附浓度高者，如式(3-19) 和图 3-7(a) 所示。

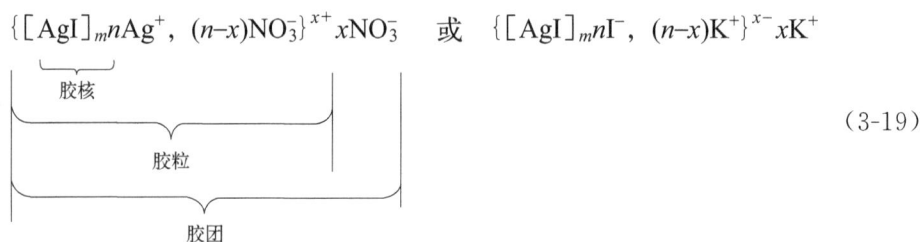

$$\underbrace{\underbrace{\underbrace{[AgI]_m}_{\text{胶核}}nAg^+,\ (n-x)NO_3^-}_{\text{胶粒}}{}^{x+}\ xNO_3^-}_{\text{胶团}} \quad \text{或} \quad \{[AgI]_m nI^-,\ (n-x)K^+\}^{x-} xK^+$$

(3-19)

式中，m 表示胶核中物质的分子数，一般是很大的数目；n 表示胶核所吸附的离子数，数值要小得多；$n-x$ 是存在于紧密层中的静电吸附离子数。胶粒所带的电性（正、负）由胶核化学吸附离子的正、负决定，吸附正离子则带正电，吸附负离子则带负电。

将氧化物粉末分散于水中，固体氧化物可能发生水解，这种情况属于水解带电。例如将氧化硅粉末分散于水中，表面的氧化硅分子会发生水合反应（$SiO_2 + H_2O \longrightarrow H_2SiO_3$），水合生成的 H_2SiO_3 可能电离出 H^+ 而生成 SiO_3^{2-}，于是带负电。在碱性条件下，有利于解离出 H^+，即碱性条件下氧化硅粉末会带负电，如式(3-20) 和图 3-7(b) 所示。"$(SiO_2)_m$" 是胶核即氧化硅微粒；第二层中电离出的 SiO_3^{2-} 和 H^+ 构成紧密层，对应于沉淀所得胶粒紧密层中化学吸附的离子和静电吸附而固定的反离子；最外面标记 H^+ 的层对应双电层的分散层。注意，分散层的厚度远大于紧密层的厚度，图 3-7(b) 未显示其差别。

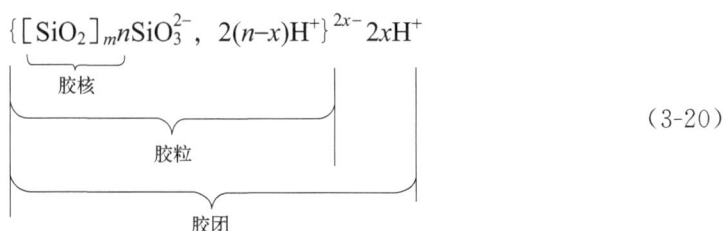

$$\underbrace{\underbrace{\underbrace{[SiO_2]_m}_{\text{胶核}}nSiO_3^{2-},\ 2(n-x)H^+}_{\text{胶粒}}{}^{2x-}2xH^+}_{\text{胶团}}$$

(3-20)

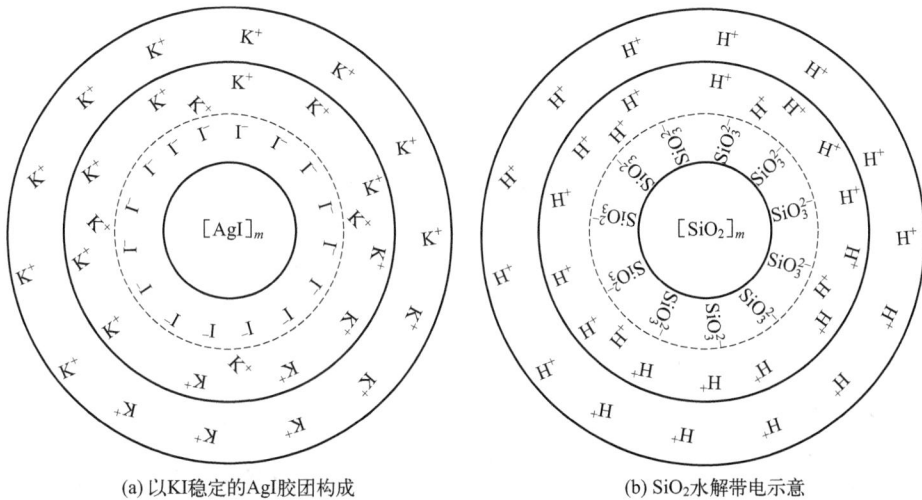

(a) 以KI稳定的AgI胶团构成   (b) SiO₂水解带电示意

图 3-7 典型胶团结构示意

按照优先吸附的原则，一般氢氧化物沉淀在碱性介质中生成，碱性介质中 OH^- 浓度高于 H^+ 浓度，于是氢氧化物胶粒优先吸附羟基因而带负电。氢氧化物胶粒也可以带正电，在酸性条件下，$Al(OH)_3$ 与水中 H^+ 结合就可以形成 $[Al(H_2O)(OH)_2]^+$ 而带正电。当其他离子的浓度低时，胶粒带正电还是负电由 pH 高低决定，因为水溶液中存在 OH^- 和 H^+。

对于亲液溶胶，胶粒和分散介质亲和力大，可以稳定存在；对于憎液溶胶，胶粒和分散介质相疏，但是在一定条件下也可以稳定存在，这归因于以下几个方面。首先，在胶体溶液中胶团不带电，胶团间的吸引力是范德华力，是远程的；但是，当两个胶粒接近时，由于分散层中带有同性电荷而产生静电斥力，是近程的，而且胶粒间的静电斥力大，于是胶粒相撞后将分开，保持了溶胶的稳定，胶粒具有一定的 ξ 电位是溶胶稳定的主要原因。其次，憎水溶胶的胶核虽是憎水的，但吸附的离子及反离子都是水合化的，形成的水化层降低了胶粒的表面能；同时水化层具有定向排列结构，当胶粒接近时，水化层被挤压变形，有力图恢复原定向排列的趋势，使水化层表现出弹性，成为胶粒接近时的机械阻力，防止溶胶的凝结。再次，由于胶粒小，布朗运动剧烈，在重力场中不易沉降，称为动力稳定性。

3.3.4 溶胶的凝结

制备固体催化剂时，需要将溶胶的胶粒沉降下来，与液体分离，然后经干燥、煅烧等制得催化剂。由于存在双电层，溶胶比较稳定，故凝结需要破坏双电层，可从降低双电层厚度和调节等电点两个方面着手。

（1）降低双电层厚度

憎水溶胶中存在电解质才能形成双电层，否则没有可被吸附和静电吸引（包括分散层中）的离子。当憎水溶胶中的电解质浓度提高时，分散层厚度减小，将有利于胶粒的凝结。如图 3-8 所示，溶液中反离子浓度为 C 时，对应动电电位是 ξ，分散层厚度为 b；离子浓度提高到 C'，对应动电电位表示为 ξ'，分散层厚度降低至 b'。

若溶液中反离子浓度为 $0.0010\mathrm{mol/L}$，分散层中反离子浓度为 $0.0011\mathrm{mol/L}$，其差值为 $0.0001\mathrm{mol/L}$；当溶液浓度为 $0.1000\mathrm{mol/L}$，分散层中的浓度为 $0.1001\mathrm{mol/L}$，即可保持相同的差值，

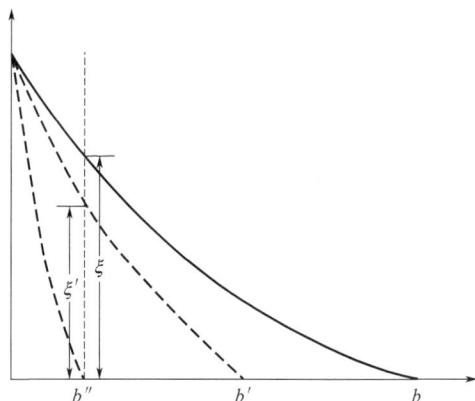

图 3-8　分散层厚度变化示意

若分散层厚度不变，则后者的浓度梯度小很多。由于扩散与浓度梯度相关，当反离子浓度高时，只要较小的厚度就可以提供所需要的反离子的量。

双电层的厚度（即分散层的厚度，因为紧密层厚度很小）决定于溶液中离子的浓度，溶液中（反）离子浓度高则分散层厚度低；离子间的引力，包括价态、溶剂化情况等，价态高、水合弱，分散层厚度小；热运动情况，温度高，离子运动速度快，分散层厚度小。

（2）等电态

随溶液中离子浓度特别是反离子浓度的增加，分散层厚度变小，ξ 电位变小，总电位（热力学电位 φ）不变。当分散层被压缩为零到了 b'' 位置时（图 3-8），即为等电态。胶粒不带电对应的状态为等电态，此时无分散层只有紧密层，ξ 电位为零。在等电态或其附近，无分散层或分散层很薄，胶粒不带电，紧密层很薄，吸附的离子电性与紧密层的电性相抵消，碰撞的胶粒容易冲破界面而凝结，于是胶粒合并、长大；胶粒足够大时，受重力作用而沉降，称为聚沉。开始呈现聚沉的 ξ 电位称为临界电位，其值一般在 $25\sim30\mathrm{mV}$ 范围。使溶胶开始明显聚沉所需外加电解质的最小值称为聚沉值。

当反离子为 OH^- 或 H^+ 时，等电态对应的 pH 值称为等电点。等电点是一个数值，等电态则指胶粒等固体微粒的带电状态；二者从不同的角度反映同一性质。

（3）影响溶胶凝结的其他因素

① 憎液溶胶互相凝结：两种电性相反的憎液溶胶相互混合时能够发生凝结作用。但只有其中一种溶胶的总电荷量恰可中和另一种异号电荷总量时才能发生完全凝结，否则凝结不能完全。

② 溶胶的浓度：溶胶的浓度越高，碰撞概率越高，凝结的可能性也越大。

③ 温度：两胶粒凝结类似化学反应，需要跃过一个能垒，温度高的胶粒易跃过此能垒。此外，高温利于被吸附离子的脱附，使热力学电位降低，ξ 电位也相应降低，能垒降低。

④ 非电解质的作用：非电解质与胶粒可产生相互作用（如吸附），改变了胶粒的表面性质或双电层的性质，能引起溶胶凝结。非电解质分子的一端吸附于胶粒表面，另一端向外，而向外的一端（构成胶粒的外表面）斥力弱，于是易于凝结。

⑤ 高分子化合物的影响：将胶粒黏附于高分子上，由于高分子和胶粒的大小相近，重量增加而沉降。高分子可能吸附于胶粒表面改变胶粒的表面性质，若改变的结果导致疏水或利于相互连接、合并则易沉降；若改变的结果使胶粒的亲水性更强，则溶胶更稳定。

⑥ pH 的影响：pH 是溶液中 H^+ 和 OH^- 浓度的衡量，其中之一是胶粒的反离子。特别是氢氧化物沉淀，H^+ 或 OH^- 往往是胶粒的反离子，在催化剂的实际制备或生产中，pH 往往影响显著。

3.3.5　胶凝作用、胶溶作用和触变现象

由溶胶转变为凝胶的过程称为胶凝作用。凝胶是尺寸在 $1\sim100nm$ 的胶粒连接而成的网状或框架结构的团聚物，内含水（溶剂）多，其中的胶粒具有一定的亲水能力。如果胶粒是由高分子组成的，则称为高分子凝胶；如果由氢氧化物组成，则称为氢氧化物凝胶。

发生胶凝现象的必要条件是胶体粒子的局部去溶剂化，胶粒形状或性质的不规则利于发生胶凝现象，由此导致局部去溶剂化，产生胶粒相互连接的"点"。图 3-9 中的 a 点表示局部去溶剂化，s 则显示含溶剂化离子的溶液包裹颗粒——双电层理论中所述的分散层。

胶粒凝结为大颗粒然后沉降，得到沉淀。一般说的沉淀是指大颗粒，由小胶粒团聚成的大颗粒，或二次粒子，其中的大颗粒内不含或含水少。广义地说，凝胶是沉淀的一种。

使沉淀物或凝胶重新分散成单个胶粒，再转变为溶胶的过程，称为胶溶作用。若胶凝作用和胶溶作用可逆地进行，称为可逆凝胶，如大部分亲液溶胶，反之为不可逆凝胶，如一些憎液溶胶。利用可逆凝胶的性质，通过胶凝和胶溶过程可以去除其中的杂质。以 $AlCl_3$ 为原料沉淀得到的氢氧化铝凝胶中吸附有 Cl^-，用 HNO_3 进行胶溶，NO_3^- 代替 Cl^-，NO_3^- 在干燥过程中可分解去除。

溶胶长时间放置后，形成含液量很大的凝胶——冻胶，冻胶经搅拌或振荡后又可转变为溶胶，且此过程可以反复多次，称为触变作用。冻胶的胶粒间以范德华力相连，振荡可以破坏此连接力，放置又可以形成此力的连接，如此反复。

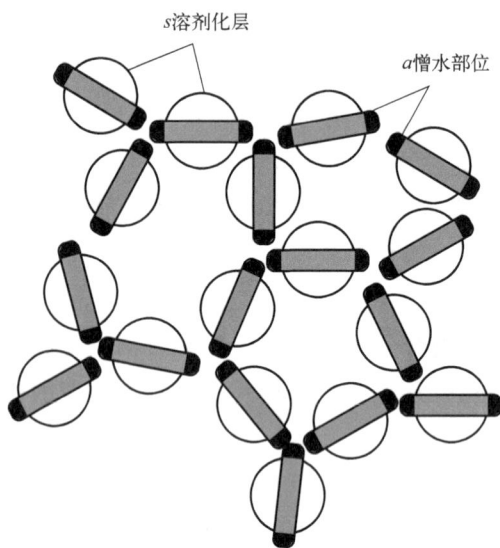

图 3-9　凝胶结构示意

3.4　沉淀物的老化

采用沉淀法制备催化剂或载体时，沉淀反应结束后，不立即采用过滤等手段分离出沉淀物，沉淀物与溶液还要接触一段时间，这个过程称为老化。老化是溶解和结晶的动态平衡，期间将发生一些不可逆的结构变化，如颗粒长大、晶型完善、凝胶脱水收缩等。

3.4.1　颗粒长大

小颗粒溶解、大颗粒长大，晶体的尖端和曲率半径小的部分溶解，平坦的部分长大。这种通过溶解-再沉淀、物质由小颗粒转移到大颗粒表面上而使沉淀粒子长大的现象称为再凝结，又称为 Ostwald 老化。小晶粒的溶解度与曲率半径的关系可由式（3-21）表示：

$$\ln C/C^* = 2\sigma M/(\rho RTr) \tag{3-21}$$

式中，C^* 是无限大晶粒对应的平衡浓度即通常说的溶解度；C 为平衡浓度；σ 为表面能；r 为胶粒半径或颗粒的曲率半径；R 是气体常数；ρ 是密度；M 是溶质的分子量。r 越小则溶液对应的平衡浓度 C 越大，故溶解速度越快。在凹处 r 为负值，其平衡浓度 C 小于饱和溶液浓度 C^*，所以凹面处沉积/结晶速度快。老化过程中 r 由负变正，由小变大，即胶粒变得圆滑、尺寸更大，该过程对应平衡浓度的降低，所以再凝结是自由能降低的一个自发过程。σ 大，则溶解度随粒径的变化大，再凝结易；反之则再凝结慢。温度高，则晶粒长大和溶解的速度快，再凝结快。

颗粒互相接触、合并而长大的过程称为聚结。两个相互接触的颗粒，在连接处（凹面）的曲率半径为负值，所以连接处的结晶速度快于溶解速度。凸面则类似小晶粒，溶解速度快于结晶速度。

3.4.2　晶型完善与转变

（1）晶型完善

离子聚集成晶核的速度为聚集速度，离子按一定的晶格排列成晶体的定向排列速度称为定向速度，是在接近饱和浓度条件下溶解和结晶的动态平衡，是由非晶态沉淀转为晶型沉淀的过程，是再凝结的过程，即晶粒长大过程，也就是晶型完善过程。沉淀过程则是晶粒长大和晶核生成同时进行，而且往往在过饱和度很大的条件下发生，以晶核生成为主。非晶型沉淀是指由晶核或微晶构成的沉淀，短程有序、长程无序。晶型沉淀是指大晶粒构成的沉淀，通过晶核长大过程得到。

（2）晶型转变

老化可能使晶型发生变化，这是由于老化过程是晶格定向排列过程，老化条件不同可能导致不同的排列方式，得到不同的晶型，应该得到热力学上更稳定的晶型。如 $Al(OH)_3$ 的老化，无定形氢氧化铝凝胶在 70℃ 和 pH 在 7～9 老化得到薄水铝石，在室温和 pH 大于 10 则得到三水铝石。

3.4.3　凝胶的收缩脱水

凝胶在老化过程中发生了再凝结和聚结，粒子变大，网状或框架结构进行重组导致收缩。网内或框架内能容纳的溶剂量变小，部分溶剂（水）从凝胶内脱出，这是凝胶的收缩，伴随着脱水。导致收缩脱水的原因包括老化时的凝结和胶粒合并长大、聚结以及化学老化。化学老化指老化过程中发生脱水的化学反应，如氢氧化硅凝胶在老化过程中可能脱水：与两个硅原子键合的两个羟基脱去一个水分子，然后两个硅原子通过氧原子相连接。凝胶的收缩脱水过程主要是凝结和聚结及其导致的晶粒长大过程，所以其影响因素与此二者类似。凝胶收缩脱水可以提高凝胶的机械强度。

3.5　沉淀中杂质的带入及去除

沉淀中的杂质主要通过吸附、生成固溶体、包藏或吸留等方式带入。胶粒的表面能高，不仅吸附组成晶格的离子，通过离子交换也可吸附杂质离子。胶粒的双电层（紧密层和分散层）可携带杂质离子，与胶粒所吸附的离子电性相反的杂质离子可存在于双电层中。价态高、浓度高、与沉淀物晶格离子相互作用强的离子易被吸附。杂质离子与沉淀物晶格中离子相比，当大小相近、价态相同或相近时，在沉淀过程中易形成固溶体，如 AgCl 中混入 Br^-，这种杂质很难除去，包藏在过饱和度高、晶粒长大快时容易发生。在老化的再凝结过程中，可以除去或部分除去所包藏的杂质离子，其间包藏的杂质离子可能进入溶液中。

杂质的存在对催化活性的影响可能很大，即使有时杂质量很少。催化剂的助剂含量一般也很少，但其对催化剂的性能影响显著。不同之处在于，助剂是改善催化剂的性能，杂质往往对催化剂性能产生负面影响。

去除杂质的常用办法是洗涤沉淀物。洗涤液的选择需要注意以下事项：①溶解度大者，以沉淀液的稀溶液为佳，以减缓沉淀的溶解流失；洗涤用沉淀液中所含的离子应容易焙烧除去为宜，如硝酸根等；②溶解度小的非晶态沉淀物，可以使用电解质稀溶液，避免胶溶；③溶解度小的非晶态沉淀物，不易胶溶时，可用蒸馏水、去离子水洗涤；④热洗涤，易去杂质，但是沉淀可能损失大；⑤洗涤时利用离子交换。实际过程中，要灵活应用。

3.6　沉淀颗粒类型及其性质调控

一般来说，颗粒小、表面缺陷多时，催化活性高。对应的制备过程中，选取高过饱和度和低温，由于晶粒生成快而长大慢，得到小胶粒的可能性大。过饱和度过高时快速沉淀，利于生成晶格缺陷和畸变。但颗粒小、表面缺陷多时表面能高，不稳定。就通过控制沉淀条件调节胶粒尺寸而言，所能得到的效果有限。

活性表面制取和调控是催化剂设计和制备的重点，也是基础研究的重点，有多种途径调控和制取活性表面。通过助剂或/和载体与活性组分的相互作用，可能调变活性组分的表面化学状态；通过形成双金属或多金属调变活性组分的性质；对于结构敏感反应，由于催化活性与晶面有关，合成暴露更多高活性的晶面；制备高分散、团簇或单原子分散的活性组分等。

氢氧化物根据其结晶性质可分为三类，如图 3-10 所示：非晶态的硅胶，通过羟基连成的大分子，类似有机大分子，晶型较差；易结晶的氢氧化物，如 $Mg(OH)_2$ 等；结晶过程中能发生相变的氢氧化物，如氢氧化铁等。

影响催化剂性能的沉淀条件很多，包括原料及其所含杂质、加料方式及加料速度、溶液浓度、过饱和度、沉淀温度、pH、混合沉淀时间和搅拌速度、老化条件和老化时间、洗涤条件等。这些因素的影响复杂，前面定性地分别做了分析，具体的条件确定需要进行系统的实验考察。

$$[盐+OH^-(H^+)] \xrightarrow{水解} 氢氧化物的聚合体+碱(酸)式盐 \xrightarrow{凝聚} [溶胶] \xrightarrow{凝结}$$

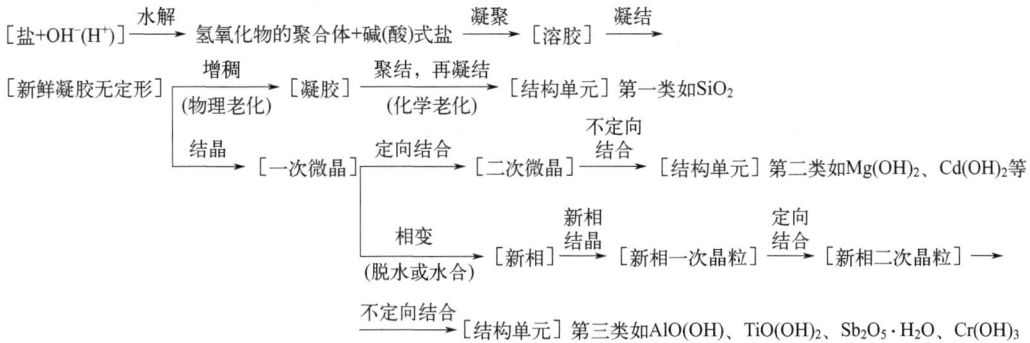

图 3-10　三类氢氧化物生成示意

沉淀法制备催化剂有三种加料方式，以用氨水沉淀硝酸铝制备氢氧化铝为例。

① 正加法，将氨水加入 $Al(NO_3)_3$ 溶液中，pH 由低变高。不同条件（温度、pH）老化将得到不同晶型的沉淀。

② 反加法，将 $Al(NO_3)_3$ 溶液加入氨水中，pH 由高变低。

③ 并流加料法，将氨水和 $Al(NO_3)_3$ 同时加入反应槽内，保持固定的 pH，所得的产品均匀性好，根据需要可调 pH。

如图 3-11 所示，正加法 pH 由低到高，利于形成 $\gamma\text{-}Al_2O_3$，反加法 pH 由高到低，利于形成 $\eta\text{-}Al_2O_3$。

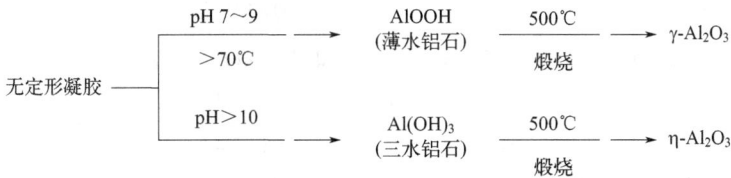

图 3-11　不同晶型 Al_2O_3 的形成示意

3.7　均匀沉淀

上一节提到的正加法、反加法制备沉淀时，容易造成溶液局部过浓，导致所得沉淀不均匀，并流法也难以达到所需的均匀。均匀沉淀法是指对于由碱或酸作为沉淀剂时，在溶液中进行包含氢离子变化的缓慢的化学反应，逐渐提高溶液的 pH，使溶解度逐渐下降而析出沉淀。更宽泛地讲，借助形成或放出沉淀离子的反应提高沉淀离子的浓度，由此进行沉淀的方法。例如尿素均匀沉淀法，也是制备氢氧化物沉淀常用的沉淀法。

$$(NH_2)_2CO + 3H_2O \longrightarrow 2NH_4^+ + CO_2 + 2OH^- \tag{3-22}$$

尿素 $(NH_2)_2CO$ 水解反应在 $90\sim100℃$ 进行。首先，将被沉淀的金属盐和尿素溶解制得溶液，溶液中尿素和被沉淀的金属离子可实现分子水平的均匀混合。当温度升到 $90℃$ 时，水解在全部溶液内同时并等速进行，溶液浓度（包括被沉淀离子和 OH^- 浓度）在整个溶液中均匀，于是金属离子沉淀也将同时并等速进行，所得的沉淀物均匀性好。另外，利用均匀沉淀，通过控制沉淀条件或选择沉淀剂，可能避免杂质离子的共沉淀。

3.8 共沉淀

3.8.1 共沉淀产物的均匀性

将两种或两种以上的金属离子共同沉淀下来的方法称为共沉淀，其基本含义是共同沉淀，但实际上更重要的是两组分或多组分均匀分散或均匀混合。胶粒一般在 $1\sim4nm$，由于胶粒很小，通过共沉淀可能得到均匀分散的多组分沉淀；分散均匀或均匀混合在制备多组分催化剂时很重要。共沉淀重在于"共"，一般旨在实现均匀分散、均匀混合，利于组分产生相互作用。加料方式、沉淀的溶解度或溶度积对共沉淀影响显著。

如表 3-2 所示，采用正加法时，pH 由小变大，由于 $Cu(OH)_2$ 溶解度更小，Cu^{2+} 先沉淀；$pH=6$ 时，Cu^{2+} 已经完全被沉淀，此时溶液中只有锌离子可被沉淀。采用反加法时，pH 由大变小，两种离子将同时沉淀。

表 3-2　以 NaOH 沉淀 $Cu(NO_3)_2$ 和 $Zn(NO_3)_2$ 的混合溶液时，沉淀条件、沉淀颜色及组成

pH 范围	沉淀物颜色		煅烧分解产物		加料方法
	形成时	老化后	颜色	Cu：Zn 原子比	
$3.6\sim4.6$	蓝	蓝绿	黑	20：1	正加法
$4.6\sim5.0$	蓝	蓝	黑	8.9：1	正加法
$5.0\sim6.0$	浅蓝	浅蓝	灰褐	0.31：1	正加法
$6.0\sim6.2$	白	白	白	0：1	正加法
$6.2\sim9.1$	白	白	白	0：1	正加法
$14.5\sim12.5$	蓝	褐	褐	1：2.6	反加法
$12.5\sim12.0$	蓝	褐	褐	1：2.7	反加法
$12.0\sim11.3$	蓝	褐	褐	1：2.1	反加法
$11.3\sim9.3$	蓝	褐	褐	1：2.3	反加法

制备 Ce-Zr 复合氧化物时，以 Ce^{4+} 和 Zr^{4+} 的盐为原料效果好，因为 $Ce(OH)_4$ 和 $Zr(OH)_4$ 的溶度积相近，利于共沉淀；而用 Ce^{3+} 和 Zr^{4+} 的盐效果较差，因为这两种离子的溶解度相差较大。

3.8.2 通过形成复盐化合物实现共沉淀

制备合成甲醇催化剂 CuO/ZnO，以 Na_2CO_3 为沉淀剂，可得到组成为 $(Zn-Cu)_5(OH)_6(CO_3)_2$ 的碱式碳酸盐沉淀，这是一种复盐。其中，铜和锌两种金属元素可在原子水平均匀分散，有利于二者之间的相互作用，实现了完全的"共"沉淀，"共"于同一个分子内，两种金属离子均匀混合，可谓是一个完美的共沉淀。以此为前驱体，利于铜、锌氧化物间的相互作用，制得的催化剂具有特定的结构，性能优异。

钙钛矿型金属氧化物，在材料、催化领域有广泛的研究和应用。该类物质通常采用固相法制备，需要高温煅烧处理，得到的催化剂比表面积很低（通常低于 $10m^2/g$），是在催化领域应用面临的一大挑战。

以 $LaCoO_3$ 为例，如果利用共沉淀可以获得类似 CuO/ZnO 制备时的复盐，实现 Co 和 La 元素原子水平的均匀混合，应该在比较低的温度生成 $LaCoO_3$。实验结果表明，以 Na_2CO_3 和 NaOH 的混合溶液为沉淀剂（加入 NaOH 可调 pH）可在较低温度下（550℃）煅烧得到纯 $LaCoO_3$，比表面积高达 $30m^2/g$；而用氨水为沉淀剂，则需要高温 900℃ 煅烧才能得到纯 $LaCoO_3$，比表面积约 $10m^2/g$。在用 Na_2CO_3 和 NaOH 的混合溶液为沉淀剂共沉淀时，可能形成了碱式碳酸盐之类的复盐。

3.8.3 超均匀共沉淀

以制备硅酸镍催化剂为例说明超均匀共沉淀的操作和所发生的变化。如图 3-12 所示，首先制得分层溶液，然后快速混合（强搅拌），得到分子水平均匀混合的溶

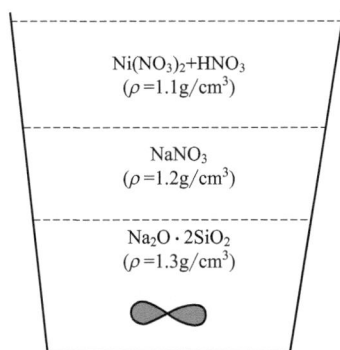

图 3-12 共沉淀法制备硅酸镍催化剂

（ρ 为密度）

液，经过一定时间的诱导期，即可发生沉淀反应。

三层均是溶液，中间一层是阻挡层。快速搅拌实现均匀混合，该步骤非常关键，搅拌后三层溶液互溶形成了新的溶液。新溶液形成后，未立即反应生成沉淀，需要经过诱导期。诱导期后，发生沉淀反应生成氢氧化镍和氢氧化硅（硅胶），二者团聚形成超均匀的水凝胶。由于沉淀前分散很均匀，溶液中的溶质属于分子水平的均匀混合，反应生成 $Ni(OH)_2$ 和 $Si(OH)_4$ 也将均匀混合。在低温下煅烧，二者容易反应生成硅酸镍。

第 4 章

浸渍法制备催化剂

浸渍是将载体放在含活性组分的溶液中浸泡。浸渍后，经过干燥、煅烧、还原等方式活化，这样制得的催化剂为负载型催化剂。贵金属催化剂多采用浸渍法制备。

利用已经成型的载体进行浸渍，不仅可以省去后续的成型，还可以将活性组分分布在反应物能够到达的载体表面，提高其利用率。浸渍前、后载体的微观结构有关联，如 $\gamma\text{-}Al_2O_3$ 载体的比表面积分别为 $170m^2/g$、$121m^2/g$、$80m^2/g$、$10m^2/g$ 时，浸渍担载银所得的对应 $Ag/\gamma\text{-}Al_2O_3$ 催化剂的比表面积分别为 $100m^2/g$、$73m^2/g$、$39m^2/g$、$6m^2/g$。浸渍法可采用浸没法（载体浸泡一段时间，经过过滤等途径将载体与浸渍液分离，然后进行干燥、煅烧等制得催化剂）、喷洒法（将浸渍溶液喷洒于载体，毛细管力会将浸渍液吸入载体的孔内，再经干燥、煅烧等制得催化剂）、等体积浸渍法（根据孔容算出载体所能吸收的溶液量，加入刚好被孔完全吸收的溶液，静置若干小时，然后干燥、煅烧；这是实验室研究经常采用的浸渍方法）等。浸渍法制备催化剂的一般过程及影响因素如图 4-1 所示。

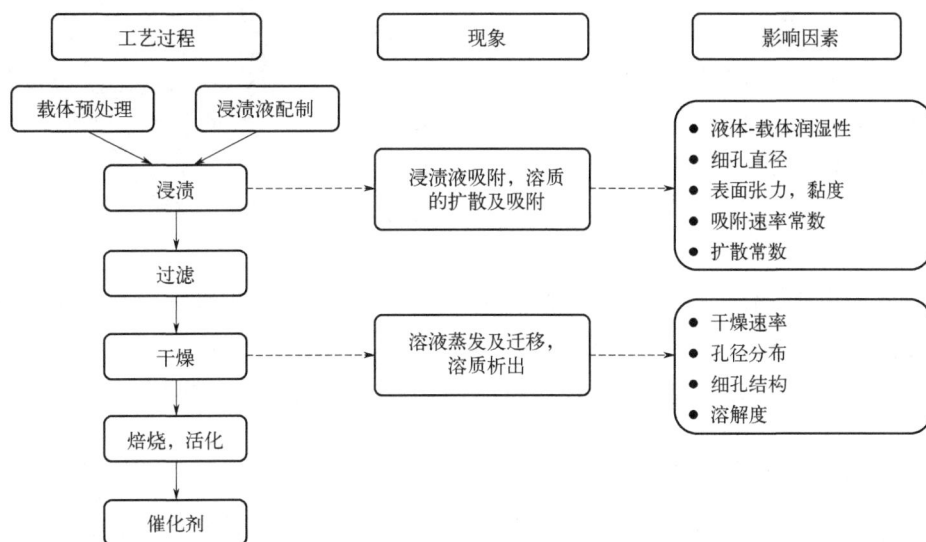

图 4-1　浸渍法制备催化剂的一般过程及影响因素

4.1　浸渍法所用的载体

(1) 常见催化剂载体

常用的催化剂载体有氧化铝、氧化硅、硅铝化合物、氧化锆、铈锆氧化物固溶体、氧化钛、活性炭、沸石、堇青石、整体式金属载体、钙钛矿型金属氧化物等。

沸石（分子筛）是硅铝基氧化物，由硅氧和铝氧四面体连接而成的三维网状结构，具有丰富的微孔，孔径在 $3\sim10\text{Å}$，比表面积高，经离子交换可得到以分子筛为载体的负载型催化剂，用于择形性强的催化反应。近年来，利用分子筛孔道的限域效应探索将金属原子团簇、金属以单原子形式分散于分子筛的孔内，以提高活性组分的原子利用率，并发现这类催化剂呈现出特殊的性能。

堇青石是由 Mg、Al、Si 构成的复合氧化物，组成为 $Mg_2Al_4Si_5O_{18}$，可含有 Na、K、Ca、Fe、Mn 等元素及 H_2O。堇青石作为汽车尾气净化催化剂的载体，在其他环保催化剂中也广泛应用，多以整体式使用；热膨胀系数小，抗热冲击能力强。如图 4-2 所示，其中分布的直孔通道直径在 1mm 左右，整体式的整块载体直径可以是几个或十几个厘米，依需要而定。

整体式金属载体（如以 Fe 为主要成分的 FeCrAl 合金）具有机械强度高、热导率高、易加工为特定形状等特点，可作为汽车尾气净化催化剂载体，也可以加工成微型反应器。

钙钛矿型金属氧化物作为催化剂载体可以限域被负载的活性金属组分，提高抗烧结性能。它的氧空位可以活化氧物种而起到消积碳作用，是潜在的载体，但其比表面积比较低。如果将 ABO_3 担载于大比表面积载体上，作为第二载体，则可能克服比表面积小的问题。以它作为前驱体，在设计和构筑催化剂方面也很有潜力。

图 4-2　整体式堇青石载体

载体的物理、化学性质会影响所制备的催化剂的性能。物理性质如织构、晶型等，化学性质如酸碱性、与被负载活性组分的作用、表面结构和组成、体相结构和组成等。使用前应根据需要对这些性质进行测试，不同催化剂对这些性质的要求不同。

(2) 对载体的基本要求

要求载体具有特定的形状或者可以成型为特定的形状，如颗粒状、规整型或整体式。载体需具有良好的机械强度，耐磨、抗压、抗热冲击（能够抵抗温度的骤然降低或升高，可将加热到高温的载体投入 0℃ 的水中检测是否被破坏），部分催化剂，比如汽车尾气净化催化剂要求具有较好的抗热冲击能力。在微观结构方面，要求载体具有高比表面积和适当的孔结构。载体还需具有良好的化学稳定性和热稳定性，不发生相变和固相反应，具有良好的抗烧结性能。此外要求载体不含引起中毒或副反应的组分以及价廉、无污染等。

(3) 载体的预处理

购置的载体与空气接触可能吸水或 CO_2 等气体，可通过预处理脱水、脱气。有时根据需要进行预处理调变体相结构或织构。预处理条件根据具体需要或要求而定，如对于氧化铝载体的处理（表 4-1），以 600℃处理为宜，可脱水、脱气而比表面积和孔容的变化又较小。

表 4-1　预处理温度对 Al_2O_3 载体比表面积和孔容的影响

煅烧温度/℃	300	600	900
$S/(m^2/g)$	200	180	90
$V_p/(cm^3/g)$	0.75	0.70	0.60

4.2　载体的浸渍

4.2.1　载体的润湿现象

润湿现象是指当固体对液体的吸引力大于液体本身的内聚力时，液体在固体表面上展开的现象。在固体表面的液滴，其处于固、液、气三相界面的力场中，在达到平衡时，液滴在表面的状态如图 4-3 所示。其中"1、2、3"分别指固、液、气相，σ 则是相应的界面张力。

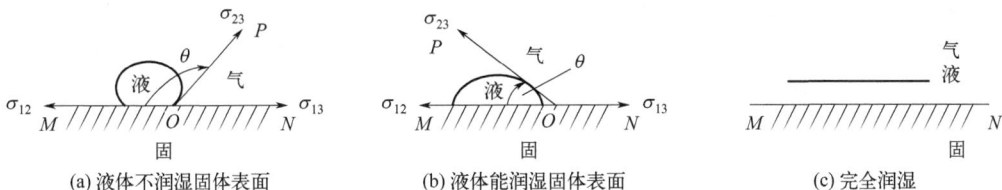

(a) 液体不润湿固体表面　　(b) 液体能润湿固体表面　　(c) 完全润湿

图 4-3　液体在固体上的润湿

O 点处于平衡时，

$$\sigma_{12}+\sigma_{23}\cos\theta=\sigma_{13}，即 \cos\theta=(\sigma_{13}-\sigma_{12})/\sigma_{23} \tag{4-1}$$

当 $\sigma_{12}>\sigma_{13}$，$\cos\theta<0$，$\theta>90°$，不润湿；$\sigma_{12}<\sigma_{13}$，$\cos\theta>0$，$\theta<90°$，润湿；当 $\theta=0°$ 时，则称为完全润湿。

可见润湿与否由接触角 θ 大于还是小于90°而定，即由 σ_{13} 和 σ_{12} 的相对大小而定，关键是 σ_{12}，即固-液的相互作用性质。相对于液、固相而言，气体的密度很低，一般来说，相对于 σ_{12}，σ_{13} 和 σ_{23} 可以忽略不计。当固-液相亲，则 $\sigma_{12}<0$，即液体铺展于固体表面将降低表面能，则润湿〔即图 4-3(b)〕；反之，当固-液相疏，则 $\sigma_{12}>0$，即液体若铺展于固体表面将增加表面能，则不润湿〔即图 4-3(a)〕，液体不会自发铺展于固体表面。能被水润湿称为亲水，反之称为疏水。

附着能是指将铺展于固体表面的液体复原形成液滴和固体表面所需做的功。液体与固体分开，固体和液体分别与气体接触形成界面，表面能为 $\sigma_{13}+\sigma_{23}$。在初态时，液体铺展于固体表面，其表面能为 σ_{12}。终态的表面能减去初态的表面能即为该过程需要做的功〔式(4-2)〕。附着能反映附着可以降低的表面能，伴随放热。附着能大则润湿性强。

$$W_{12}=\sigma_{13}+\sigma_{23}-\sigma_{12} \tag{4-2}$$

液体对管壁润湿时形成弯月面即凹面，如图 4-4 所示，该凹面与毛细管的管壁的润湿对液面有个向上的拉力，即毛细管拉力 P_k，可表示为：

$$P_k=\frac{2\sigma\cos\theta}{r} \tag{4-3}$$

对于开口毛细管，液体在毛细管中移动时的推动力 P 为：

$$P=P_k-\rho gl\sin\beta \tag{4-4}$$

式中，ρ 为液体密度；g 为自由落体加速度；l 为浸渍深度；β 为毛细管弯曲系数。

对于毛细管半径 $r=35.7\text{Å}$ 的硅胶，水对硅胶的界面张力 $\sigma=70\text{dyn/cm}$，若忽略重力的影响，并假设其完全润湿，即 $\theta=0°$，$\cos\theta=1$，则液体在毛细管中移动时的推动力，即毛细拉力为：

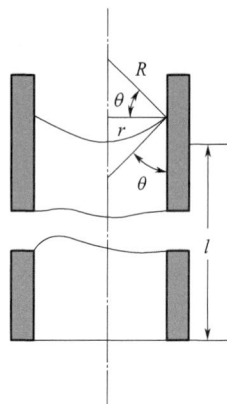

图 4-4 毛细管现象

$$P=P_k=\frac{2\times70\times1}{35.7\times10^{-8}\times9.8\times10^5}=400(\text{kgf/cm}^2)$$

毛细压力是浸渍时将溶液吸入孔内的力。

浸渍液一般选择活性组分的易分解盐溶液，如硝酸盐、铵盐、有机酸盐等，这样酸根等离子可以在煅烧过程中除去，不留下有害的杂质。溶剂则使用去离子水或根据具体需要使用醇或其他有机物。

4.2.2 活性组分负载量和浸渍液浓度

浸渍所用溶液的体积浓度可以采用式(4-5) 计算：

$$a=\frac{\dfrac{V_p C}{1000}}{1+\dfrac{V_p C}{1000}}\times100\% \tag{4-5}$$

式中，a 为催化剂中活性组分的百分含量；其中的 "1000" 是换算单位引入；V_p 为孔容，mL/g；C 为溶液浓度，g/L；"1" 表示 1g 催化剂载体。

$$W = \frac{10^4 S d^{\frac{2}{3}} M^{\frac{1}{3}}}{N^{\frac{1}{3}}} \tag{4-6}$$

式(4-6) 可看作一个经验式，W 为单分子层分散的负载量；d 和 M 分别为活性组分密度和分子量；S 为载体的比表面积；N 为 Avogadro 常数。可根据分子的截面积和载体的比表面积等数据估算单分子层分散的负载量，再由单层分散的负载量计算浸渍溶液的浓度和用量。浸渍法制备催化剂时，使活性组分处于高分散状态往往是难点，实现单分子层的分散是希望的目标，由式(4-6) 可以计算单层分散对应的负载量。

对于固定负载量的催化剂，可用高浓度溶液一次浸渍，但得到的活性组分颗粒大，孔内外负载不均匀。当采用低浓度溶液时可多次浸渍，即浸渍一次干燥或煅烧后、再浸渍一次或多次。多次浸渍可以使活性组分分散更均匀，但操作步骤多，另外粒子聚集可能堵塞孔道。

4.2.3　浸渍速度

浸渍速度跟浸渍液与载体的润湿性有关，又与溶质组分在载体孔内的扩散、迁移有关，这里分别讨论。

(1) 未被润湿载体的浸渍

毛细管压力是浸渍液向载体内渗透的推动力，渗透速度可表示为：

$$\frac{\mathrm{d}l}{\mathrm{d}\tau} = \frac{r^2}{8\mu l} P_k = \frac{2\sigma r \cos\theta}{8\mu l} \tag{4-7}$$

式中，$\dfrac{\mathrm{d}l}{\mathrm{d}\tau}$ 为浸渍的平均线速度；l 为浸渍深度；τ 为浸渍时间；μ 为浸渍液的黏性系数；r 为毛细管半径；σ 为界面张力。

将式(4-7) 积分可得式(4-8)：

$$\tau = \frac{2\mu l^2}{\sigma r \cos\theta} \tag{4-8}$$

浸渍深度 l 可近似看作载体颗粒的半径，由于载体内毛细孔不是直的，假定其有效长度比直管长度大一个弯曲系数 $\sqrt{2}$，则：

$$\tau = \frac{4\mu R^2}{\sigma r \cos\theta} \tag{4-9}$$

式中，R 为颗粒半径；$l = \sqrt{2}R$。

表 4-2 列出了渗透 2mm 所需要的时间，一般是几分钟，很少超过 30min。但若使活性组分分布均匀，往往需要 24h 或更长时间。这是因为载体可能吸附溶质，

使得孔口处溶质含量高，而孔深处含量低。对此，需要通过扩散使溶质进入孔内部从而实现均匀分布，该过程需要的时间往往很长。另外，随溶液浓度的变化表面张力（渗透的推动力）也可能发生变化，不过一般变化不大。

表 4-2   载体颗粒的毛细压力和渗透时间

载体	比表面积 /(m²/g)	毛细压力 /atm	渗透 2mm 的时间/s	
			计算值	实测值
细孔硅胶	50	1300	210	—
氧化铝	110	200	25	—
硅铝小球	350	640	105	95±20

（2）载体已被溶剂润湿的浸渍

浸渍速度取决于活性组分在载体孔内溶剂中的扩散速度，称为扩散浸渍。扩散时间与浸渍深度的关系可由式(4-10) 表示：

$$\tau = \frac{R^2}{2D_e} \tag{4-10}$$

其中有效扩散系数 D_e 为：

$$D_e = D \frac{\phi^{\mu_0/\mu}}{[1+0.274(1-\phi)]^2 \left(1+2.4\frac{r_M}{r}\right)} \tag{4-11}$$

式中，D 为活性组分在溶液中的分子扩散系数；μ_0 及 μ 为在液相主体中和在多孔物料毛细管中的溶液黏度；ϕ 为载体的孔隙率；r 为载体毛细管的平均半径；r_M 为活性组分在溶液中溶剂化后的分子半径。

（3）影响浸渍速度的因素

浸渍过程是溶液与载体的相互作用以及溶质在载体孔中的扩散迁移。其中相互作用主要有溶剂润湿孔壁，属于物理吸附；溶质（如金属的水合离子）在孔壁上的物理或化学吸附。关系式中，载体的性质由 l、r、σ、μ、θ、ϕ 等反映，负载组分与溶剂的性质由 σ、μ、θ、r_M 等反映。

浓度高时，可以一次浸渍上较多的活性组分，浸渍效率高，但是浓度大则可能导致黏度高，从而浸渍速度会降低；另外，高浓度浸渍可能会堵塞载体的孔道。温度高，则浸渍速度快，但不利于吸附。搅拌有利于传质，可以提高浸渍速度。

4.2.4   多组分浸渍

载体上负载多种活性组分，或者负载活性组分和助剂，负载时可以同时浸渍或依次浸渍。同时浸渍指用所负载金属离子的混合溶液为浸渍液。依次浸渍则是先浸渍某组分，然后干燥（煅烧），再浸渍另一个组分，直至完成全部组分的浸渍。浸渍的实验条件对催化剂的活性有影响，应根据载体、活性组分等的性质提出实验方案，进行实验，分析实验结果、改进方案，再实验，再改进，如此反复。

以加氢脱硫催化剂 NiO-MoO$_3$/Al$_2$O$_3$ 的制备为例，以 Al$_2$O$_3$ 为载体，先浸渍钼的溶液然后浸渍镍的溶液所得催化剂活性较高。这是由于氧化钼首先分散在表面，阻挡了镍与氧化铝发生固相反应生成无活性的镍铝尖晶石。对于 K$_2$O-Ru/SiO$_2$ 催化剂，采用共浸渍制备得到的催化剂中，Ru 纳米颗粒大，分散度低，而采用依次浸渍得到的催化剂中，Ru 颗粒小，分散度高。在依次浸渍中，先浸渍含钌化合物，经干燥后，固定了钌物种，再浸渍 K$_2$CO$_3$ 对 Ru 物种的影响小（图 4-5）。在共浸渍时，可能含钌化合物不容易被载体吸附。对于这个例子，共浸渍时混合溶液应该接近中性或碱性，使用的原料 Ru(NO)(NO$_3$)$_3$ 是酸性，K$_2$CO$_3$ 是碱性，即浸渍液的 pH 不同，pH 是影响浸渍的一个主要参数。图 4-5(a) 以 Ru(NO)(NO$_3$)$_3$ 和 K$_2$CO$_3$ 的混合溶液共浸渍，然后干燥、还原；图 4-5(b) 先浸渍 Ru(NO)(NO$_3$)$_3$，干燥后再浸渍 K$_2$CO$_3$。

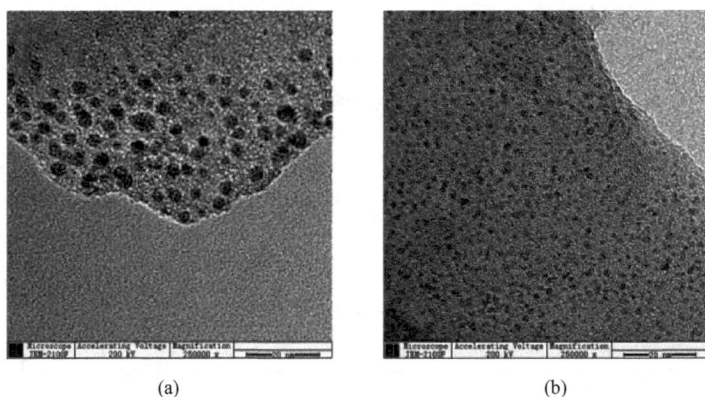

(a)　　　　　　　　　　　　　(b)

图 4-5　浸渍法制备的 K$_2$O-Ru/SiO$_2$ 催化剂 TEM 图

4.2.5　活性组分的晶粒度

对于催化剂的活性组分，希望其为小晶粒，因晶粒愈小，比表面积愈高，通常情况下活性也愈高。用一个高度简化的模型推导晶粒尺寸与比表面积、孔径等的关系。设载体的孔半径为 R，平均孔长度为 $2R$。若每克载体的微孔单元数为 N_p，载体的孔容为 V_p，金属原子量为 M_m，每克催化剂中金属的负载量为 $f(g)$，载体重量为 $(1-f)(g)$，每克载体中金属的负载量为 $f/(1-f)$，于是每克载体上负载的金属原子数 n_m 为：

$$n_m = \frac{fN}{(1-f)M_m} \tag{4-12}$$

式中，N 为 Avogadro 常数。每个微孔单元所含的金属原子数 n 是：

$$n = \frac{n_m}{N_p} \tag{4-13}$$

每个微孔单元体积为 $= \pi R^2 \times 2R = 2\pi R^3$，1g 载体的微孔单元数：

$$N_p = \frac{V_p}{2\pi R^3} \tag{4-14}$$

将式（4-12）和式（4-14）代入式（4-13）中，可得：

$$n = \frac{fN(2\pi R^3)}{(1-f)M_m V_p} \tag{4-15}$$

假设一个微孔单元中的活性组分以一个晶粒存在，即 n 的大小反映晶粒的尺寸大小，从式（4-15）可以看出负载量大则晶粒大、V_p 大、R 小（对应比表面积高、孔小）则所负载活性组分的晶粒小。

负载量、孔结构和比表面积对所负载的晶粒尺寸的影响如表 4-3 所示。单位质量 Pt 的比表面积越高，对应 Pt 晶粒的尺寸越小。每克催化剂中 Pt 的表面积随 Pt 含量提高而提高，但是每克 Pt 表面积下降表明 Pt 晶粒尺寸增大。Pt 晶粒大小随 Pt 的比表面积变化，而不是随 Pt 的表面积变化。从表 4-3 可以看出高比表面积 SiO_2 容易获得小晶粒的 Pt。

在上面的简化模型中，基本前提是被负载的活性组分在载体表面均匀分散。实际上，活性组分的均匀分散是制备负载型催化剂的难点。如果浸渍过程中载体可以吸附活性组分，则有利于均匀分散。

表 4-3   负载量及载体孔结构对金属晶粒大小的影响

Pt 的负载量 （质量分数）/%	Pt 的比表面积		SiO_2 载体			金属晶粒尺寸/nm
	$m^2/g_{催化剂}$	$100m^2/g_{Pt}$	$S_g/(m^2/g)$	$V_p/(mL/g)$	平均孔径/nm	
0.5	1.7	3.4	423	0.74	7.4	3.0
1.6	2.9	1.8	193	1.04	18.0	3.7
2.5	3.7	1.5	92	0.65	32.5	6.0
4.6	4.2	0.9	35	0.20	57.6	8.0

4.3   活性组分的浓度分布

在绝大多数情况下，我们希望活性组分均匀分布于载体表面，但通常很难实现，影响分布的主要因素有浸渍过程中载体对活性组分的吸附及干燥过程中溶质的迁移。在前面的简化模型中，每个孔内形成一个晶粒，如果吸附不均匀，则各个孔内的晶粒尺寸不一。溶质如果发生了迁移，则有些孔内可能没有活性组分，另一些孔内活性组分多因而晶粒大。实现均匀分散，需要控制浸渍、吸附以及干燥条件等。

4.3.1　溶质的吸附

载体对活性组分（通常为活性组分的水合离子）往往具有吸附作用，这种吸附由载体和活性组分的性质决定。当载体、活性组分（溶质）、溶剂（一般为水）、温度等确定后，吸附量与溶液浓度的关系称为吸附等温线。图 4-6 给出了两个吸附等温线的例子。

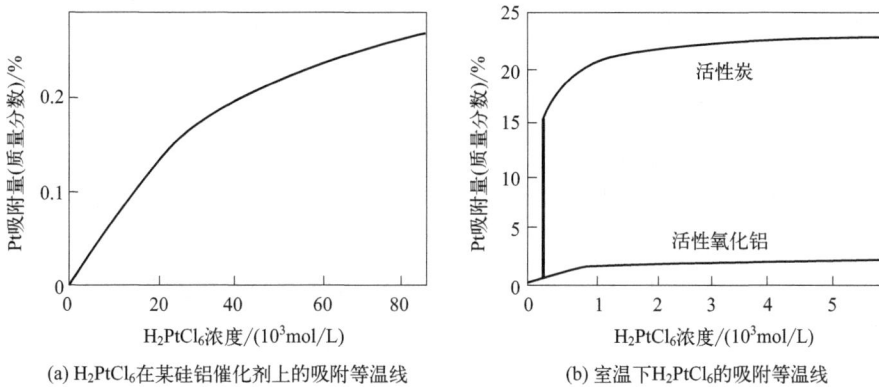

(a) H_2PtCl_6 在某硅铝催化剂上的吸附等温线　　(b) 室温下 H_2PtCl_6 的吸附等温线

图 4-6　吸附等温线

载体、活性组分、溶剂、温度等确定时的最大吸附量称为饱和吸附量。由图 4-6 可以看出，吸附量随浓度增大而增大，达到饱和吸附量后，吸附量不再变化。吸附量与比表面积、孔容有关，比表面积越高，孔容越大，一般吸附量也越大。吸附量与载体和溶质的性质有关，吸附是二者的相互作用。通常情况下载体与溶质之间有吸附作用，少数情况下吸附可能很弱，此时载体上负载的活性组分量为吸附的量与孔内溶液中存留的量之和。

4.3.2　影响活性组分浓度分布的因素

浸渍于载体上的活性组分分为两部分，吸附于载体表面的活性组分的水合离子以及孔内溶液中溶解的活性组分，二者经干燥、煅烧后构成负载于载体表面的活性组分。

若载体的孔容为 V_p，当吸附达到平衡时的溶液浓度为 C_e，吸附量为 a 时，在载体上的溶质总量 b 为：

$$b = a + C_e V_p (1 - f_v) \tag{4-16}$$

吸附的溶质与孔内溶液中所含的溶质之比 P 为：

$$P = \frac{a}{b-a} = \frac{a}{C_e V_p (1-f_v)} = \frac{K_v}{V_p (1-f_v)} \tag{4-17}$$

其中 $K_v = a/C_e$ 是等温吸附线的斜率；f_v 是溶质不能进入的孔容的分数。

$P \ll 1$，即吸附量很小时，干燥过程中溶质随溶液移动，往往分布不均匀，活性组分颗粒大。$P \gg 1$ 时，负载的活性组分以吸附为主，可称为吸附型负载的催化剂，易于分布均匀。

当毛细管预先被溶剂所饱和，可看作单一的扩散浸渍过程。此时扩散浸渍所需时间 t_d 为：

$$t_d = \frac{R^2(1+P)}{D_e} \qquad (4\text{-}18)$$

式中，R 为载体颗粒半径；D_e 为组分在孔内的有效扩散系数。

未润湿载体的浸渍可分为两个过程，毛细管浸渍过程和扩散浸渍过程。毛细管浸渍所需时间由前所述可知：

$$t_{cap} = \frac{4R^2\mu}{r\sigma\cos\theta} \qquad (4\text{-}19)$$

式中，R 为毛细管长度即颗粒半径；r 为毛细管半径；μ、σ、θ 分别为溶液的黏度、界面张力和润湿角。

在一定的浸渍时间内，组分分布与扩散浸渍所需时间和毛细管浸渍所需时间之比 α 有关。

$$\alpha = \frac{t_d}{t_{cap}} \qquad (4\text{-}20)$$

$\alpha \leqslant 1$，即扩散浸渍快，毛细渗透完成时扩散浸渍也完成了，此时浸渍时间可以短些；在有足够的浸渍时间时，活性组分分布与吸附情况或干燥有关。$\alpha \geqslant 1$，即扩散慢，浸渍时间一般较长。在有足够的浸渍时间时，活性组分分布与吸附情况或干燥有关。绝大多数情况是 $\alpha \geqslant 1$。实际情况根据溶质和载体的性质判断，并结合实验、表征等研究。

4.3.3 溶质在载体微孔内的分布

浸渍时，溶解在溶剂中的含活性组分的盐类（溶质）在载体内表面上的分布与载体对溶质和溶剂的吸附性能有很大的关系。

载体对溶质（活性组分）的吸附能力较强且浸泡的时间较短，溶质被吸附于外表面，而溶剂进入孔深处。活性组分分布不均匀，外表面多 [图 4-7(a)]。

载体对溶质的吸附能力较强，浸渍后不立即干燥而是平衡较长时间，吸附的溶质经脱附—吸附—脱附的往复在孔内向颗粒深处迁移，逐步均匀 [图 4-7(b)]。

载体对溶质（活性组分）的吸附能力较强，且载体长时间留在溶液中，通过吸附/脱附和迁移逐步分布均匀 [图 4-7(c)]。

吸附很强或溶质量不足，即使在浸渍液中长时间浸泡也难以达到均匀，这是因为被吸附的溶质不能脱附，于是难以迁移；溶质的量不足，孔深处没有可被吸附的溶质 [图 4-7(d)]。

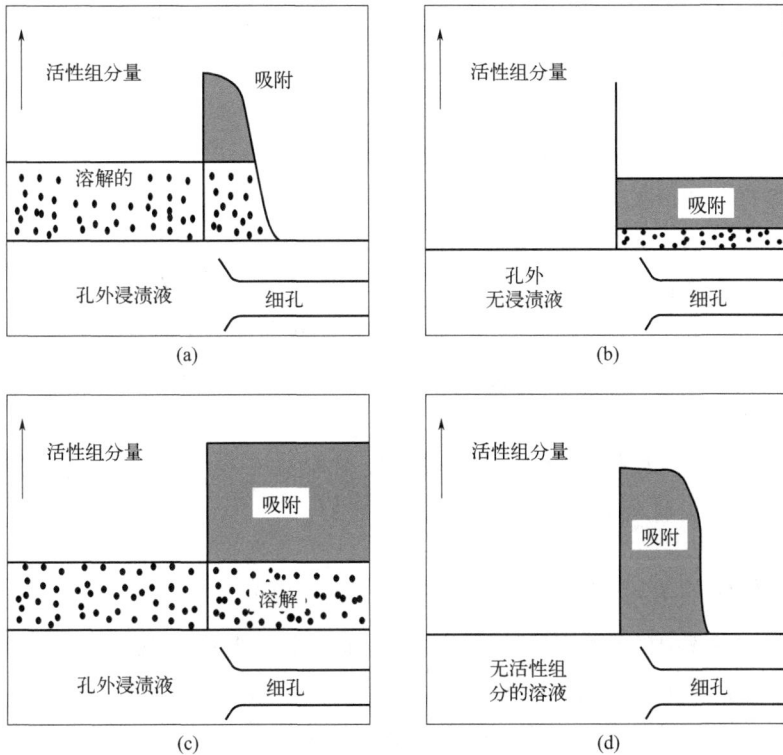

图 4-7　浸渍时溶质分布的几种情况

虽然吸附溶质，但溶剂化了的分子大于孔径，则溶质分子不能进入孔内，无法负载。

载体不吸附溶质而吸附溶剂，则难以均匀分布，干燥过程溶质会随溶液流动而团聚。

载体对溶质、溶剂均不吸附，则不润湿，浸渍难以实现，溶液不能进入孔内，活性组分不能通过浸渍负载。

4.4　吸附法负载活性组分

将含活性组分的化合物或配离子等通过吸附负载于载体表面称为吸附法负载活性组分。操作与浸渍法制备催化剂类似，但浸渍法中包含溶解于孔内溶液中的活性组分（溶质）；以吸附法制备时，则将孔内的溶液洗去。和浸渍法相比，吸附法可以实现活性组分均匀分散，颗粒（晶粒）小，关键在于能否实现吸附以及成本问题。

4.4.1　静电吸附负载活性组分

吸附法制备的催化剂活性组分分散均匀，但是载体必须对溶质有吸附能力。如

Al_2O_3 对 H_2PtCl_6 的吸附，首先 Al_2O_3 在酸性介质中发生水解：

$$Al_2O_3 + H^+ \longrightarrow -O-Al^{n+}- + H_2O \tag{4-21}$$

H_2PtCl_6 将发生电离：

$$H_2PtCl_6 \longrightarrow [PtCl_6]^{2-} + 2H^+ \tag{4-22}$$

带电离子静电相吸或静电吸附：

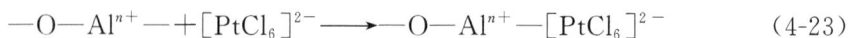

$$-O-Al^{n+}- + [PtCl_6]^{2-} \longrightarrow -O-Al^{n+}-[PtCl_6]^{2-} \tag{4-23}$$

正负离子通过静电相吸的吸附是一种常见的吸附方式，但并非正负离子相结合的唯一方式。例如 $[Pt(NH_3)_4]^{2+}$ 在硅胶表面的吸附是该配离子与硅胶表面羟基中氢离子交换的结果，从催化剂制备方法分类上可归属于离子交换法。正负离子相结合更常见的方式是形成离子键。

一般地，氧化物载体对金属配离子的吸附取决于氧化物的等电点、浸渍液的 pH、金属配离子的性质等，下面分别介绍。

（1）氧化物的等电点

悬浮于水溶液中的氧化物粒子能够极化而带电，大部分载体氧化物是两性的，既能带正电也能带负电（与 pH 有关）。

表面上一般存在羟基，以 S—OH 代表表面吸附位，在酸性介质中：

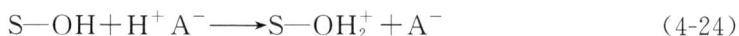

$$S-OH + H^+A^- \longrightarrow S-OH_2^+ + A^- \tag{4-24}$$

按双电层理论，粒子带正电，则在其周围有带负电的分散层。在碱性介质中：

$$S-OH + B^+OH^- \longrightarrow S-O^- \cdot B^+ + H_2O \tag{4-25}$$

此时粒子带负电，其周围有带正电的分散层，可以视作 $S-O^-$ 静电吸附 B^+。

粒子不带电时对应的液相介质的 pH 称为等电点，对应的状态为等电点状态，即等电态。等电点可以通过电泳测定。常见载体氧化物的等电点如表 4-4 所示。

表 4-4 常见载体氧化物的等电点

氧化物	等电点	吸附	氧化物	等电点	吸附
Sb_2O_3	<0.4	阳离子	MnO_2	3.9~4.5	阳离子或阴离子
WO_3 水合物	<0.5		SnO_2	约 5.5	
SiO_2 水合物	1.0~2.0		TiO_2	约 6	
Y_2O_8 水合物	约 8.9	阴离子	$\gamma\text{-}Fe_2O_3$	6.5~6.9	
$\alpha\text{-}Fe_2O_3$	8.4~9.0		ZrO_2 水合物	约 6.7	
ZnO	8.7~9.7		Cr_2O_3 水合物	6.5~7.5	
La_2O_3 水合物	约 10.4		$\alpha,\gamma\text{-}Al_2O_3$	7.0~9.0	

（2）浸渍液的 pH

由图 4-8 可以看出，分散的固体颗粒在酸性液相介质中带正电，在碱性液相介质中带负电，即 pH 显著影响载体粒子表面所带电荷。由图 4-9 可知，在 pH 低于

1 的酸性介质中，SiO_2 表面将带正电，将静电吸附负离子。当 pH 高于等电点如高于 2 时，SiO_2 表面带负电，吸附正离子。在 pH 低于 6 时，带负电量比较小，对应 ξ 电位的数值比较小，所以静电吸附比较弱。Al_2O_3 是两性氧化物，等电点接近 7，随 pH 变化 ξ 电位数值变化比较显著，酸性条件下吸附阴离子，碱性条件下吸附阳离子。

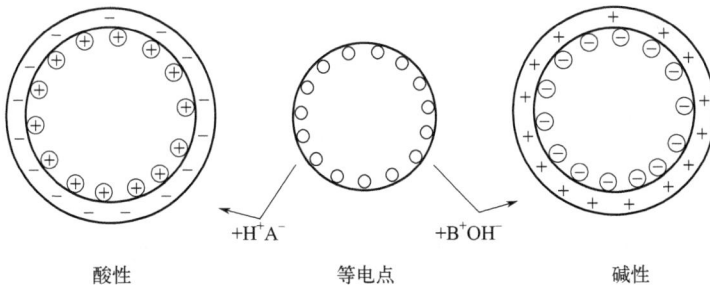

图 4-8 氧化物带电示意

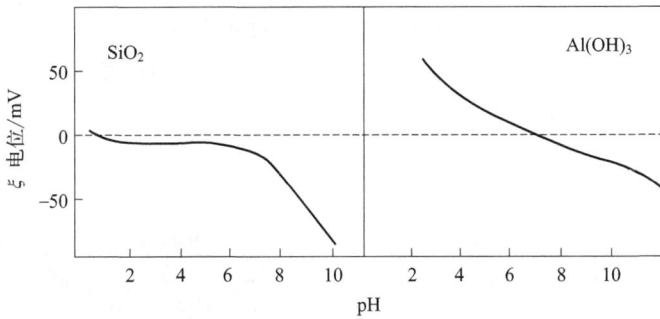

图 4-9 ξ 电位对 pH 的影响

（3）金属的配位阳离子和配位阴离子

金属配位离子可能是正离子或负离子，与其所配位的离子或分子有关，如 $[PtCl_6]^{2-}$ 和 $[Pt(NH_3)_4]^{2+}$ 分别是负离子和正离子。Rh、Pd、Ir、Pt、Au、Os 等可以形成配阴离子 $[MCl_x]^{n-}$，Co、Ni、Cu、Ru、Rh、Pd、Ag、Ir、Pt 等可以形成配阳离子 $[M(NH_3)_x]^{n+}$。

发生吸附的条件：

① 颗粒所带电荷（正、负），与 pH 有关；

② 溶质离子的种类（阴、阳）；

③ 特定的配离子或水合离子往往只在一定的 pH 下才能存在。

三者要相合，吸附才能发生。颗粒带正电时，吸附阴离子；颗粒带负电时，吸附阳离子。

结合图 4-9，对于硅胶，当 pH 大于 1，最好大于 7，粒子带负电，且溶质为金属配阳离子时，其可吸附配离子。如硅胶可以吸附 $Pt(NH_3)_4Cl_2$ 溶液中的 $[Pt(NH_3)_4]^{2+}$，但不易吸附 H_2PtCl_6 溶液中的 $[PtCl_6]^{2-}$，因为两个溶液的 pH 值往往大于硅胶的等电点（溶液的 pH 与其浓度有关）。对于氧化铝，当 pH 小于 8 时，带正电，可吸附配阴离子；pH 大于 8 时，带负电，可吸附阳离子。

以硝酸铜溶液为浸渍液通过静电吸附负载铜于 Al_2O_3 表面时，可以调节 pH 为大于 8 的某个值，如 pH 等于 9，可以通过静电吸附负载。这是因为 pH 大于 8 时，Al_2O_3 表面带负电，水合铜离子带正电。但当 pH 为 9 时，铜离子沉淀为 $Cu(OH)_2$。

当用氨水将 pH 提高至可以溶解 $Cu(OH)_2$ 形成铜氨配离子时，带负电的 Al_2O_3 就可以静电吸附铜氨配离子。蒸氨法就是采用这样的途径负载金属组分的方法。

以吸附法负载活性组分时，需要注意吸附时间。具有强吸附性能的活性组分溶质很易被载体吸附，吸附时间短，但一般吸附在外表面，分布不均匀。若要实现均匀分布，需要很长时间的解吸—扩散—吸附的循环以及扩散过程，有时可达一个月或更多天。

将两种水合金属离子（M_1^{n+} 和 M_2^{n+}）由强静电吸附均匀混合限域于载体表面，还原后得到均匀混合的双金属，如图 4-10 所示[8]。此处的限域是由于强的静电相互吸引，限制了金属离子的迁移。

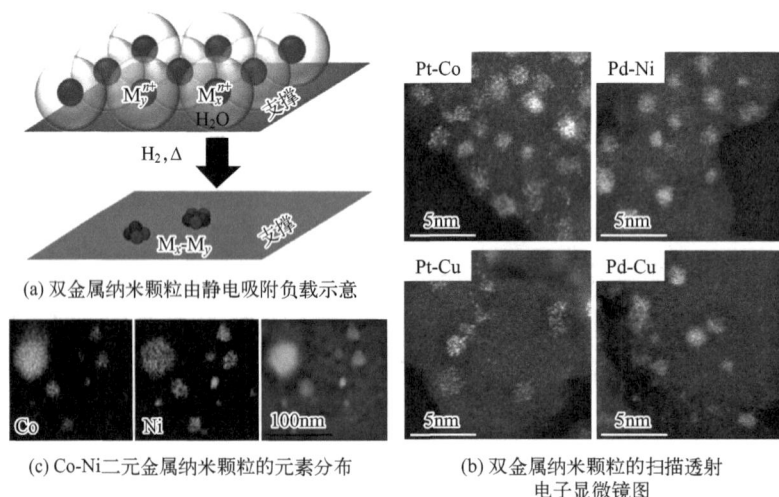

(a) 双金属纳米颗粒由静电吸附负载示意

(c) Co-Ni二元金属纳米颗粒的元素分布

(b) 双金属纳米颗粒的扫描透射
电子显微镜图

图 4-10　双金属纳米颗粒的制备及形貌

4.4.2　竞争吸附

当溶液中含有两种或两种以上的溶质组分且其中之一为活性组分，它们均可被载体吸附，且吸附位相同、吸附概率相同时，就可能形成竞争吸附。竞争吸附中，所加入的非活性组分溶质称为竞争吸附剂。竞争吸附剂可以占据载体的吸附位，使活性组分进入颗粒内部被吸附。因为活性组分的量有限，或者强吸附于孔口处不能扩散进入孔内，导致活性组分分散不均匀。没有竞争吸附剂时，溶质强吸附于孔口处 [图 4-11(b)]。存在竞争吸附剂时，竞争吸附剂会占据部分吸附位，溶质进入孔深处，分布均匀 [图 4-11(c)]。

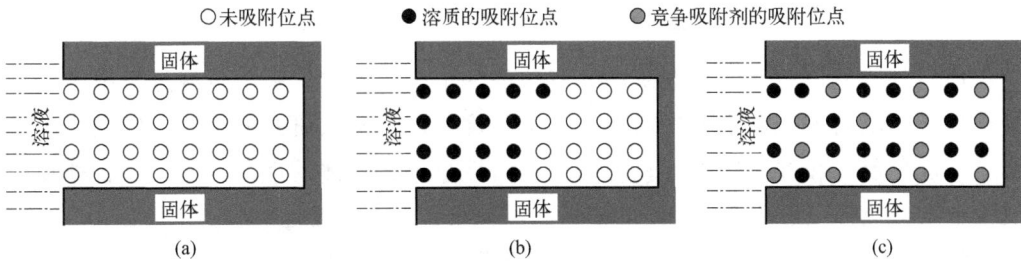

图 4-11　竞争吸附剂作用示意

竞争吸附剂还可以占据适当位置的吸附位，活性组分则吸附于余下的吸附位，从而调变活性组分的分布区域，如图 4-12 所示。图中颗粒表示毫米级尺寸颗粒，其中有丰富的孔结构。

① 蛋壳型：无竞争吸附剂，溶质含量低，或孔口吸附形成位阻，溶质难进入颗粒内部。

② 加厚蛋壳型：先用适量竞争吸附剂浸渍一段时间，使竞争吸附剂占据颗粒外层的部分吸附位，然后浸渍溶质，但是溶质含量又不足。

③ 蛋黄型：竞争吸附剂吸附强，用量少，先用其浸渍并完全占据了孔口处的吸附位，然后吸附的溶质只能吸附（负载）到颗粒深处。

④ 蛋白型：竞争吸附剂吸附强，用量很少（蛋白），溶质用量又较少不足以吸附到颗粒中心；中间溶质负载层，中心是空的、未能负载活性组分。

⑤ 均匀型：先用竞争吸附剂浸渍，未被占据的吸附位均匀分布，然后再浸渍溶质时被溶质占据。

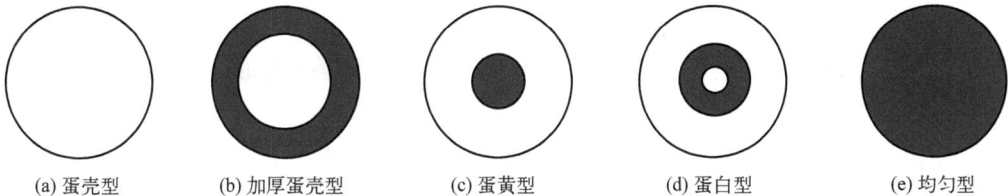

图 4-12　竞争吸附剂作用下活性组分的分布类型示意

对于以 H_2PtCl_6 为铂源，在氧化铝载体上负载铂，以 HCl 调节浸渍液的 pH。如表 4-5 所示，pH 下降，浸渍深度随 pH 降低而变大，仅用 $[PtCl_6]^{2-}$ 在 Al_2O_3 载体表面的吸附不能解释，因为随着 pH 下降，载体带正电的量增大，$[PtCl_6]^{2-}$ 在载体表面吸附变强，$[PtCl_6]^{2-}$ 将不易扩散迁移进入孔深处。很可能发生了竞争吸附，Cl^- 作为竞争吸附剂与 $[PtCl_6]^{2-}$ 竞争，占据部分吸附位促进了 $[PtCl_6]^{2-}$ 进入孔的深处。

表 4-5 H_2PtCl_6 在氧化铝载体上浸渍深度随 pH 的变化

溶液 pH	2.3	2.0	1.8	1.6	1.4
浸渍深度/nm	150	180	210	250	320

均匀分散是负载型催化剂所需要克服的一个关键问题，吸附负载过程中各条件的选择，如配离子、竞争吸附剂等，是很有价值进行深入研究的课题。研究一般针对具体催化反应和催化剂进行。可以根据活性组分、载体的性质巧妙设计各种吸附浸渍方案或吸附负载方案。

特别提醒，静电吸附属于吸附法负载活性组分常见的一种，但不是唯一的一种。

4.5   离子交换法负载活性组分

以活性组分离子交换存在（吸附）于载体表面的离子，由此得到负载型催化剂的方法称为离子交换法。在制备工艺上与吸附法类似，但需要交换化学吸附的离子。被交换的离子与载体结合力强，一般需要在较高的温度下交换较长时间。

4.5.1   硅胶上的离子交换

硅胶表面有 Si—OH，在酸性条件下为 Si—OH$_2^+$ A$^-$，其中的质子可被其他金属离子交换，如 Fe^{2+}、Fe^{3+}、Co^{2+}、Ni^{2+}、Cr^{3+}、Cu^{2+}、$[Pt(NH_3)_4]^{2+}$ 等，离子交换的化学反应可表示为：

$$n\{H^+\}_{固} + x[Pt(NH_3)_4]^{2+}_{溶液} \longrightarrow \{(n-2x)H^+; x[Pt(NH_3)_4]^{2+}\}_{固} + 2xH^+_{溶液}$$

$$(4-26)$$

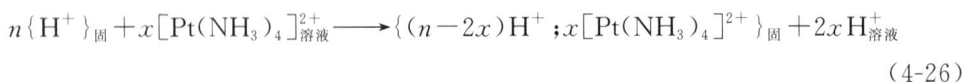

交换上去的金属离子一般是配离子。图 4-13 表示硅胶表面上过渡金属离子的交换状态。

离子交换只有当载体上存在可被交换的离子（如质子）才能实现。如 Al_2O_3 上没有足够的质子酸，$[Pt(NH_3)_4]^{2+}$ 不能交换上去。交换上去的离子与载体之间存在化学键，属于化学吸附，具有较大的强度，去离子水不能洗掉。

离子交换法制得的催化剂活性组分高度分散、均匀，一般活性高。表 4-6 列出了离子交换法和浸渍法制得的 SiO_2 担载的 Pt 催化剂的活性比表面积，可以看出离子交换法得到的催化剂中，Pt 分散度更高。

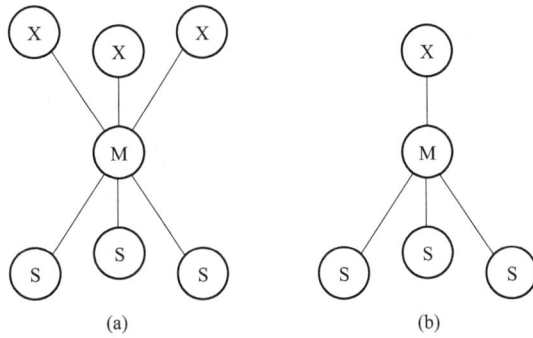

图 4-13　硅胶表面上过渡金属离子的交换状态示意

其中 M 为金属离子，S 为硅胶表面上的氧，X 为阴离子（如 Cl^-、NO_3^-）或 NH_3 分子

表 4-6　离子交换法和浸渍法担载的 Pt 催化剂的分散度比较

制备方法	Pt(质量分数)/%	Pt 比表面积/(m^2/g)
离子交换法 （或吸附法）	0.7	2.9
	1.5	5.0
	2.5	7.0
	4.5	13.9
浸渍法	0.5	1.7
	1.6	2.9
	2.5	3.7
	4.6	4.2

4.5.2　硅酸铝上的离子交换

硅酸铝不能与金属离子直接交换，需要先用 H^+ 或 $[NH_4]^+$ 交换，然后再以金属离子交换 H^+ 或 $[NH_4]^+$，如：

$$H_2SA + 2[NH_4]^+ \longrightarrow (NH_4)_2SA + 2H^+ \tag{4-27}$$

$$(NH_4)_2SA + M^{2+} \longrightarrow MSA + 2[NH_4]^+ \tag{4-28}$$

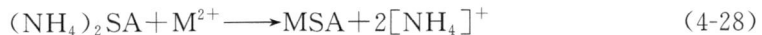

以部分离子交换的硅酸铝为例，硅酸铝表面的质子酸强度不等（有硅和铝两种元素，酸强度与质子的吸附位置及原子种类等相关），易交换的质子先被金属离子交换，金属离子还原得到的金属为活性位；剩余部分不进行交换，构成表面酸中心，是另一种活性位。两种活性位活化两类反应物，可以同时催化两个化学反应，称为双功能催化剂。

4.5.3　沸石上的离子交换

沸石（分子筛）是具有晶体结构的硅铝酸盐，化学组成可表示为 $M_{2/n}O \cdot Al_2O_3 \cdot xSiO_2 \cdot H_2O$。M 为被吸附的金属离子，多为 Na^+；x 是氧化硅的分子数，称为硅铝比。图 4-14 给出了一个沸石笼结构，其中 Na^+ 的分布位置（S_{I}、S_{II}、S_{III}）将影响沸石的性质。硅铝比是区别沸石的一个主要参数，如耐酸性和热稳定性均随硅铝比增加而增加。硅铝比不同沸石型号不同，笼的结构不同。人工合成的 Na^+ 型沸石活性很低，因为有 Na^+ 则酸性弱，又无其他活性组分。

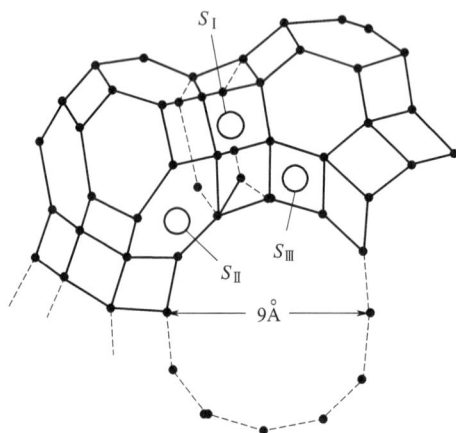

图 4-14　X 型、Y 型沸石分布在三种不同位置上的钠离子示意
（黑点为硅氧或铝氧四面体）

和其他载体上的离子交换类似，不是所有离子均可以进行交换，由所吸附离子和交换离子性质及其与载体的相互作用而定。通过交换可以调变沸石晶体内部的电场性质，可以添加催化活性组分。

除了以上离子交换催化剂外，还有离子交换树脂催化剂，这是由高分子聚合物构成骨架，骨架上带有可被交换的离子，分为阳离子交换树脂（带酸性基，如—SO_3H、—$COOH$、—OH、—PO_3H 等，其中的质子可被交换）和阴离子交换树脂（带碱性基，如—NOH、—NH_2 等）。

4.6　均相配位催化剂的固相化

均相配位催化过程中，配合物作为催化剂，用于均相反应，均相配位催化剂是结构明确的金属有机配合物。因此，配合物（即催化剂）与反应物分子通过吸附或键合而活化过程的认识、过渡态的识别等比多相催化反应简单，其反应机理已比较明确。在明确催化机理、活性中心等信息后，就可以设计催化剂，如选择特定配合物配体以期提高反应的选择性等。但均相催化剂存在分离难、热稳定性差、对设备有腐蚀等缺点。

将均相配位催化剂的活性组分负载于固体载体上，实现均相配位催化剂的固相化，则可能避开其缺点而保持其优点。可采用物理吸附法和化学键合法。

在物理吸附法中，将均相催化剂固相化中负载活性组分的固体物质称为支载体，类似一般负载催化剂的载体，包括无机物（如玻璃、金属、氧化物等）和有机物（如苯乙烯树脂等聚合物）。该方法类似浸渍法，将活性组分负载于无机载体表面，活性组分与支载体之间以范德华力相结合。

化学键合法是指通过化学键将配位催化剂与高分子支载体相结合制得催化剂的方法，其中的化学键可以是离子键、配位键或 σ 键等。如图 4-15 所示，其中（a）的金属有机配合物是催化剂，M 是中心金属离子，支载体表面存在该催化剂中配位分子或基团（以 L 表示），或通过化学反应等途径在支载体表面连上 L，于是该催化剂就通过 L 固定于支载体表面。

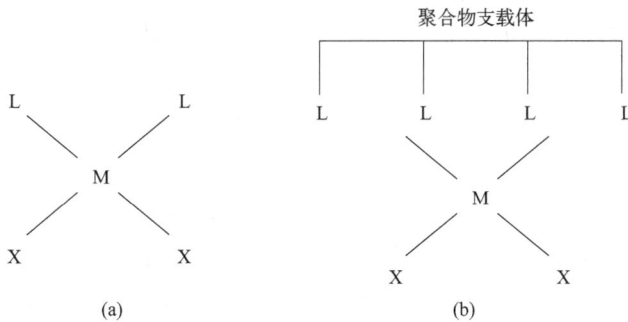

图 4-15　化学键合法原理示意

M、L、X 分别为过渡金属、配体、卤素

4.7　沉淀法与浸渍法的比较

沉淀法和浸渍法是制备催化剂和工业上生产催化剂的基本方法，前面介绍了这两种方法，这里归纳一下它们的主要特点，并示例予以说明。

从固体催化剂生产角度讲，沉淀法有利于组分均匀混合，组分间易发生相互作用，通过沉淀条件的选择可以调控比表面积和孔结构，但存在沉淀中包留杂质、废液需要进行环保处理等问题。该方法适合于活性组分含量高，要求活性组分与载体发生相互作用等催化剂的制备，例如 CuO-ZnO 可用共沉淀，而 Pt/Al_2O_3 则不适合用共沉淀法制备。

采用沉淀法制备催化剂时，沉淀剂会有显著影响，沉淀剂决定沉淀物的化学组成，会影响沉淀物胶粒性质、聚集行为以及比表面积、粒径尺寸等。例如沉淀

$Ni(NO_3)_2 + Cr(NO_3)_3$ 溶液制备 $NiO-Cr_2O_3$（沉淀物需经过干燥、煅烧），沉淀剂不同，得到的沉淀物不同，比表面积的变化规律也不同（表 4-7）。

表 4-7　沉淀 $Ni(NO_3)_2$ 和 $Cr(NO_3)_3$ 混合溶液制备 $NiO-Cr_2O_3$ 时沉淀剂的影响

沉淀剂	S_{BET}, Ni 含量 < 50%（质量分数）	S_{BET}, Ni 含量 > 50%（质量分数）	沉淀物
氨水	随镍含量增而降	随镍含量增而降	氢氧化物
Na_2CO_3	随镍含量增而增	随镍含量增而增	碳酸铬镍钠
$(NH_4)_2CO_3$	随镍含量增而增	随镍含量增而降	碳酸铬镍铵

当活性组分前驱体（如水合离子）与载体无相互作用时，采用浸渍法工艺简单，但是活性组分难以高分散，工业生产过程中一般会分解产生废气（如金属硝酸盐溶液浸渍），需要净化；常规浸渍法可应用于制备活性组分含量较高并分布于载体表面的催化剂。吸附浸渍可以显著提高活性组分分散度，但是要求活性组分前驱体能吸附于载体表面，可用于制备活性组分分散度较高的负载型催化剂。采用金属有机配合物的吸附浸渍（有机配合物与载体表面发生吸附），活性组分的分散度会更高，但原料较贵，适用范围较窄，多应用于制备活性组分高分散的负载型催化剂，如贵金属催化剂。

除此之外，沉积-沉淀法、热分解法、机械混合法等也是催化剂的传统制备方法，这里只做简要介绍。

对于沉积-沉淀法，将载体分散于含有被沉淀离子的溶液中进行沉淀，沉淀的胶粒将沉积于载体表面。该方法有利于组分间相互作用。一般来说沉淀胶粒很小，沉积于已成型载体表面，则便于制备成型的催化剂，适合于制备特定形状、活性组分主要分布于表面又要求活性组分与载体有较强的相互作用催化剂，如整体式催化剂。从某种角度讲，沉积-沉淀法兼有浸渍法和沉淀法的特点。

对于热分解法，催化剂组分的盐的混合物热分解，工艺简单，混合盐分解则组分间相互作用较强，一般需要与沉淀或浸渍等配合来制备催化剂。

对于机械混合法，将几种组分机械混合，工艺简单，混合后的组分分散度低、不利于形成相互作用，用于加入易与组分发生作用的物质。机械混合法包括干混和湿混，湿混时，水的加入利于形成相互作用。

下面以 $NiO-SiO_2$ 催化剂的制备为例讨论制备方法的影响。$NiO-SiO_2$ 中 NiO 和 SiO_2 之间会发生相互作用，该相互作用可以通过程序升温还原来表征。相互作用强则镍离子难被还原，反之则较容易被还原。相互作用强则形成 Ni—O—Si 之间的化学键，该化学键可以用红外光谱检测，在 665cm^{-1} 和 1055cm^{-1} 位置出现吸收峰。

从表 4-8 可以看出制备方法变化导致催化剂构成、镍与氧化硅载体间相互作用发生变化。共沉淀得到的氢氧化镍、氢氧化硅胶粒混合，胶粒很小，在干燥以及煅烧过程中容易发生固相反应，生成硅酸镍。采用沉积-沉淀法，将氢氧化镍胶粒沉积于氧化硅表面，纳米级胶粒表面能高，在界面容易发生固相反应，在界面处会生成硅酸镍。对于机械混合，固相的氢氧化镍一般颗粒比较大，多为微米级；干燥或煅烧阶段，在氢氧化镍和氢氧化硅界面也会发生固相反应，但是由于颗粒尺寸大，界面少，固相反应也很少。

表 4-8　制备方法对 NiO-SiO₂ 催化剂结构的影响

制备方法	相互作用-红外检测	还原性能/TPR	混合形式	物相
硝酸镍、共沉淀、洗涤、成型、干燥	相互作用,形成新化合物 Ni—O—Si	很难/相互作用强	均匀	新化合物 Ni—O—Si 为主
沉淀沉积于硅胶、洗涤、成型、干燥	相互作用,有 Ni—O—Si,NiO 为主	难/相互作用较强	均匀分散-负载	新化合物 Ni—O—Si,硅胶
Ni(OH)₂ 与固体硅胶混合	相互作用很弱,在 665cm⁻¹ 和 1055cm⁻¹ 处无吸收	易还原/相互作用弱	颗粒混合	Ni(OH)₂ 颗粒和硅胶颗粒

表 4-9 的结果表明原料即浸渍液中的溶质对催化剂性质有显著影响。对于 Ni$(NO_3)_2$ 水溶液浸渍，由于硝酸是强酸，该溶液属于酸性，酸性介质中，硅胶表面基本不带电或带正电，故对水合镍离子（正离子）不吸附或弱吸附。而对于镍氨配合物水溶液浸渍，溶液属于碱性，硅胶在碱性介质中带负电，吸附 $[Ni(NH_3)_x]^{2+}$。$[Ni(NH_3)_x]^{2+}$ 干燥时转为 $Ni(OH)_2$。吸附比较强，干燥过程中，含镍的离子不容易迁移，制得的催化剂中金属镍的分散度高。当采用 $Ni(C_3H_5)_2$ 醚溶液浸渍时，会发生化学吸附（化学键合）—Si$_{表面}$—OH + $Ni(C_3H_5)_2$ ⟶ —Si$_{表面}$—O—Ni(C_3H_5) + C_3H_6，干燥过程镍离子被很好地固定、难以迁移，得到的催化剂中镍分散度很高、镍与载体相互作用强；即使镍含量较高，镍仍然可以保持高分散、小晶粒。

表 4-9　浸渍方法对 NiO-SiO₂ 催化剂结构的影响

浸渍方法	相互作用	被还原难易	分散度	镍分布	催化剂构成	NiO(质量分数)/%	S_{Ni}/(m²/g)	d_{Ni}/Å
Ni$(NO_3)_2$ 水溶液浸渍	弱	易被还原	较高	负载,镍在表面	Ni$(NO_3)_2$/硅胶	8.1	86	65
镍氨配合物水溶液浸渍	较强	还原较难	高	负载	Ni(OH)₂/硅胶,少量 Ni—O—Si	3.3	660	8
Ni$(C_3H_5)_2$ 醚溶液浸渍	强	难被还原	更高	负载	Ni(OH)₂/硅胶 和 Ni—O—Si	3.4 7.2 9.0	655 690 655	8 8 8

第5章
溶胶-凝胶法制备催化剂

溶胶-凝胶法是指经由溶液、溶胶、凝胶的途径制备催化剂等材料的方法。该方法中，溶液至溶胶阶段是核心，关键在于胶粒的性质调控。

图 5-1 给出了溶胶-凝胶法的直观示意图，溶液经化学反应生成的胶粒分散于液相介质中形成溶胶，胶粒团聚成网络/框架结构得到凝胶，凝胶干燥除去液相介质后成为材料的组成部分。图 5-1 中的小黑点代表胶粒，干燥后的凝胶保持原来的孔结构，可以由超临界干燥等技术实现。

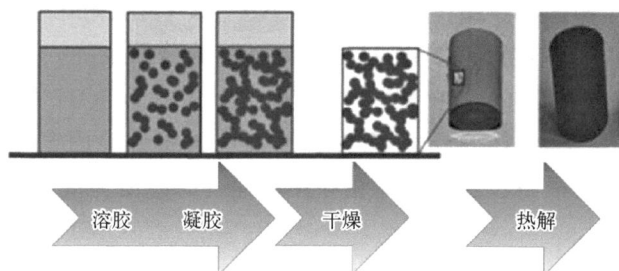

图 5-1 溶胶-凝胶法示意

5.1 溶胶-凝胶法制备活性氧化铝

氧化铝在石油、橡胶、化肥等化学工业中广泛用作催化剂或催化剂载体，在干燥、脱色、脱水等方面也有广泛应用，故选其作为金属离子水解及其转化为氧化物的示例。

从铝离子到氢氧化铝是一个溶胶-凝胶过程，其间包含铝离子的水解和氢氧化铝胶粒的形成，所以选作金属离子水解的溶胶-凝胶法示例。

活性氧化铝具有吸附或催化活性，比表面积和孔容较大，其制备方法依据氢氧化铝的制备方式而分类，氢氧化铝煅烧即可得到活性氧化铝。氢氧化铝的制备方式主要有酸中和法、碱中和法、铝溶胶法、醇铝水解法等，如表 5-1 所示。本节介绍铝离子在碱性条件下的水解和胶粒生成与调控，属于其中的碱中和法。

表 5-1 氢氧化铝的几种制备方法

制备方法	酸中和法	碱中和法	铝溶胶法	醇铝水解法
反应	$NaAl(OH)_4 + HNO_3 \longrightarrow$ $Al(OH)_3 + NaNO_3 + H_2O$ $NaAl(OH)_4 + CO_2 \longrightarrow$ $Al(OH)_3 + NaHCO_3$	$AlCl_3 + 3NH_3 \cdot H_2O \longrightarrow$ $Al(OH)_3 + 3NH_4Cl$	$2Al + 6HCl \longrightarrow$ $2AlCl_3 + 3H_2$ $AlCl_3$ 水解为 $Al(OH)_3$	$(RO)_3Al + 3H_2O \longrightarrow$ $Al(OH)_3 + 3ROH$
生产流程	并流沉淀、过滤、洗涤、干燥、成型、活化	并流沉淀、过滤、洗涤、老化、酸化、干燥、成型、煅烧	金属铝在盐酸或 $AlCl_3$ 中煮解得到铝溶胶，溶胶中加入环六亚甲基四胺，将溶胶滴入热油柱，老化、洗涤、干燥、煅烧	铝的醇盐水解得氢氧化铝溶胶，适当条件下胶凝，然后进行过滤、洗涤、干燥等
主要影响因素	搅拌均匀、pH 值控制、老化时间	老化条件、温度、pH 值	pH 值、老化时间、煮解和油柱温度等	—
产品	γ-Al_2O_3	η-Al_2O_3	γ-Al_2O_3	—

5.1.1 氢氧化铝胶粒的生成和调控

铝离子在碱性介质中，经过水解、聚合得到氢氧化铝，该过程为一个溶胶-凝胶过程。氧化铝由氢氧化铝煅烧而得，氢氧化铝的主要晶型有 α-三水铝石（三水铝石）α-Al(OH)₃、β₁-三水铝石（湃铝石）β₁-Al(OH)₃、β₂-三水铝石（诺水铝石）β₂-Al(OH)₃、一水软铝石（薄水铝石）α-AlOOH、假一水软铝石（拟薄水铝石）α′-AlOOH、一水硬铝石（单水铝石）β-AlOOH 等。下面将介绍铝离子转化为这些氢氧化铝的过程。

(1) 铝离子的水解和聚合

铝盐溶于水后形成六配位的水合铝离子 $[Al(H_2O)_6]^{3+}$，由于中心铝离子的作用，使得所配位的水分子的 O—H 键被削弱，氢离子容易被解离出来。水合铝离子在水中解离可表示为式(5-1) 和式(5-2)：

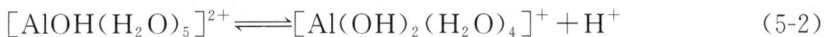

$$[Al(H_2O)_6]^{3+} \Longleftrightarrow [AlOH(H_2O)_5]^{2+} + H^+ \tag{5-1}$$

$$[AlOH(H_2O)_5]^{2+} \Longleftrightarrow [Al(OH)_2(H_2O)_4]^+ + H^+ \tag{5-2}$$

同时伴随聚合，表示为式 (5-3)：

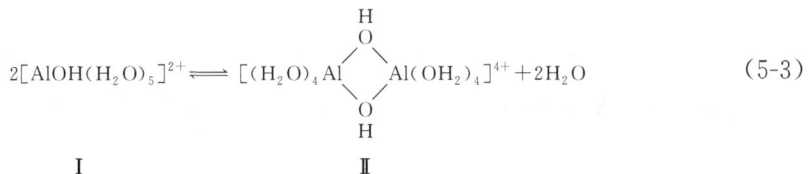

$$2[AlOH(H_2O)_5]^{2+} \Longleftrightarrow [(H_2O)_4Al \begin{matrix} H \\ O \\ O \\ H \end{matrix} Al(OH_2)_4]^{4+} + 2H_2O \tag{5-3}$$

I   II

由于聚合离子的酸性强于水合离子，更易解离给出质子，铝离子键合羟基后，对 O—H 键削弱更强，进一步聚合 [式(5-4)]：

$$2(\text{II}) \Longrightarrow \left[\begin{array}{c} \text{(H}_2\text{O})_2\text{Al} \quad \text{Al(OH}_2)_2 \\ \text{HO} \quad \text{OH HO} \quad \text{OH} \\ \text{(H}_2\text{O})_2\text{Al} \quad \text{Al(OH}_2)_2 \end{array} \right]^{4+} + 4\text{H}_2\text{O} + 4\text{H}^+ \tag{5-4}$$

Ⅲ

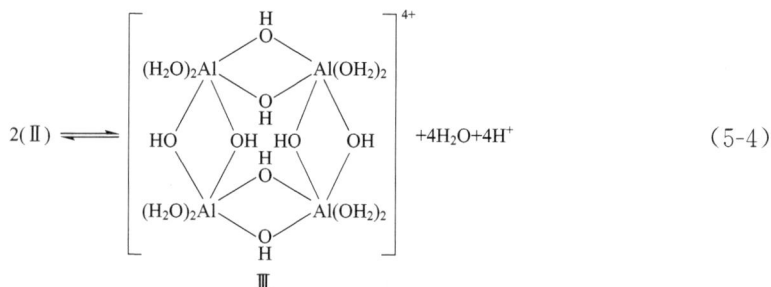

再进一步聚合 [式(5-5)]:

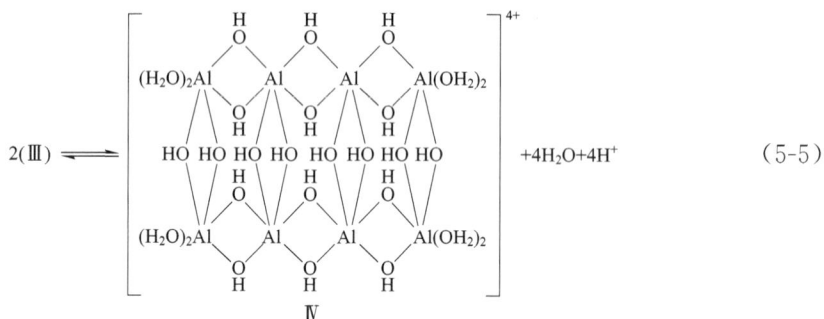

$$2(\text{III}) \Longrightarrow \left[\begin{array}{c} \text{(H}_2\text{O})_2\text{Al} \quad \text{Al} \quad \text{Al} \quad \text{Al(OH}_2)_2 \\ \text{HO HO HO HO HO HO HO HO} \\ \text{(H}_2\text{O})_2\text{Al} \quad \text{Al} \quad \text{Al} \quad \text{Al(OH}_2)_2 \end{array} \right]^{4+} + 4\text{H}_2\text{O} + 4\text{H}^+ \tag{5-5}$$

Ⅳ

这就是铝水合离子的水解和聚合过程。水解、聚合继续下去，聚合度足够大时就生成了氢氧化铝胶粒。在整个过程中，pH 非常关键，水解、聚合放出质子，所以高 pH 值有利于该过程。在 $\text{OH}^-/\text{Al}^{3+} < 2.5$（pH<7）时聚合度较小，在 1~15 之间；$\text{OH}^-/\text{Al}^{3+} < 2.5$ 时，聚合度在 1~15，属于溶液；$\text{OH}^-/\text{Al}^{3+}$ 在 2.5~3.0 时，聚合度较大，聚合分子直径达几个纳米，属于溶胶；$\text{OH}^-/\text{Al}^{3+} > 3.0$ 时，聚合分子为几个纳米到十几纳米，并发生胶凝，形成凝胶或沉淀。

（2）溶胶的生成和凝聚

聚合大分子达到纳米级尺寸，就是胶粒；这些胶粒分散在溶剂中，形成氢氧化铝溶胶。

上述的水解、聚合过程是经由大量研究获得的信息，有大量实验和理论证据。这里说明其中的一点，即如何证明生成了聚合的氢氧化铝而不是碱式盐等的聚合物。用硝酸铝为原料，如果硝酸根与水合铝离子或部分水合的铝离子直接以离子键或配位键结合，生成的是硝酸铝的碱式盐或其聚合物。FT-IR、XRD、热分析、结构解析等方面的研究支持生成了聚合氢氧化铝。

以硫酸铝为原料时，硫的示踪实验证实本体即聚合物的大分子中无硫，硫酸根为吸附态，可经由脱附或离子交换等除去。颗粒模型分析和实验研究支持形成聚合氢氧化铝，硫酸根被吸附于颗粒表面。假设氢氧化铝为球形颗粒，如果表面吸附一层 SO_4^{2-}，则可以得出如下关系式：

$$\frac{r_2^3 - r_1^3}{r_1^3} = \frac{m_2}{m_1} \times \frac{\rho_1}{\rho_2} \tag{5-6}$$

式中，r_1、r_2 分别为氢氧化铝胶粒和吸附一层 SO_4^{2-} 后胶粒的半径；m_1、ρ_1、m_2、ρ_2 分别为吸附前后的质量、密度。如果颗粒表面吸附了一层 SO_4^{2-}，则 $r_2/r_1 = 1.05$。通过电子显微镜等表征发现 $r_2/r_1 = 1.05$，即 SO_4^{2-} 吸附于颗粒表面。

研究模式如下：基于对机理的分析提出假设，由假设推导出关系式即模型，由模型推理出可与实验数据相关联的规律或变化趋势等。进行实验测试，获得实验数据。关联模型和实验数据，分析提出的假设是否正确。

(3) 凝胶的老化、结晶氢氧化铝的生成

当酸根离子（如 NO_3^-）吸附于铝凝胶表面时，形成的物质称为碱式盐。但实际上它不是碱式盐，仅习惯于这样称呼。下面分析生成胶粒和老化过程中所生成的化合物及其条件、胶粒本身的变化等。

① 碱式盐水解。碱式盐水解的过程即 OH^- 取代 NO_3^- 的过程，由上面的聚合分子Ⅳ生成聚合分子Ⅴ，Ⅴ就是Ⅳ加 $4OH^-$，但 4 个 OH^- 未与铝配位。故 pH 越高，温度越高，越有利于水解反应。生成的产物为非晶态氢氧化铝，聚合体Ⅴ分散于水中属于溶胶，其尺寸可以通过离子半径估计。Ⅴ仅示出了 8 个铝离子，聚合体分子的大小与 pH 相关，聚合体是三维的颗粒，或称为胶粒。

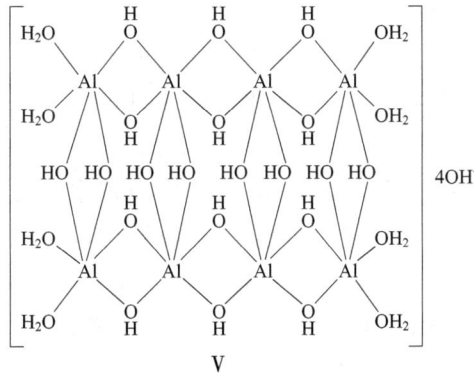

② 三水铝石的生成。由Ⅴ生成Ⅵ，Ⅵ即 $Al(OH)_3$，或者带水的氧化铝 $Al_2O_3 \cdot 3H_2O$。由于反应过程中释放出 H^+，故高 pH 对反应有利，一般要求室温和 pH=10 左右。生成的产物为三水铝石，由 m 个Ⅴ连成框架结构得到Ⅵ，Ⅵ是凝胶。

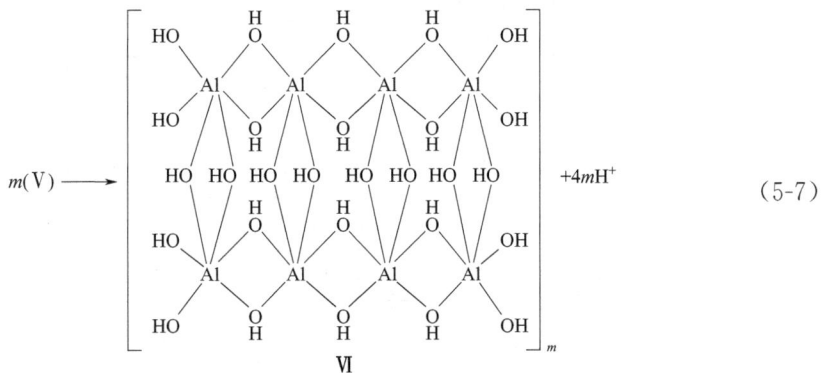

$$m(\text{Ⅴ}) \longrightarrow \text{Ⅵ} + 4mH^+ \tag{5-7}$$

由 V 生成 VI 解离出 8 个 H^+，原来每个 V 中有 4 个 OH^-，解离出来的 4 个 H^+ 与原来 V 中的 4 个 OH^- 结合为水，留下 4 个 H^+，在 VI 中标记为 $4mH^+$。

③ 一水软铝石的生成。由 VI 的 OH^- 脱水成氧桥得到 VII，两个羟基脱水反应示于式(5-8)。该反应需要较高温度，一般要求 $70\,℃$ 以上，$pH=7\sim9$。产物为 AlOOH，或者为带一个结晶水的氧化铝 $Al_2O_3 \cdot H_2O$，即一水软铝石，这是凝胶的老化缩水。

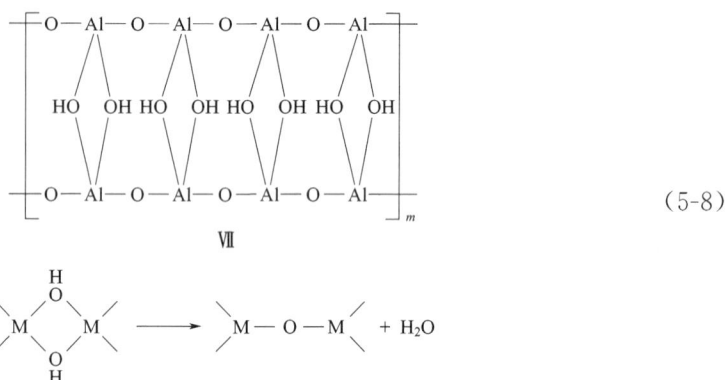

$$
\begin{array}{c}
\left[\begin{array}{c} O-Al-O-Al-O-Al-O-Al \\ HO \quad OH \ HO \quad OH \ HO \quad OH \ HO \quad OH \\ O-Al-O-Al-O-Al-O-Al \end{array} \right]_m \\
VII
\end{array}
\tag{5-8}
$$

$$
\begin{array}{c}
M \underset{O}{\overset{O}{\diagup}} M \longrightarrow \diagdown M-O-M \diagup + H_2O
\end{array}
$$

④ 假一水软铝石的生成。当反应条件为 $50\sim60\,℃$ 时，脱水生成氧桥的反应不完全，得到产物 $Al_8O_8(OH)_8$ 即 $4[Al_2O_3 \cdot H_2O]$（一水铝石）、$Al_8O_7(OH)_{10}$ 即 $4[Al_2O_3 \cdot 1.25H_2O]$ 或 $Al_8O_4(OH)_{16}$ 即 $4[Al_2O_3 \cdot 2H_2O]$ 等，少生成一个氧桥多两个羟基，这是假一水软铝石，结晶水含量在 $1\sim3$ 之间。这是凝胶的老化缩水。

当水合铝离子的初始浓度为 $0.1mol/L$，几种带水氧化铝种类、生成条件如表 5-2 所示。该过程是从溶液到溶胶再生成凝胶的过程。通过调节沉淀和老化条件可以制得不同的产品，即带 $1\sim3$ 个水的氧化铝以及对应不同的晶型，包括三水软铝石、一水软铝石、假一水软铝石等。控制 pH、温度等可以调变胶粒大小、水解聚合过程（包括胶粒表面吸附离子种类、双电层组成和动电电位等）以及最后得到的产品种类。

表 5-2 $[Al(H_2O)_6]^{3+}$ 的初始浓度为 $0.1mol/L$，水解条件与聚合度/胶粒尺寸等的关系

pH	温度	聚合度或胶粒大小	铝离子的存在形式[2]	分散体系
<3.37	室温	—	$[Al(H_2O)_6]^{3+}$，有解离	溶液
$3.37\sim4.71$[1]	室温	聚合度为 $1\sim15$	$[Al(H_2O)_6]^{3+}$ $[Al(OH)_{3-x}]_n \cdot (1\sim3)H_2O \cdot yNO_3$	溶液-溶胶
$4.71\sim5.5$	室温	纳米胶粒	$[Al(OH)_{3-x}]_n \cdot (1\sim3)H_2O \cdot yNO_3$	溶胶
7 附近	室温	纳米胶粒	$[Al(OH)_{3-x}]_n \cdot (1\sim3)H_2O \cdot yOH$	溶胶-凝胶
10	室温	纳米胶粒，胶粒长大	$Al(OH)_3$，三水铝石	凝胶-沉淀

续表

pH	温度	聚合度或胶粒大小	铝离子的存在形式[②]	分散体系
7～9	>70℃	纳米胶粒，胶粒长大	AlOOH，一水软铝石	凝胶-沉淀
7～9	50～60℃	纳米胶粒，胶粒长大	AlOOH·H_2O 假一水软铝石	凝胶-沉淀

① 3.37 和 4.71 分别是 $[Al(H_2O)_6]^{3+}$ 开始沉淀（起始浓度 0.1mol/L）和沉淀完全（至 10^{-5} mol/L）的 pH。
② 铝离子的组成表示式中，y 等于 x 乘以 n，保持正负离子的电荷平衡。

需要说明一下，上述反应不是分开进行的，而可能同时进行，但各反应在不同的条件下的速度不同。

控制条件（关键是 pH、温度）可以调变"溶液——溶胶——胶凝"过程，由此调控胶粒大小和性质，这是溶胶-凝胶法的主要特点。如果在溶胶阶段控制好聚合度（粒子大小），然后快速胶凝，可能得到均匀粒径和孔径分布窄的氢氧化铝。

结合表 5-2，回顾上述的铝离子水解、聚合过程即溶胶-凝胶过程，可以体会到溶胶-凝胶法的核心在于对胶粒（此处就是聚合氢氧化铝分子）性质的调控，包括胶粒的尺寸、种类及其晶型等。

5.1.2　氧化铝的分类和生成

氧化铝可分为低温和高温氧化铝。低温氧化铝一般形成温度在 600℃，组成为 $Al_2O_3 \cdot (0～0.6)H_2O$，包括 ρ-Al_2O_3、χ-Al_2O_3、η-Al_2O_3、γ-Al_2O_3 四种晶型。高温氧化铝的形成温度一般在 900～1000℃，组成为不含水的 Al_2O_3，包括 κ-Al_2O_3、θ-Al_2O_3、δ-Al_2O_3 三种晶型。这两类均属活性氧化铝，1000℃ 以上煅烧后得到稳定的 α-Al_2O_3，其活性很低。

氧化铝由氢氧化铝煅烧生成，可由薄水铝石、拟薄水铝石和湃铝石等在不同温度煅烧得到，如式(5-9)～式(5-11) 所示。

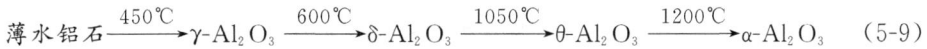

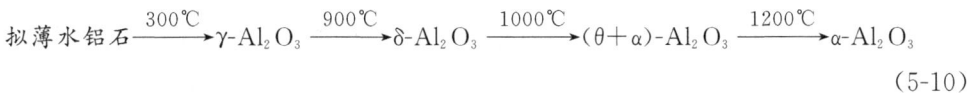

$$薄水铝石 \xrightarrow{450℃} \gamma\text{-}Al_2O_3 \xrightarrow{600℃} \delta\text{-}Al_2O_3 \xrightarrow{1050℃} \theta\text{-}Al_2O_3 \xrightarrow{1200℃} \alpha\text{-}Al_2O_3 \quad (5\text{-}9)$$

$$拟薄水铝石 \xrightarrow{300℃} \gamma\text{-}Al_2O_3 \xrightarrow{900℃} \delta\text{-}Al_2O_3 \xrightarrow{1000℃} (\theta+\alpha)\text{-}Al_2O_3 \xrightarrow{1200℃} \alpha\text{-}Al_2O_3$$
$$(5\text{-}10)$$

$$湃铝石 \xrightarrow{230℃} \eta\text{-}Al_2O_3 \xrightarrow{850℃} \theta\text{-}Al_2O_3 \xrightarrow{1200℃} \alpha\text{-}Al_2O_3 \quad (5\text{-}11)$$

5.1.3　氧化铝的孔结构

煅烧 $Al_2O_3 \cdot 3H_2O$ 过程中，从室温到约 230℃，由于脱水导致部分一水氧化铝生成，孔容和比表面积缓慢增加。230～350℃左右，生成 $Al_2O_3 \cdot H_2O$，孔和比表面积剧增，形成的孔大多为 20Å 左右的微孔。350℃以上，烧结效应显著，孔和比表面积下降。薄水铝石在 500℃ 煅烧时比表面积最高，孔容和比表面积达到最大。若继续升高温度，由于脱水或烧结，比表面积下降。

$\gamma\text{-}Al_2O_3$ 可由薄水铝石煅烧获得，其孔径分布如图 5-2（a）所示，主孔径与颗粒粒度成正比 [图 5-2（b）]，表明孔由颗粒堆积形成。主孔径是指最可几孔径，孔的直径为主孔径时的孔容最大，对应曲线的峰。通过调节沉淀条件可以调节粒度，进而可调节孔径。

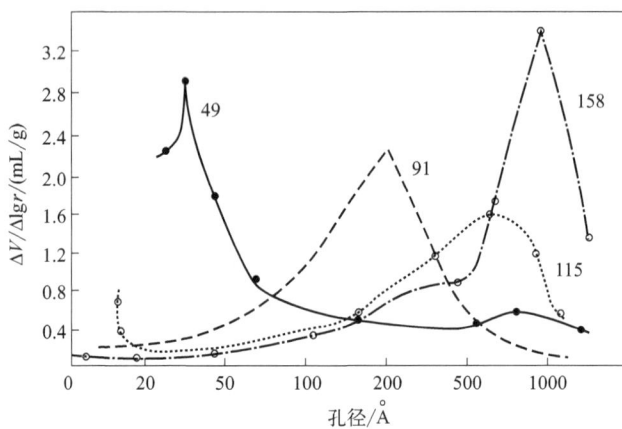

(a) 薄水铝石的孔径分布(曲线旁边的数字是平均颗粒直径)

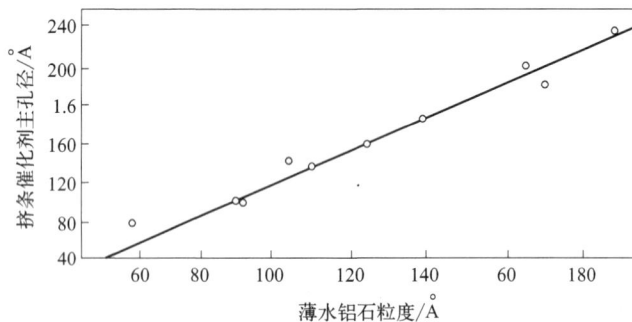

(b) 薄水铝石粒度对催化剂孔径的影响

图 5-2　薄水铝石孔径分布及其影响

湃铝石煅烧可得 $\eta\text{-}Al_2O_3$，它为双孔结构。煅烧过程中结晶水脱除会形成微孔，对于这类孔，煅烧温度高时，烧结会导致微孔减少；在含水气氛下煅烧，由于水汽利于传质，促进了烧结，微孔也容易烧结。介孔是颗粒间隙孔，孔径和粒度相关。另外，当颗粒比较大时，成型挤压过程中，颗粒可能破碎，导致大孔破坏，平均孔径变小。

添加剂会影响氧化铝的孔结构。加入高分子絮凝剂如聚丙烯酰胺，氢氧化铝胶粒被吸附在该大分子上，煅烧后有机大分子离开形成孔。添加表面活性剂如聚乙二醇，表面张力降低，可以减缓干燥时的聚集，从而可以增大孔径。表面吸附的聚乙二醇形成阻挡层，可以阻碍粒子聚集长大。甲基纤维素是热固性物质，加热形成刚性高分子链，在煅烧过程中燃烧成为气体离开、形成孔。选择有机添加剂时，最好不含 S、Cl 等可能使催化剂中毒的元素，C、H、O 等经煅烧可以除去。

5.1.4　氧化铝的表面

氧化铝本身可作为催化剂，也可作为催化剂载体。当其作为催化剂时，对水可以物理吸附，由于毛细管凝结，吸附量与孔容成正比；也可以进行化学吸附，此时水进行解离吸附，形成表面羟基（其中一个氢原子和表面氧结合）。根据氧离子的大小（1.4Å）估算可知最大吸附量是 $19mg/m^2$。提高孔容和比表面积可以提高其吸附能力。当其作为催化剂载体时，比表面积太高可能造成局部过热而烧结失活，如对于强放热反应，反应的放热会提高催化剂表面温度；此时希望高温下具有高的比表面积，且高温稳定性好。

在制备过程中，前驱体脱水形成微孔，孔容可能较小，但其提供的比表面积可能很大。颗粒间孔的孔壁即颗粒表面，对反应的贡献大，表面利用率高。微孔对应的表面由于孔径小，可能容易受到扩散的限制。

影响表面的因素很多，煅烧利于晶粒长大，在高温下，烧结反应速率高且有利于传质。提高煅烧温度，延长煅烧时间会导致比表面积下降，比孔容降低。对于煅烧气氛，与在干空气中煅烧相比，在含 H_2O 气氛中煅烧得到的样品比表面积低，这是由于水汽气氛有利于扩散迁移的传质。干空气的流动气氛可以吹走 H_2O，故可以削弱 H_2O 的影响。对于金属杂质，杂质溶入 Al_2O_3 会形成空位，空位利于传质，从而促进烧结，降低比表面积。Al_2O_3 中加入 TiO_2，Ti^{4+} 溶入 Al_2O_3 占据 Al^{3+} 晶格位置，导致 Al^{3+} 空位的形成，Al^{3+} 可以通过空位扩散。烧结是扩散迁移过程，有利于扩散则将有利于烧结。金属杂质还可能与 Al_2O_3 反应形成新的不易烧结的化合物，提高热稳定性。Al_2O_3 中加入 MgO，形成 $MgAl_2O_4$ 尖晶石，热稳定性提高。对于制备或生产条件，沉淀时，pH 高、形成的胶粒大则比表面积小；温度高，胶粒长大的速度快，则比表面积小。另外，老化时间、温度，干燥方法等也影响比表面积。

5.2　醇盐水解的溶胶-凝胶法

制备中包含"溶胶-凝胶"过程的均可以称为溶胶-凝胶法，特别是以调控胶粒性质为重点的制备，制备流程如图 5-3 所示。在溶胶-凝胶法中，最受关注的是以醇盐为原料的溶胶-凝胶过程，以醇盐为原料的特点包括原料容易购买、纯度高、对相关化合物的性质有所认识等。

```
┌─────────────────────────┐         ┌─────────────────────────┐
│  金属盐或醇盐的溶液(溶液)  │ (Ⅰ)    │     预先制备好的溶胶       │
└─────────────────────────┘         └─────────────────────────┘
            │                                    │
            ▼                                    ▼
┌─────────────────────────┐         ┌─────────────────────────┐
│  加入水或碱或酸进行水解和  │ (Ⅱ)    │  通过调节pH值等使溶胶      │
│      聚合(溶胶)          │         │  发生胶凝(形成凝胶)       │
└─────────────────────────┘         └─────────────────────────┘
            │                                    │
            ▼                                    ▼
┌─────────────────────────┐         ┌─────────────────────────┐
│     胶凝作用(凝胶)        │ (Ⅲ)    │    形成的凝胶可沉积于      │
│                         │         │      撑底(制膜)          │
└─────────────────────────┘         └─────────────────────────┘
            │                                    │
            └──────────────┬─────────────────────┘
                           ▼
                ┌─────────────────────┐
                │     凝胶的老化        │
                └─────────────────────┘
                           │
                           ▼
                ┌─────────────────────┐
                │    干燥-去除溶剂      │
                └─────────────────────┘
                 │                   │
                 ▼                   ▼
    ┌─────────────────────┐  (Ⅳ)  ┌─────────────────────┐
    │  常规干燥——干凝胶      │      │  超临界干燥——气凝胶    │
    └─────────────────────┘      └─────────────────────┘
                 │                   │
                 └─────────┬─────────┘
                           ▼
        ┌─────────────────────────────────────┐
        │    超细粒子、薄膜、整体式等产品         │
        └─────────────────────────────────────┘
```

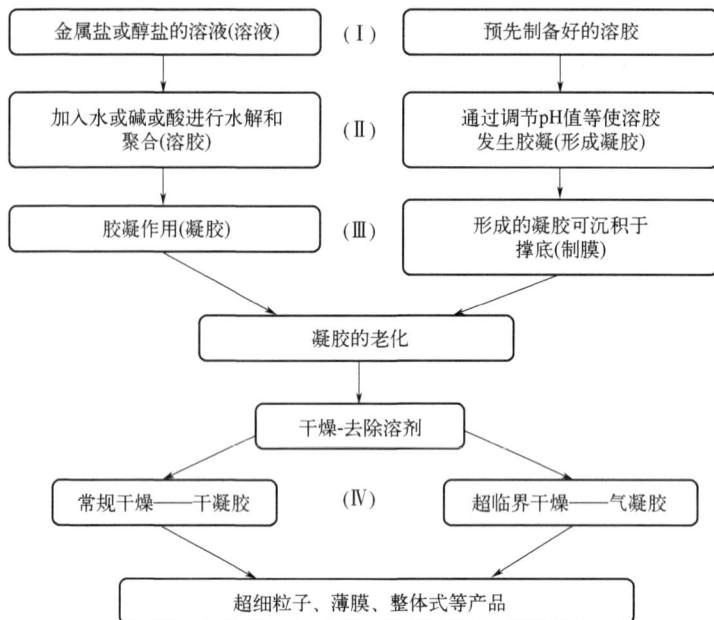

图 5-3   溶胶-凝胶法流程

5.2.1 溶液化学

醇盐水解的溶胶-凝胶过程中发生的水解和聚合反应可分别用式(5-12)和式(5-13)表示：

$$—M—OR+H_2O \longrightarrow —M—OH+ROH \qquad (5-12)$$

$$—M—OH+XO—M— \longrightarrow —M—O—M—+XOH(X=H\ 或\ R) \qquad (5-13)$$

其中 M 为金属离子，R 为有机基团。两个反应可能同时进行，即一些分子在水解的同时另一些分子在进行着聚合。金属离子 M 往往多配位，形成网状立体结构，M 通过 O 可以和其他金属离子 M_1、M_2、M_3 等相连。

通过调控水解和聚合反应的相对速度可以调变胶粒尺寸，胶粒大小则又与孔径大小等产品微观结构相关。与沉淀胶粒的生成相关联，水解反应类似于胚芽（形成晶核的前驱物）的形成，聚合反应则类似于晶粒的长大。通过聚合反应形成胶粒，胶粒分散于液相介质中形成溶胶，溶胶的胶粒连成网状框架结构就得到凝胶。若水解快、聚合慢，即晶核生成速度较快而晶粒长大速度较慢，则胶体粒子尺寸小，比表面积大，孔径小。反之，若水解慢、聚合快，则胶粒大，比表面积小，孔径大。

由于两个反应均属于亲核取代，金属醇盐的反应难易程度与其中金属离子所带正电荷的强弱及其配位数有关。金属离子价态高，反应速率一般较快。金属醇盐中有机基团越大，由于位阻效应将使得其反应活性越低，所以可以通过调节有机配位基团等来调节两个反应的相对速度。此外，还可通过调节溶液的 pH、加水量和加水速度、反应温度、溶剂性质等调控水解和聚合反应的速度。

（1）pH 的影响

水解、聚合反应产物或中间产物中存在金属氢氧化物，水是反应物，质子在水中以水合形式存在，所以 pH 对两个反应均有显著影响，但具体影响则与详细的反应机理有关，依具体化合物而异。如以正硅酸乙酯水解制备 SiO_2 过程中，酸性条件下水解快，聚合相对较慢，生成的胶体颗粒小；碱性条件下，水解慢，聚合相对较快，生成的胶体颗粒大，如图 5-4 所示。胶粒尺寸将影响孔结构、比表面积等。

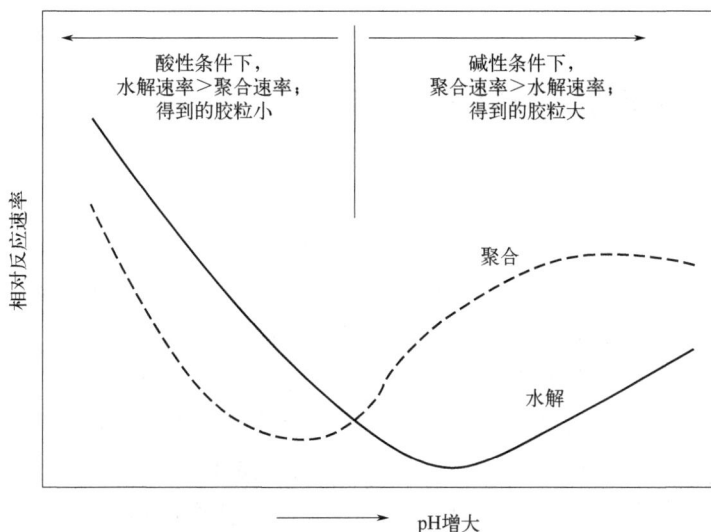

图 5-4　pH 对正硅酸乙酯水解、聚合反应速率的影响

（2）加水量和加水速度

从醇盐水解反应式可以看出 1mol 的醇盐 $M(OR)_m$ 完全水解需要消耗 m（mol）的水，若设 h＝水的物质的量/$M(OR)_m$ 的物质的量，一般来说，当 $h<1$ 时，由于 M—OH 基团太少，聚合反应难进行，难以形成凝胶；$1<h<m$，可以形成聚合物和凝胶；$h>m$，可以形成聚合物、凝胶甚至沉淀。加水速度的影响则较为复杂。

（3）反应温度

随温度的升高或降低，水解和聚合反应速率的增加或降低的程度不同，这是由于两个反应的活化能往往不同。故可以通过改变反应温度来调节两个反应的相对速度；从 Arrhenius 公式可知，活化能较高的反应，温度升高时，反应速率升高得较快。

（4）溶剂

醇盐水解的溶胶-凝胶法往往使用醇或其他有机溶剂，溶剂分子可能交换醇盐中的有机基团，参与聚合反应，进而改变反应物的性质，改变水解、聚合反应的相对速度。

通过反应条件的调节来调控水解和聚合反应的相对速度，从而可以调节胶体颗粒的大小，该阶段一般形成了溶胶。溶胶放置一段时间以后，胶体颗粒会连接成网状框架结构，即形成凝胶。从溶胶到凝胶的时间长短也与上述的反应条件及胶体颗粒的性质有关。溶胶胶粒的生成条件会影响胶体颗粒的性质，如胶粒尺寸、双电层以及动电电位等。

醇盐水解、聚合后形成了凝胶，后续的老化、干燥和煅烧等与沉淀法的对应过程类似，这里不再赘述。

5.2.2　醇盐水解溶胶-凝胶法的特点

（1）调变粒度、孔结构

调控醇盐水解的溶胶-凝胶过程中水解、聚合反应条件可以调变两个反应的相对速度，由此可以调控所生成胶粒的大小。胶粒堆积形成孔，可以调变孔径、比表面积、孔分布等。溶胶-凝胶法的核心在于对上述水解、聚合反应的灵活调控。

老化过程通常伴随颗粒长大，调变老化条件如时间、温度等，可以调变颗粒大小以及孔分布、比表面积等。常规干燥会导致凝胶严重收缩，通过干燥方法、干燥条件的设计或选取可以减缓甚至避免表面张力引起的收缩，减缓甚至避免颗粒聚集长大，可能获得高孔容、高比表面积产品。煅烧过程往往伴随烧结，选取适当的煅烧条件（温度、时间、气氛等）可能减缓颗粒聚集长大即减缓烧结。通过催化剂组成设计可以改善抗烧结性能，提高催化剂的结构稳定性，这样可以从根本上优化催化剂。

（2）调控多组分的均匀性

醇盐水解的溶胶-凝胶法对于组成的均匀性调控具有很强的灵活性，广泛应用在多个领域。对于多组分催化剂，各组分的均匀分布往往很重要。均匀分布即分散度高，则表面活性位多，活性组分的均匀分散可以显著提高活性。多组分催化剂一般要求组分间存在相互作用、形成固溶体或者生成复合氧化物，此时均匀分散就显得至关重要。比如 CeO_2、ZrO_2 要求形成 CeO_2-ZrO_2 固溶体作为催化剂载体，钙钛矿型复合氧化物（ABO_3）要求至少两种单一氧化物发生反应形成复合氧化物。如果胶粒中各组分能够在分子水平均匀分散或混合，或者单一组分分别生成胶粒，然后各组分的纳米尺寸胶粒均匀混合，两种情况下都可以在较低的温度下煅烧得到具有较高比表面积的目标产物。否则，如果混合均匀度低，则需要高温煅烧，得到的材料一般烧结比较严重，比表面积低。例如，将微米级甚至毫米级尺寸的 CeO_2 和 ZrO_2 粉体混合，需要 1000℃ 以上温度和长时间煅烧，得到的固溶体的比表面积低；如果 $Ce(OH)_4$ 和 $Zr(OH)_4$ 的纳米粒子均匀混合，比如常规沉淀可得到 4nm

左右的这两种氢氧化物的纳米胶粒，则在 550℃ 左右煅烧较短的时间即可得到较高比表面积的固溶体。

此外，均匀分散还可以调控选择性，提高催化剂的稳定性。典型的积碳反应如甲烷裂解生成石墨化碳会导致催化剂表面被覆盖，从而导致催化剂失活。抑制甲烷裂解相当于抑制了副反应发生，即提高选择性。高分散的镍催化剂上不容易积碳。

上面通过例子说明了对于多组分催化剂制备，均匀分散或均匀混合的重要性；下面说明醇盐水解的溶胶-凝胶法如何实现或调控多组分的均匀性。

通过溶胶-凝胶法制备两种或几种组分的催化剂时，当两种或几种醇盐具有相同的反应活性时，如聚合速度相同，则在聚合过程中，三种金属离子 M、M_1、M_2 聚合进入复合物的概率相同，如图 5-5 所示。得到的聚合物即胶粒中，M、M_1、M_2 处于原子水平的均匀混合。

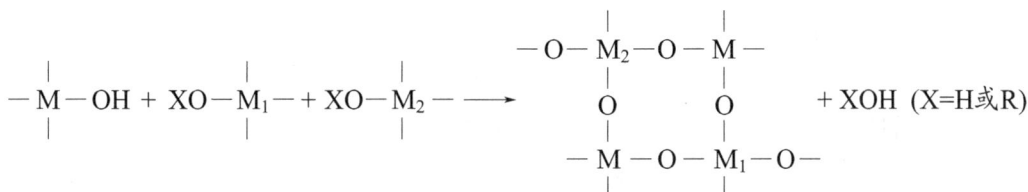

$$-M-OH + XO-M_1- + XO-M_2- \longrightarrow \begin{matrix} -O-M_2-O-M- \\ | \quad\quad | \\ O \quad\quad O \\ | \quad\quad | \\ -M-O-M_1-O- \end{matrix} + XOH \ (X=H或R)$$

图 5-5　醇盐聚合生成溶胶胶粒示意

如果三种金属离子 M、M_1、M_2 的聚合速度差异较大，则胶粒中聚合速度快的组分含量高，可通过调控聚合速度使得三种金属离子的聚合速度相近。①可以调变前驱体醇盐中的有机基团，由于有机基团大，位阻大，可以降低聚合速度。②对于反应活性弱的醇盐，可以进行预先水解，提高聚合反应单体的浓度，进而提高聚合速度。③通过化学修饰等调变有机配位基团，削弱金属离子的正电性，降低其反应活性。这是因为聚合反应属于亲核取代，金属离子正电性强，则聚合速度高，反之则可以降低聚合速度。④改变反应温度，各金属离子聚合反应活化能不同，一般活化能高的反应，其反应速率较低；提高反应温度，活化能高的反应其速度提高的幅度大；提高温度可能使得不同金属离子的聚合速度接近。可针对具体金属离子，选择其他调变水解、聚合速度的途径。

图 5-5 所示的聚合物，当聚合度足够大时，将生成纳米尺寸的大分子，即胶粒。醇盐水解的溶胶-凝胶法可以使多种金属离子聚合进入一个胶粒中，实现原子水平的均匀混合，金属离子的种类可以变化，依据需要进行组合。

关联水合铝离子水解、聚合生成氢氧化铝过程，对于氢氧化铝，通过调控温度、pH 等可以调控聚合度（胶粒大小）、水合程度（结晶水含量）、晶型等；但是局限于单一组成的氢氧化铝。醇盐水解的溶胶-凝胶法则可以使多种金属离子聚合进入一个胶粒中，并实现原子水平的均匀混合，而且所谓的多种金属离子可以变化、可以依需要进行组合。

前面的共沉淀法中，制备合成甲醇催化剂 CuO/ZnO，以 Na_2CO_3 为沉淀剂，

可得到组成为 $(Zn-Cu)_5(OH)_6(CO_3)_2$ 的复盐沉淀,实现了铜和锌元素原子水平的均匀混合,该技术生产的催化剂在化工行业使用了半个世纪,仍在使用。就是说该共沉淀法技术带来了巨大的经济效益。但该技术仅仅适用于 CuO/ZnO 催化剂,而醇盐水解的溶胶-凝胶法则可能应用于诸多金属组分,所以溶胶-凝胶法受到了广泛和高度重视。

(3) 调控水解、聚合反应,设计催化剂

前述提到,如果不同金属离子的聚合速度差异较大,则可能导致胶粒组分不均匀。实际上,可以充分利用这一特点设计和制备催化剂。如反应物 $M_1(OR)_m$ 和 $M_2(OR)_m$ 水解、聚合的活性相同,而 $M(OR)_m$ 的活性很弱,则此三组分在溶胶-凝胶过程中,M_1 和 M_2 形成均匀分散的聚合胶体颗粒,M 不能或仅少量通过聚合进入聚合物胶粒,而是主要吸附于 M_1 和 M_2 形成的胶体颗粒表面,这样可以制备负载型催化剂,即 M_1 和 M_2 的复合物担载 M 的催化剂。这样,以溶胶-凝胶法制备负载型催化剂时,被负载的活性组分和载体组分可同时在溶液阶段加入。

部分活性组分参与聚合反应,被包裹起来(未暴露于表面,无活性),可以提高载体的稳定性。通过调变参与聚合反应的活性组分量,调变载体的性质。当活性组分不参与聚合时,该活性组分吸附、分散于胶粒表面形成了阻挡层,可以阻挡或减缓在干燥、煅烧过程中胶粒的团聚长大,从而起到调变载体颗粒大小的效果。于是,采用"一步"即多组分离子共同水解、聚合可以制备多组分催化剂,包括一步制备负载型催化剂(溶液阶段同时加入载体组分和活性组分,而不是先制备载体,然后浸渍等)。类似的,助剂等也可以在溶液阶段加入。

综上所述,醇盐水解的溶胶-凝胶法的特点包括:产物纯度高,因为醇盐原料可以实现高纯度;微观结构可调,即颗粒大小、比表面积、孔结构等可调;组成分布的均匀性可控;可在低温下制备,溶胶-凝胶过程一般在室温进行,由于前驱体中各组分可以实现分子水平均匀分散或混合,可在较低温度下煅烧制备得到多组分催化剂;溶液阶段加入多组分,一步可以制备得到多组分的产物。

该方法的核心特点在于通过对水解和聚合反应的灵活应用调控胶粒的性质。

表 5-3 列出了溶胶-凝胶法的几个制备阶段及其影响因素。图 5-6 给出了以溶胶-凝胶法制备 $BaTiO_3$ 的实验流程。

表 5-3　溶胶-凝胶法制备催化剂的主要影响因素

制备阶段	目的	影响因素
溶液化学:溶液—溶胶—凝胶	通过调控水解和聚合反应,调控溶胶和凝胶的化学、物理性质	前驱体种类,溶剂,pH,水含量和加水速度,前驱物浓度,温度
老化	改变凝胶的性质	时间,温度,液相介质的组成(如 pH),气氛
干燥	去除凝胶中的液相介质	干燥方法(常规干燥,超临界干燥,冷冻干燥等),温度,加热速率,压力,时间
煅烧	改变固体的化学、物理性质	温度,加热速率,时间,气氛

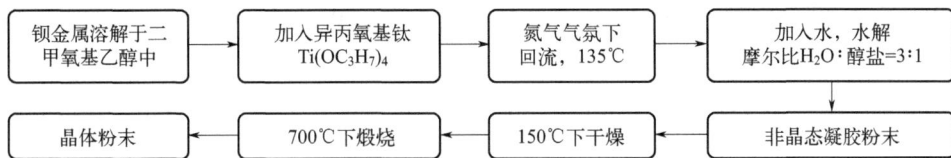

图 5-6 溶胶-凝胶法常规流程示例

5.3 Pechini 法

Pechini 法是 Pechini 在 1967 年提出的，最初用于制备铅和碱土金属的钛酸盐和铌酸盐作为电容器，后来研究者将其扩展用于制备一系列金属氧化物，用作光催化剂、热催化剂、超导体、发光材料、介电材料、铁电材料、固体氧化物燃料电池电极和电解质材料等。

5.3.1 Pechini 法的原理

该方法的基本过程是羧酸和醇的酯化，金属螯合物之间利用 α-羟基羧酸和多羟基醇的聚酯作用形成聚合物，最常用的是柠檬酸（CA）和乙二醇（EG）。首先制备金属-柠檬酸的螯合物，之后与 EG 在适当温度下（$100\sim150℃$）发生酯化反应，其过程如图 5-7 所示。

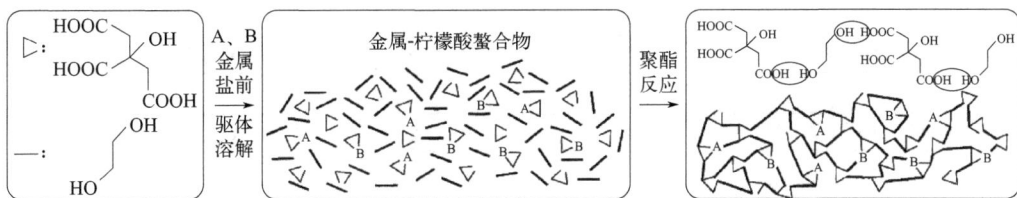

图 5-7 Pechini 法的基本原理

在该过程中，金属前驱体（如硝酸盐、乙酸盐、氯化物、碳酸盐等）溶解于 CA-EG 的溶液中，金属离子与 CA 发生螯合反应，生成金属-柠檬酸螯合物 ［式(5-14)］；金属-柠檬酸螯合物中的羧酸根与 EG 的羟基之间发生原位酯化 ［式(5-15)］，进一步聚酯反应，形成聚合网络。将得到的聚合物在适当温度下处理，即可得到多组成、均匀的金属氧化物。Pechini 法的典型工艺流程如图 5-8(a) 所示。

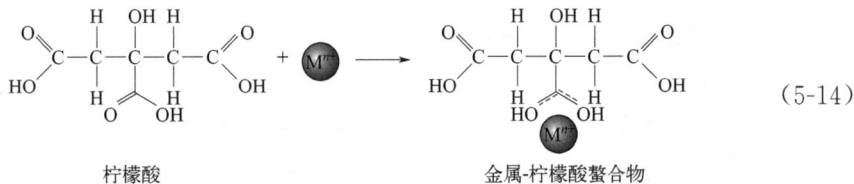

$$(5-14)$$

柠檬酸　　　　　　　　　　　　　金属-柠檬酸螯合物

$$(5\text{-}15)$$

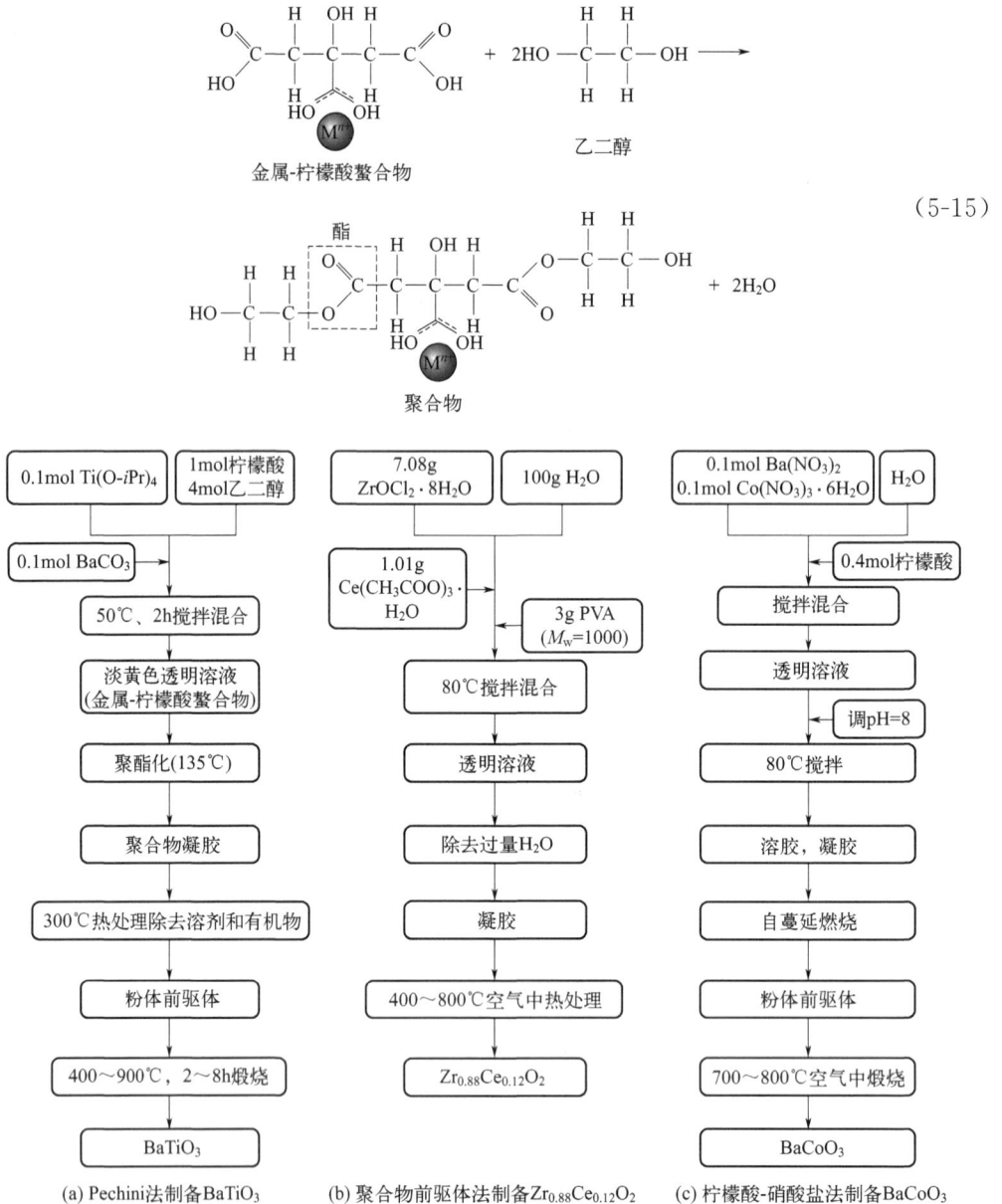

图 5-8　典型制备流程

由于 CA 是多元羧酸，含有三个羧基和一个羟基，可以与元素周期表中几乎所有金属元素（除了 Na 和 K）形成稳定的螯合物，这一点对 Pechini 法来说至关重要。如此避免了金属离子在 EG 与水的溶液中水解生成沉淀，可生成与最终多组分产物金属配比完全相同的均匀复合前驱体。例如，Ti 的前驱体很容易水解生成沉淀，但在 Pechini 法中，Ti 与 CA 形成的螯合物在空间上被限定在聚合网络中，避免了沉淀的生成。因此，Pechini 法可用于制备一系列含 Ti 的金属氧化物。此外，加入螯合能力更强的乙二胺四乙酸（EDTA）可以提高配位能力。因此，几乎所有单组分、多组分金属氧化物均可采用 Pechini 方法制备。

　　Pechini 法的特点在于将金属-柠檬酸螯合物固定在刚性的聚合物网络中，在聚合过程中可以保持前驱体中离子的化学计量比，可以减少金属离子的偏析，从而保证组成的均匀性。形成的聚合物网络可以是线性的，也可以是树枝状的，金属离子均匀分布在其中。在加热过程中，聚合物网络可能受热而断裂，进一步加热可生成金属氧化物。尽管聚合物具有热塑性，但由于金属离子在高度交联的聚合物网络中的可动性很低，因此在热解过程中金属离子偏析的可能性不大。与其他湿化学方法相比，这一点是 Pechini 法的一大优势，尤其是在制备多组分化合物中更为明显，因为保持组分的均匀混合至关重要。

　　下面以 $BaTiO_3$ 的合成为例说明 Pechini 法的具体过程。在 Pechini 制备过程中，Ba^{2+} 和 Ti^{4+} 在 CA/EG 溶液中分别与 CA 螯合，形成稳定的 Ba：Ti＝1：1 的异相金属-柠檬酸螯合物，如式(5-16) 所示。

$$a\,Ba+a\,Ti+b\,CA \longrightarrow a[BaTi\text{-}CA_n]+(b-an)CA \tag{5-16}$$

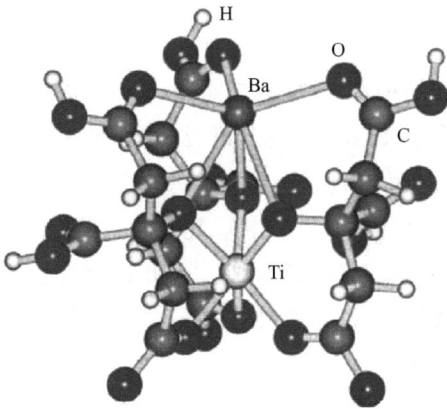

(a) BaTi-CA₃结构模型

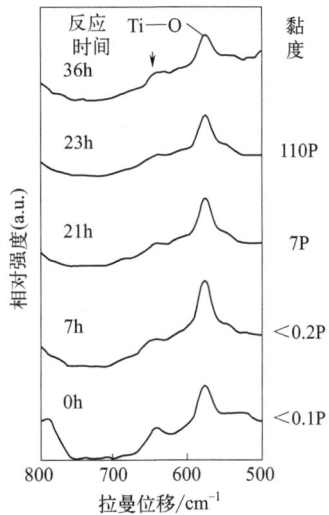

(b) BaTi-CA/EG溶液在135℃反应
过程中FT-Raman谱图

图 5-9　Pechini 法制备 BaTiO₃

$1P=10^{-1}Pa \cdot s$，下同

　　Raman 以及 ^{13}C NMR 结果表明，在螯合过程中，Ba^{2+} 和 Ti^{4+} 之间相互作用强烈，形成了 Ba：Ti：CA＝1：1：3（即 BaTi-CA₃）的异相金属螯合物 $[BaTi(C_6H_6O_7)_3 \cdot 4H_2O]$，其结构模型如图 5-9(a) 所示。$^{13}C$ NMR 以及 FT-Raman 结果表明，形成的 BaTi-CA₃ 在 135℃可以稳定至少 36h，在此过程中，随着时间延长，溶液黏度增大，36h 后变成了树脂状；BaTi-CA₃ 的 Ti—O 键的振动谱带（580cm⁻¹）保持不变 [图 5-9(b)]。在螯合过程中，形成的 BaTi-CA₃ 螯合物稳定并且保持在原子级别的均匀混合，对实现合成产物中 Ba 和 Ti 完全原子级别的混合至关重要。在 500℃空气气氛中煅烧即可得到 BaTiO₃。

5.3.2　Pechini 法的特点

(1) 可在较低温度制备多组分氧化物

自从 Pechini 报道采用该方法制备铌酸盐、钛酸盐和锆酸盐以来，人们使用该方法制备了一系列多组分金属氧化物，二元、三元、四元甚至更多元。Pechini 方法非常适于在较低温度（400～900℃）合成高纯度、均匀的多元氧化物。由于阳离子被固定在刚性的聚合物网络中，得到的聚合树脂在分子、原子级别与最终氧化物具有相同的化学计量比，在 300～400℃ 聚合树脂分解，在 400～900℃ 煅烧后，在聚合树脂中的或者热解产物中的阳离子之间可以相互反应，所需要的扩散过程是最短的，因此可以在较低的温度（400～900℃）得到纯相的多元金属氧化物。如采用 Pechini 法可在 700℃ 得到纯相的 $LaAlO_3$，而采用固相反应法则需要 1700℃。这里所说的"较低温度"是指催化剂的煅烧温度较低。

(2) 前驱体中的阳离子可在分子级别混合

采用 Pechini 法之所以可在较低的温度得到纯相材料，主要是由于阳离子在前驱体及热解产物中可以在分子级别进行混合。如采用 Pechini 法制备 $SrTiO_3$ 时，在 500℃ 煅烧可以得到纯相 $SrTiO_3$，那么是前驱体直接分解形成 $SrTiO_3$，还是中间可能生成 $SrCO_3$ 与 TiO_2，然后二者进一步反应生成 $SrTiO_3$ 呢？XRD 及 Raman 结果（图 5-10）均表明为前者，中间无 $SrCO_3$ 和 TiO_2 的生成。因此可以推测，阳离子在 Sr-Ti 的聚合树脂中可以在几个纳米或数十个纳米尺度进行混合，从而将传统固相反应合成温度 1000℃ 降低到 Pechini 法的 500℃。

(3) 材料性能得以改善

在名义组成相同的情况下，不同制备方法得到的材料表现出的性能通常不同，这主要是由于在微观尺度，材料的纯度及组成的均匀度不同，材料组成的不均匀性通常对材料性能不利。与传统固相反应法相比，Pechini 法在化学均匀性与组成控制方面具有明显优势，材料通常表现出更好的性能。因此在通过掺杂改性对材料进行调控时，可以优先考虑 Pechini 法。

5.3.3　Pechini 法的影响因素

从柠檬酸/乙二醇混合物得到的凝胶的均匀性与不同元素在凝胶中的分布密切相关。为了达到高度均一性，必须避免在聚合反应中生成沉淀或晶化。金属螯合物的溶解度及其在聚合物中的稳定性是获得聚合物凝胶的关键。可调控柠檬酸与金属

(a) XRD谱图

(b) Raman谱图

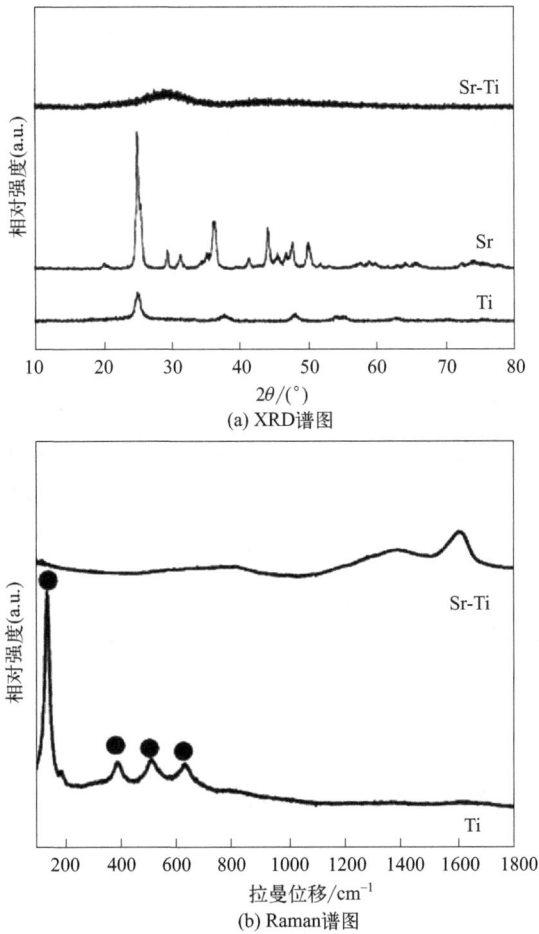

图 5-10　Pechini 法不同前驱体在 400℃、2h 煅烧后得到产物的 XRD 和 Raman 谱图

离子的摩尔比、选择合适的前驱体及调节溶液的 pH 进行控制。若不控制 pH，通常需要加入过量的柠檬酸避免生成沉淀。金属-柠檬酸螯合物通常在过量的柠檬酸中才能比较稳定。有些金属-柠檬酸螯合物在乙二醇中的溶解度较小，在浓缩过程中将发生晶化。若将金属-柠檬酸螯合物冻结在柠檬酸与乙二醇反应生成的聚合网络中，将可避免金属-柠檬酸盐或金属盐沉淀。因此，可以加入过量的柠檬酸以获得均匀的多组分的聚合物凝胶。

在聚合物凝胶中，游离的柠檬酸可能由于分步式解离而导致复杂的反应[式(5-17)~式(5-19)]：

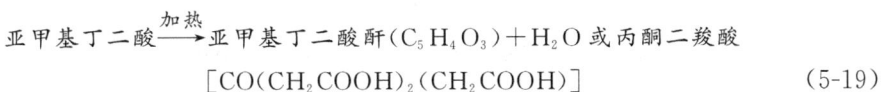

$$柠檬酸(C_6H_8O_7) \xrightarrow{175℃} 丙烯三甲酸(C_6H_6O_6) + H_2O \tag{5-17}$$

$$丙烯三甲酸 \xrightarrow{加热} 亚甲基丁二酸(C_5H_6O_4) + CO_2 \tag{5-18}$$

$$亚甲基丁二酸 \xrightarrow{加热} 亚甲基丁二酸酐(C_5H_4O_3) + H_2O \ 或丙酮二羧酸$$
$$[CO(CH_2COOH)_2(CH_2COOH)] \tag{5-19}$$

由于柠檬酸解离生成的也是羧酸，也可以与金属离子结合或与乙二醇反应，因此过量的柠檬酸将导致柠檬酸-乙二醇聚合体系中的聚合反应更加复杂。

当采用硝酸盐作为前驱体或者采用硝酸溶解金属氧化物/碳酸盐作为前驱体时，需要控制硝酸根的量至最低，从而避免金属硝酸盐的晶化。过量的硝酸作为强氧化剂可以与乙二醇反应，生成乙醇酸，随后转化为草酸，草酸通常与金属离子反应生成金属-草酸盐沉淀。加入氨水提高 pH 也可以避免硝酸盐的晶化。

Pechini 法具有很大的灵活性，可以通过调控柠檬酸与乙二醇的比例来调节黏度。Pechini 原始报道中的柠檬酸/乙二醇的摩尔比为 20/80，后来的实验结果表明，假设柠檬酸和乙二醇之间只发生简单的酯化反应，在任何温度下，柠檬酸-乙二醇混合物的黏度随柠檬酸含量的增加而增大，在 50%（摩尔分数）时达到最大。当其含量从 30%（摩尔分数）增加到 40%（摩尔分数）时，黏度突增两个数量级，表明在该组成时凝胶化迅速进行。凝胶化反应进行的组成为柠檬酸含量在 40%～60%（摩尔分数）。实际情况中，通常用过量的乙二醇作为溶剂，这是由于它不仅便宜，而且可增大各金属盐在过程前期的溶解度。在不同配比的柠檬酸-乙二醇混合物中均可发生酯化反应，只是过量的柠檬酸或乙二醇将会稀释生成的聚合物胶体，从而降低其黏度。长时间加热混合溶液，随着乙二醇的蒸发，可促进聚酯反应进而得到透明的聚合物前驱体。

5.3.4　与 Pechini 法相关的其他方法

（1）原位聚合法

除了 Pechini 法外，原位聚合法还包括丙烯酸、丙烯酰胺和异丁烯酸等的聚合反应。与 Pechini 法不同的是，这三种聚合反应是由自由基作用完成的，得到线型分子聚合物的挠性链在聚合过程中相互缠结（图 5-11）。羧基不参与聚合反应，但在聚合物的交联中很重要，它们通过金属离子与游离羟基连接。尽管羧基与金属离子之间的交联作用比柠檬酸与金属离子之间的螯合作用弱，但由于阳离子与溶剂被位阻效应圈困在有许多链扭曲、缠结形成的网络中，所以聚合凝胶仍能保持初始溶液中的原始金属离子配比。

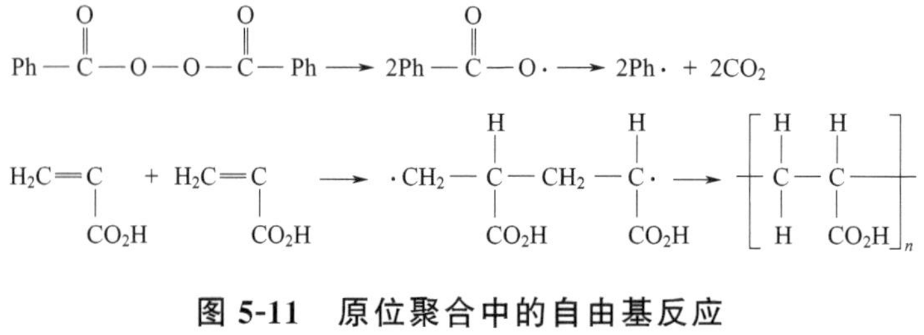

图 5-11　原位聚合中的自由基反应

（2）聚合物前驱体法

尽管 Pechini 方法在制备多组分金属氧化物方面具有明显优势，但是它也有一些问题，如需要除去大量有机物，聚合树脂在煅烧过程中易趋向形成硬团聚，在热处理过程中收缩较大，因而难以制备纤维或薄膜。聚合物前驱体法则可以克服这些缺点，如制备 1g ZrO_2 12％（摩尔分数）-CeO_2，使用的有机物质量减少为原来的 1/20。与原位聚合法基本相同，但它没有活跃的聚合反应。制备过程中，在金属盐的水溶液中加入水溶性聚合物，最常用的是聚乙烯醇（PVA）、聚丙烯酸（PAA）、聚乙酰亚胺（PEI）等。它们都是阳离子的配位有机聚合物，将大大改变原含水前驱体的流变性能。通过增加阳离子与聚合物之间的相互作用降低自由阳离子在聚合物溶液中的可动性。除去过量的水可以迫使聚合物物种相互靠近，从而增加它们之间交联的可能性。金属离子将充当聚合物之间的交联剂（图 5-12），聚合链之间的随机交联把水围在生长着的三维网络中，使体系成为凝胶。该方法的关键在于选择合适的聚合物，使其官能团与研究的所有阳离子都有类似的交联能力，否则将导致材料组成的不均匀性。EDTA 通常具有很强的交联能力，与几乎所有阳离子都可以形成聚合物-金属螯合物。聚合物前驱体法制备材料的典型工艺流程如图 5-8（b）所示。

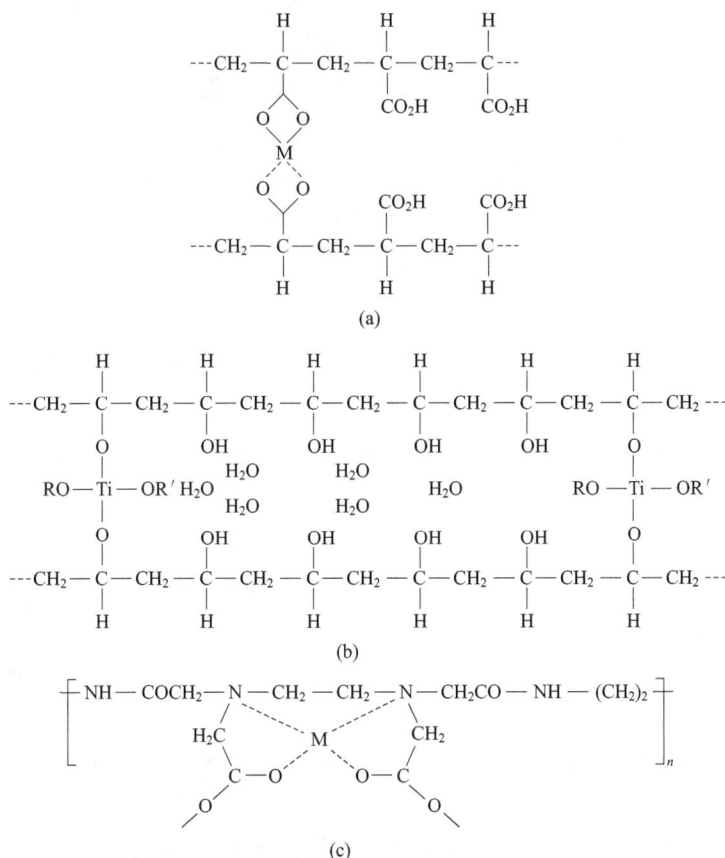

图 5-12　阳离子与水溶性聚合物之间的交联反应

(3) 柠檬酸配合法

Pechini 法采用 CA/EG 的组合，如果将 EG 用 H_2O 替换，采用 CA/H_2O（或者其他羧酸如苹果酸、乙酸等），那么就是通常所谓的柠檬酸配合法。Pechini 法中，由于 CA 与 EG 间的聚酯反应形成了刚性的有机聚合网络，但柠檬酸配合法中无此反应，形成的只是由较弱的氢键连接的缔合体，因此在反应过程中，阳离子有可能偏析，在组成均匀程度上，柠檬酸配合法不如 Pechini 法。

无机盐在水中的化学反应很复杂，水解和缩聚反应生成许多种分子产物。根据水解程度的不同，金属阳离子可能与三种配体（H_2O、OH^-、O_2^-）结合。决定水解程度的重要因素包括阳离子的化合价和溶液的 pH。低价阳离子（$\leqslant +2$）在 pH 小于 10 时主要形成水合物；高价阳离子（$\geqslant +7$）在整个 pH 范围内主要形成双氧配合物；而 +4 价阳离子在不同 pH 时的产物有若干种可能，如 $H_2O\text{-}OH^-$、OH^-、$OH^-\text{-}O_2^-$ 等配合物。水解后的产物通过羟桥（M-OH-M）或氧桥（M-O-M）发生缩聚反应进而发生聚合反应，但许多情况下水解反应比缩聚反应快得多，往往形成沉淀而无法形成稳定的均匀凝胶。成功合成稳定的均匀凝胶的关键是要减慢水合速率或水-氢氧配合物的水解速率，制备在即使 pH 增大条件下也稳定的前驱体。在溶液中加入有机螯合剂替换金属水合物中的配位水分子，形成新的前驱体，其化学活性得到显著的改变。金属配合剂的一个目的是防止配位水分子在去质子反应中发生快速水解。典型的例子是 Fe^{3+} 的水解，加入 EDTA 螯合剂后，水解平衡常数 K_b 由 10^{-2} 降低到 10^{-25}，另外配位水分子的正自由电荷也减小，从而使前驱体在高 pH 条件下也不会出现氢氧化物沉淀，扩展了溶液稳定条件的范围。

在该制备方法中，CA 与金属离子的摩尔比及 pH 是两个重要参数。假设 CA 与金属离子形成 $1:1$ 金属-柠檬酸盐配合物，CA 与金属离子的摩尔比可设为 1，这是所需要的 CA 的最低量。CA 是三元酸（H_3Cit），在水溶液中不同 pH 条件下可解离为 H_2Cit^-、$HCit^{2-}$、Cit^{3-}。在 pH 较低时，生成的主要是 H_2Cit^- 或 H_3Cit，其与阳离子如 Ba^{2+} 的配合能力较差，将使得一些阳离子无法进行配合而成为自由离子，导致组成不均匀。随 pH 增大（如 $pH = 6 \sim 8$），CA 将主要解离为 Cit^{3-}，与阳离子的相互作用强，可形成稳定的金属-Cit^{3-} 配合物。但 pH 不能一直增大，否则容易形成沉淀。

柠檬酸配合法中，如果采用金属硝酸盐作为前驱体，则为柠檬酸-硝酸盐法，该方法的一个特点是可以自蔓延燃烧，这是由于该方法的本质是一个氧化还原反应，柠檬酸作为还原剂，硝酸根作为氧化剂，可表示为式(5-20)，因此金属碳酸盐或乙酸盐等作为前驱体时不能发生自蔓延燃烧。

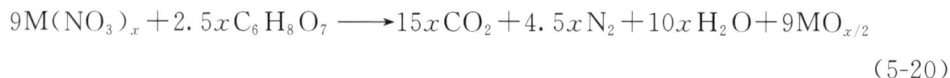

$$9M(NO_3)_x + 2.5xC_6H_8O_7 \longrightarrow 15xCO_2 + 4.5xN_2 + 10xH_2O + 9MO_{x/2}$$

$$(5\text{-}20)$$

通过调节柠檬酸-硝酸盐的比可以调节燃烧的温度，通常在符合式(5-20)关系的比值时可得到最好的结果。采用柠檬酸-硝酸盐法制备 $BaCoO_3$ 的基本流程如

图 5-8(c) 所示。

　　本章介绍了三类常用的溶胶-凝胶法，它们均经过溶液-溶胶-凝胶过程，其中的核心是溶胶阶段胶粒的生成与调控。铝离子在碱性水溶液中生成的胶粒是无机聚合大分子，胶粒中仅含有一种金属离子，而且金属氢氧化物的性质随金属种类而异，其中提炼出来的规律适用面窄。Pechini 法的胶粒是有机聚合大分子，金属离子通过螯合或配合均匀分散、结合于这个大分子上，大分子尺寸在纳米范围，所以属于胶粒。Pechini 法可以制备多组分金属催化剂，而且金属组分可以在较宽的范围调变；利用有机分子的聚合及其与金属离子的配合，其中配合是必要条件，聚合的有机分子可以选择——这是可调变的因素，所以应用面较宽。醇盐水解可以制备单金属，也可以制备多金属催化剂，可调变的因素（除了制备条件外，如温度、pH 值等）有醇盐的种类、溶剂、水解和聚合反应等。可调变因素多，则灵活、应用面更宽。一般来说，应用范围大，则价值高。

第6章
模板法制备催化剂

6.1 软模板法制备介孔催化剂

1969 年首次报道了孔分布规整的介孔材料，但由于分析和对其特征的认识不足而未受到重视。1992 年美国美孚石油公司的科学家报道了 M41S 系列介孔氧化硅并受到了极大关注。首次报道的代表性的介孔 MCM-41 为六边形的柱形孔，孔分布窄，孔壁是无定形 SiO_2。随后相继报道了立方形孔的 MCM-48 和层状孔的 MCM-50，其孔结构如图 6-1 所示。

MCM-41   MCM-48   MCM-50

图 6-1 介孔氧化硅 MCM-41、MCM-48 和 MCM-50 的孔结构示意

作为催化剂，被广泛应用的沸石分子筛孔径在 1nm 以下，较大分子不能进入孔内接触分子筛的内表面，应用受到限制；于是研发更大孔径的分子筛，应用于大分子的催化转化成为分子筛以至于催化领域的一个重要追求目标。分子筛在石油加工、分离、吸附等领域有广泛的应用，产生了巨大的经济价值（分子筛的专著较多，感兴趣者可查阅）。分子筛应用的重要领域——油品加工，其中重油、煤焦油中的有机分子的尺寸绝大部分大于分子筛孔径；而燃料、能源属于战略物资、大宗物资，其价值巨大。于是，作为战略物资加工的一个技术核心——分子筛的技术进步显然意义重大。介孔材料则有望克服分子筛孔径小的不足，于是颇受关注。

传统的多孔材料分为大孔（孔径大于 200nm）、细孔（孔径小于 10nm）及过渡孔（孔径在 $10\sim200\text{nm}$）。1992 年之后，介孔材料开始有大量研究并逐步进入应用，孔的分类变为：微孔（孔径小于 2nm）、介孔（孔径在 $2\sim50\text{nm}$）及大孔（孔径大于 50nm）。一个新技术的发现引起了材料分类的变化，反映了该发现的重要性。

科技的进步和新发现存在不可预测性，介孔材料研发的出发点是解决分子筛催化剂孔径小的问题，然而基于此出发点开发出来的介孔材料制备技术的主要价值在于表面活性剂模板的应用和自组装技术。这种由表面活性剂分子自组装而成的模板称为软模板，利用软模板制备的介孔材料具有高比表面积和丰富又规整的介孔，其应用不局限于催化领域，在吸附、分离、气体储存等诸多领域都具有广泛应用前景，它已经发展为材料制备的一个重要技术，而且尚在发展中。

6.1.1　介孔材料的形成机理

氧化硅是最早研究的介孔材料，将正硅酸乙酯、四甲基铵硅化物或硅酸钠等与表面活性剂（如十六烷基三甲基铵的卤化物）配制成水溶液，调节 pH 约为 10，在反应釜中 $70\sim150\text{℃}$ 晶化 $0.5\sim3$ 天，然后过滤、洗涤、干燥，在空气或惰性气体中煅烧，得到介孔 SiO_2。该制备流程简单，操作较容易，但是成本比较高且耗时。

对于介孔材料的形成，目前提出的机理主要有以下几种。

（1）液晶模板机理

表面活性剂形成液相晶体，此液相晶体为制备 MCM-41 的模板。

① 形成胶束棒，表面活性剂极性端即亲水端向外，有机端即疏水端向内，连成柱状棒；这样组装的表面能低，溶剂为水；

② 这些柱状棒定向排列；

③ 无机胶粒如氢氧化硅或氢氧化铝的胶粒进入这些有机柱状棒之间；由于在 pH 为 10 的碱性介质中，胶粒带负电，将与阳离子表面活性剂的极性端静电相吸引；

④ 煅烧去掉有机物表面活性剂，作为模板的表面活性剂分子被烧掉后形成介孔，得到介孔材料。

特点：先形成液晶，并且液晶定向排列。如图 6-2(a) 所示。

（2）协同组装机理

① 硅胶低聚物即胶粒与阳离子表面活性剂的多齿结合；

② 与表面活性剂结合的界面胶粒优先聚合；

③ 保持总体的电性平衡，即带正电的阳离子表面活性剂与碱性介质中带负电的硅胶粒子的正负电性平衡；

④ 分别与不同表面活性剂结合的胶粒之间也可以发生聚合，如图 6-2（b）所示。

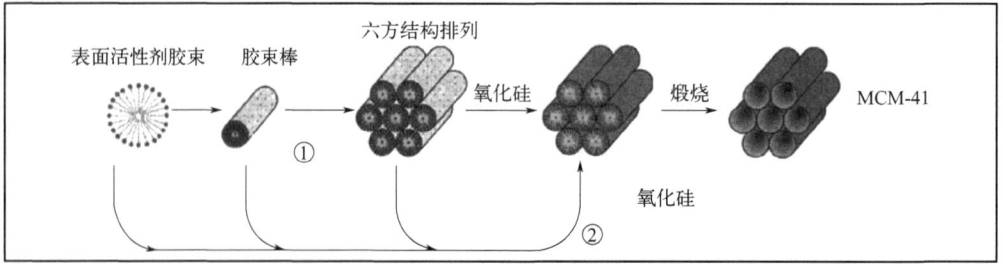

(a) 液相模板机理

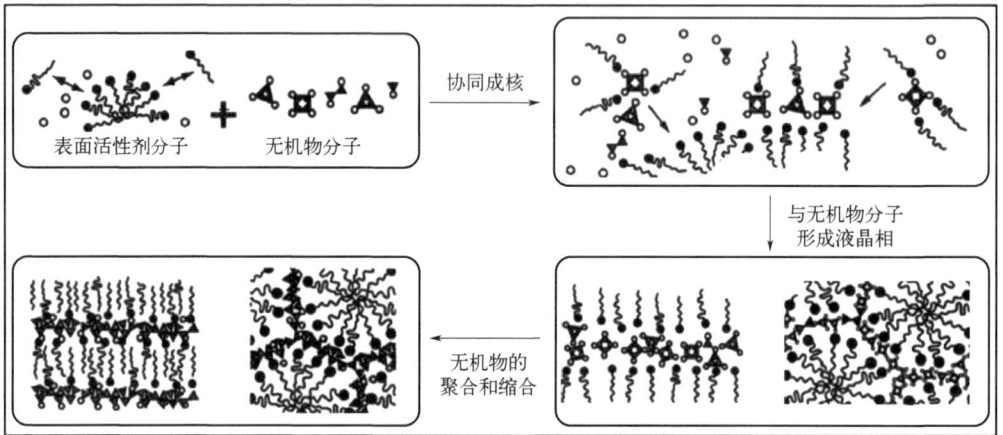

(b) 协同组装机理

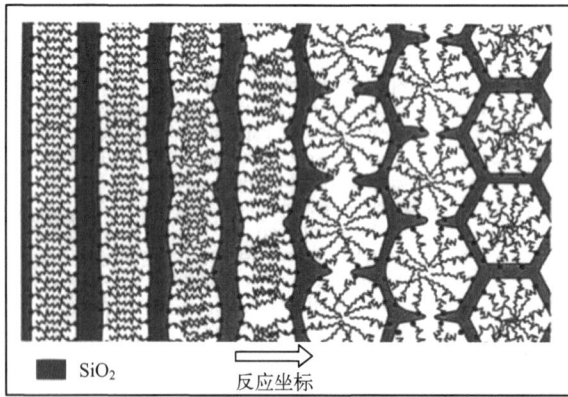

(c) 层状向六方相结构转变机理

图 6-2　介孔材料形成机理示意

该机理的特点是：未先形成液晶，有机的表面活性剂与无机的胶粒通过静电相互作用，最后定向排列。

协同作用机理可以进一步扩展，如图 6-3 所示。以 S^+、S^- 和 S^0 分别代表带正电、负电和不带电的表面活性剂，I^+、I^-、I^0 分别代表带正电、负电和不带电的无机物种（胶粒），M^+ 和 X^- 分别代表带正电和带负电的媒介。对于不带电的表面活性剂和不带电的胶粒，S^0-I^0 间的作用力可能是氢键或范德华力等，如果通过萃取去除有机模板剂，可能减小孔坍塌的概率。大多数情况是带电的表面活性剂和带电的胶粒通过静电吸引结合，包括阳离子表面活性剂和带负电的胶粒结合、阴离子表面活性剂和带正电的胶粒结合、阳离子表面活性剂通过带负电的媒介与带正电的胶粒结合、阴离子表面活性剂通过带正电的媒介与带负电的胶粒结合。这种通过静电将无机、有机物种组合起来，即利用物质本身的相互作用进行组装，属于自组装的一种。通过静电吸引或者氢键等将胶粒和表面活性剂组装成为规整结构，然后除去表面活性剂，就可以得到介孔材料。

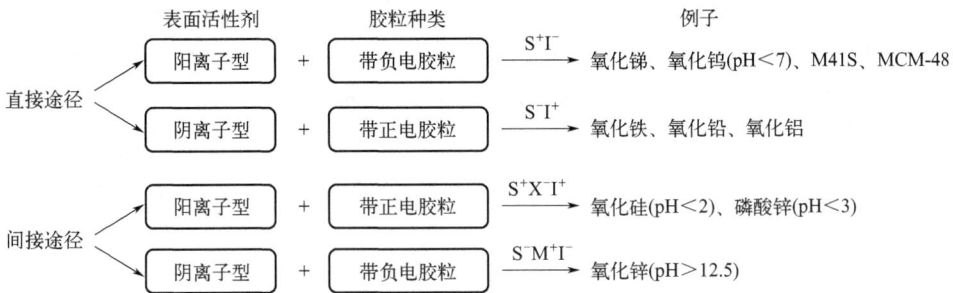

图 6-3　协同作用机理扩展示意——不同表面活性剂和无机物种的自组装

（3）层状向六方相结构转变机理

该机理认为，无机的氢氧化硅胶粒或氢氧化铝胶粒等与带相反电荷的表面活性剂通过静电相互作用形成有机-无机层状结构。无机物中发生的聚合导致所带电荷减小，为了保持正、负电荷平衡，表面活性剂分子阵列将吸附更多的带电胶体，于是胶体构成的无机团聚体的体积增大，而对应的表面活性剂分子（有机基团）数量固定因而变得疏松或膨胀。无机层将有机层卷起来，形成筒状的有机-无机棒，如图 6-2(c) 所示。煅烧去掉有机表面活性剂，就形成介孔材料。在碱性介质中，硅胶带负电，加入阳离子表面活性剂老化，使硅胶胶粒凝结、团聚，实现硅胶层卷起包裹表面活性剂，然后干燥、煅烧获得介孔氧化硅。

几种机理的共同点有：①表面活性剂与无机物种相互作用，作用力是静电或/和氢键等；②有机的表面活性剂是最终形成孔的模板；③煅烧或萃取等去除有机物。

几种机理的差异有：①形成规整排列的有机-无机柱状棒的过程不同，液晶模板机理中，表面活性剂先排列成规整结构，无机物填入；②协同作用机理在于无机和有机物协同作用形成胶束棒，也未提及有机无机层状结构的形成；③层状向六方相结构转变机理中无机和有机物种先作用形成层然后转变为柱状。

层状硅酸盐卷曲及协同组装机理中胶粒层是否能发生卷曲，可以通过排列系数（g）来判断。

$$排列系数\ g = \frac{V}{a_0 \times l_c} \tag{6-1}$$

式中，V 是表面活性剂疏水链的有效体积；a_0 是亲水端的有效聚合表面积；l_c 是疏水链的有效长度。定性地，$g>1$ 时，"有机"包裹"无机"；$g<1$ 时，"无机"包裹"有机"。排列系数的判断是基于协同作用机理。如果按液相模板机理组装，则此判据不适用。

6.1.2 介孔材料的表征

（1）XRD

目前得到的大多数介孔材料中的原子排列是无序的，XRD 衍射峰的产生是基于介孔孔道的有序性。由于它们的晶胞参数很大，XRD 衍射峰的衍射角一般都很小，如介孔氧化硅分子筛结构的晶面间距通常有几个纳米，相应的衍射角 2θ 角在 $0.6°\sim7°$，且最强的峰在 $1°$ 附近。图 6-4 给出了介孔 SiO_2 MCM-41、MCM-48、MCM-50 的 XRD，衍射峰对应介孔的规整排列，规整排列的孔壁构成晶面。

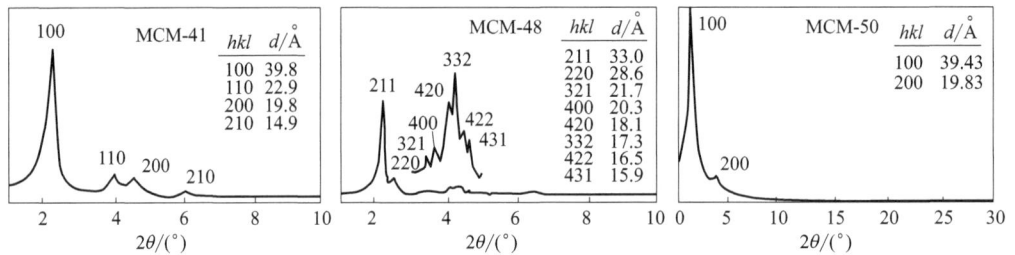

图 6-4 介孔氧化硅 MCM-41、MCM-48、MCM-50 的粉末 XRD

（2）高分辨电子显微镜

通过高分辨透射电子显微镜（HRTEM）可以直观地看到介孔的规整排列，如图 6-5 所示。但是，HRTEM 只是反映材料的局部，只给出了纳米级范围的材料形貌和孔结构，它一般作为示例以局部为代表反映材料的整体性质。

（3）孔结构和吸脱附性质

比表面积和微、介孔结构测定的基本手段是物理吸附法。介孔材料的液氮等温吸脱附曲线的典型特征是由于介孔的毛细管凝聚作用，出现吸脱附曲线的回滞环，为典型的Ⅳ型曲线（吸附分类及其含义等可查阅物理吸附方面的专著），由吸附曲线可以计算孔径分布。如图 6-6 所示，介孔的比表面积和孔容均很大，在相对压力 $p/p^{\ominus}=0.5$ 附近吸附/脱附量出现陡增/陡降，对应 N_2 在介孔中的毛细管凝聚/脱附离开，毛细管凝聚对应的相对压力 $p/p^{\ominus}$ 由孔径大小决定。

综合起来，介孔材料的主要特点有长程结构有序，规整的孔排列和孔径分布窄

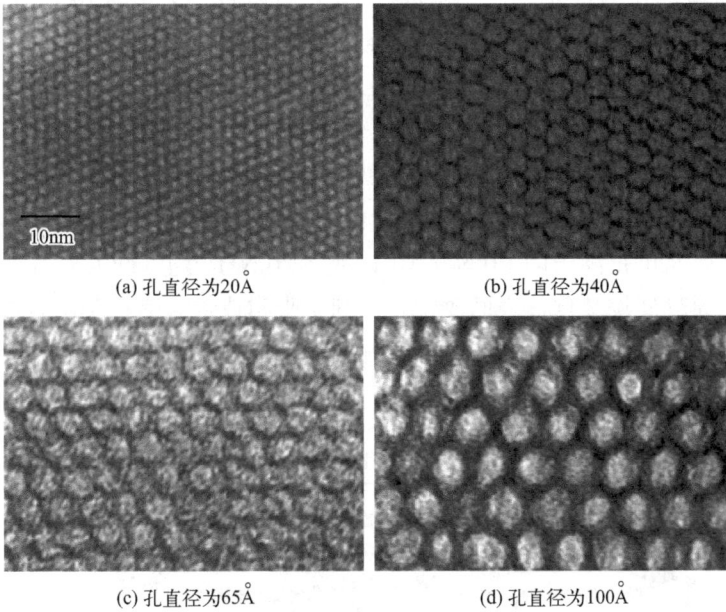

(a) 孔直径为20Å

(b) 孔直径为40Å

(c) 孔直径为65Å

(d) 孔直径为100Å

图 6-5　具有不同孔大小的介孔氧化硅 MCM-41 的 HRTEM 图

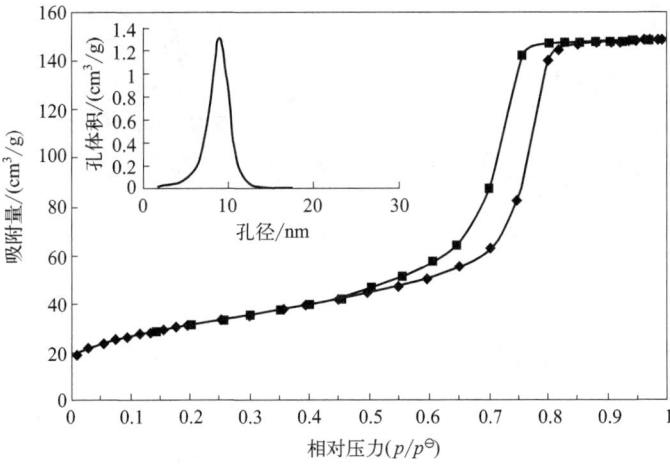

图 6-6　介孔铌的液氮等温吸脱附曲线及其 BJH 孔径分布

（又称为孔分布单一，即一个尺寸的孔径），介孔的大小可调，比表面积高，可达几百到上千（m²/g），孔隙率高；介孔氧化硅表面含弱酸性的硅端羟基，是优良的催化剂载体，或可作催化剂。

6.1.3　介孔催化剂的制备

（1）氧化硅、氧化铝等介孔氧化物

介孔氧化物可以通过以下几个途径制备催化剂，如图 6-7 所示。介孔氧化物本

身可以直接作为催化剂，如 SiO_2 具有弱酸性，可直接作为酸催化剂。类似分子筛，可以通过取代，将 Al、Ti、V、Mn 等过渡金属元素结合于孔壁中，构成高分散的活性中心，从而形成催化剂。将具有催化功能的特定结构借助化学键等，通过嫁接、固定化等方式连接于孔壁。将介孔氧化物的介孔壁上通过表面涂层方式涂覆活性组分，如负载分子筛。通过离子交换、浸渍等方法形成催化剂。采用浸渍法负载高分散 Pt 时，氧化硅 MCM-41 孔壁的等电点约为 2（即 pH＞2 时，带负电），故须选取在碱性条件下电离出正离子的 $Pt(NH_3)_2Cl_2$ 或 $[Pt(NH_3)_4](NO_3)_2$ 等通过吸附浸渍负载。此外，通过硅烷基化等表面改性，以利于吸附或键合有机基团，可以固定化生物催化剂如酶等。介孔材料表面负载催化剂活性组分后，孔径、孔容将变小。

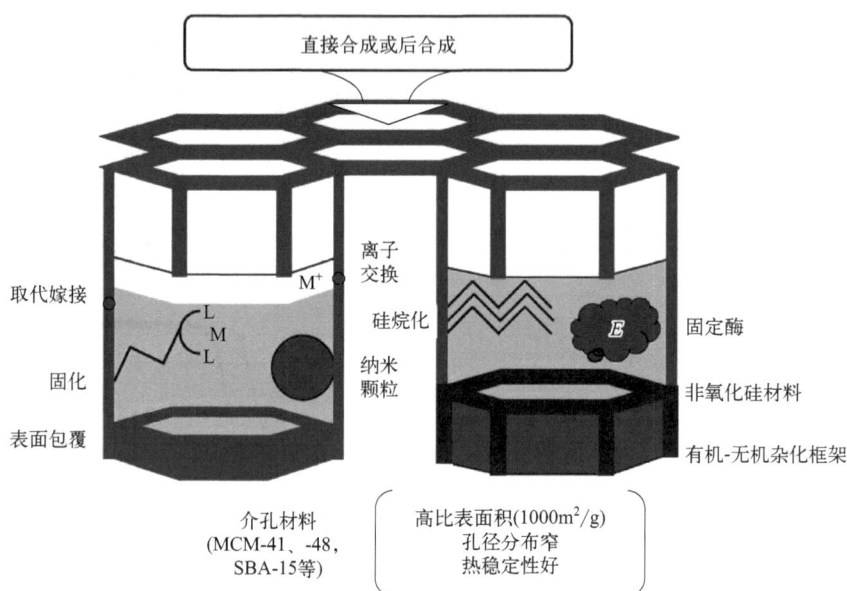

图 6-7   介孔氧化硅 MCM-41 等用作催化剂的途径示意

介孔材料表面负载催化剂的基本原理与一般的载体表面负载催化剂活性组分类似，如吸附浸渍、均相配位催化剂固体化的化学键合法等，只是这里的载体表面是介孔的孔壁。此外，大于介孔直径的颗粒或大分子不能进入介孔孔道而被负载。图 6-8 给出了一个介孔 SiO_2 表面负载钯催化剂的例子，通过化学键合法将含钯原子的化合物通过化学键连接于介孔孔壁上。

（2）介孔氧化物催化剂

介孔 SiO_2、Al_2O_3 等用于催化主要是作为载体，氧化物催化剂可以直接制备为介孔的孔结构。然而，多数过渡金属氧化物介孔材料的热稳定性逊于 SiO_2，这与各氧化物自身的性质有关，包括无机框架不易高密度结合，煅烧过程中的价态、颗粒之间相结合的化学键变化使孔壁框架坍塌，不容易形成机械强度较高的厚的孔壁，孔壁中氧化物的再结晶等。

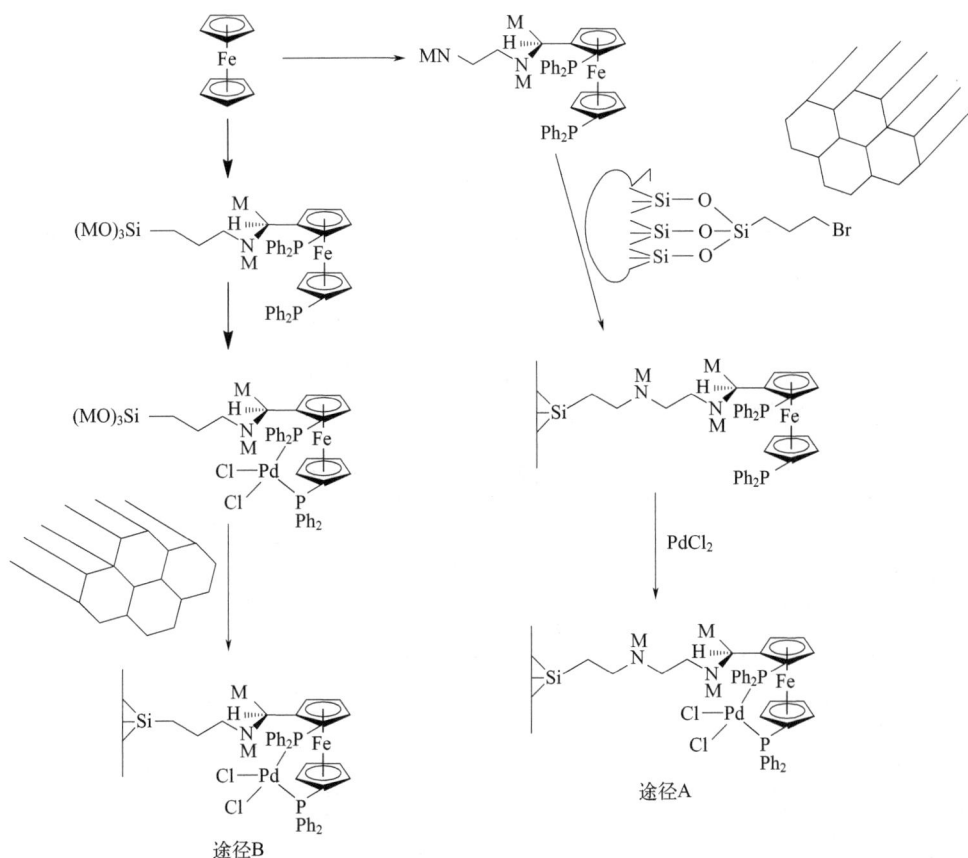

图 6-8 介孔材料表面负载钯催化剂示意

介孔 SiO_2、Al_2O_3 和 ZrO_2 等强度较好，常用作催化剂载体。WO_x、FeO_x、PbO_x、SnO_2、$AlPO_4$（磷铝分子筛）等介孔氧化物早期已合成，但在去除表面活性剂时规整的介孔结构往往会被破坏。此外，在催化中应用比较多的 CeO_2、Cr_2O_3、NiO、OsO_4、Co_3O_4、In_2O_3 等也在早期就报道可以制备成介孔结构。

由于介孔材料比表面积高，孔径显著大于分子筛，可以用做催化剂。含 Fe、Mn、Nb、Co、Mo、Cu、Sn、Au 等的介孔材料用于有机化合物的部分氧化，以 Ti、Zr、V、Cr、Mn、Fe 修饰 MCM-41 介孔材料作为氧化催化剂。纳米 Au 粒子负载于 MCM-41 对 CO 氧化具有高活性，金团簇 Au_{55} 负载于介孔载体具有优越的 CO 氧化活性。FSM-16 负载的 Pt 对 CO 氧化具有高活性。对于水煤气变换反应，被 FSM-16 包裹的 Pt 纳米线比对应的纳米粒子具有更高的活性。以柠檬酸配合法将 $LaCoO_3$ 负载于介孔 SiO_2 上对甲烷氧化具有高活性。通过 $Mn_2(CO)_{10}$ 嫁接制得的 MnO_x/MCM-41 对丙烯燃烧具有高活性。此外，介孔 CeO_2、ZrO_2 是优良的催化剂载体，过渡金属氧化物介孔材料也可用于其他领域，如吸附、离子交换等。

6.1.4　存在问题及对策

(1) 存在的问题

介孔材料存在的主要问题是热稳定性和水热稳定性差。从表 6-1 可以看出，介孔材料经 850℃ 煅烧后，比表面积及孔容等明显下降。经 100℃ 水蒸气（水热）处理后，比表面积及孔容进一步显著下降。对于热稳定性，介孔壁的厚度、制备时的硅源种类很重要。而对于水热稳定性，壁厚、SiO_2 的聚合度很重要。表面改性可使其疏水，提高水热稳定性，如硅烷基化。制备过程中加入其他组分调变孔壁表面性质或嫁接无机物增厚孔壁等可改善稳定性。

表 6-1　热处理、水热处理对介孔材料稳定性的影响

介孔材料	壁厚 /nm	比表面积/(m^2/g)				孔容(cm^3/g)			
		550℃	850℃	400℃ 30%水汽，120h	100℃，100% 相对湿度，16h	550℃	850℃	400℃ 30% 水汽，120h	100℃，100% 相对湿度，16h
MCM-41(T)[①]	0.97	1128	403[②]	1019	145	0.95	0.26[②]	0.47	—[④]
MCM-41(FS)[①]	1.10	1027	795	864	106	0.92	0.53	0.58	—[④]
MCM-48(T)[①]	0.93	1433	108[②]	1318	197	1.14	—[①]	0.93	—[①]
MCM-48(FS)[①]	0.94	1319	1094	1130	168	1.22	0.74	0.94	—[①]
HMS	1.07	1021	213[②]	830	228	0.81	—[①]	0.48	—[①]
FSM-16	0.99	1172	476	789	67	0.78	0.20	0.36	—[①]
KIT-1	1.07	1059	967	—[③]	974	0.88	0.68	—[③]	0.78
PCH		899	441	728	335	0.50	0.25	0.43	
SBA-15	2.97	632	446[②]	500	281	0.63	0.48[②]	0.55	0.47

① 采用 TEOS 或熔融 SiO_2 作为 Si 源；②750℃时数据；③未测；④在等温线中无毛细凝结。

(2) 研究趋势

介孔材料是一个很大的家族，在催化领域有广泛应用。为了进一步扩大其应用，需要提高热稳定性和水热稳定性，可通过加厚孔壁或研究其失稳机理等从而提出相应的解决/改善方案。对于介孔材料的制备，需要降低制备的反应温度和时间从而降低制备成本。尽管室温下可以制备介孔材料，但介孔规整性和热稳定性均较差。此外，将孔壁晶化（最有价值的晶化之一是晶化为分子筛），制备微孔-介孔或微孔-介孔-大孔的组合孔结构材料，可以进一步拓展其应用。如 MCM-41 孔壁中的 SiO_2 是无定形态，将无定形的 SiO_2 转化为分子筛结构或合成过程的溶液中含有分子筛晶种，可提高稳定性并具有更好的催化功能等。需要加强介孔材料作为载体的应用研究，如孔壁元素的部分取代技术，浸渍、嫁接或固定化活性组分于孔壁表

面，改变孔壁组成或孔壁中嵌入活性组分，孔壁的表面改性、涂层等。此外，需要研究表面活性剂的方便去除方法以及表面活性剂与无机物的结合机制。三维介孔材料的制备也是一个挑战。

经过近三十年的研究，制备技术在逐步优化，现在制备介孔氧化硅等氧化物技术已经成熟，绝大部分氧化物和复合氧化物介孔材料的制备已经有研究报道。一方面，在合成机理、动力学及热力学等方面的认识也更深入，提出了如 "3D 打印" 等多种合成方法，并得到具有多种形态及功能的复合材料；在物理吸附、电催化、热催化及均相催化等多个领域得到应用，使得范围不断拓展。另一方面，软模板法及其自组装又拓展出很多灵活应用，用于设计和制备多种材料，文献中有很多报道。

6.2 硬模板法制备大孔催化剂

这里以三维有序大孔材料为例介绍硬模板法。三维有序大孔即大孔在三维尺度上规整排列，英语是 Three-Dimensionally Ordered Macroporous Materials，缩写为 3DOM。3DOM 的研究起始于光学材料，由于其孔尺寸与可见光的波长相当，作为光催化剂可以提高可见光的利用率，其孔排列规整，所以引起了催化领域学者的广泛关注。

介孔氧化物引起关注以后，大孔-介孔的组合孔结构材料（又称为多级孔）就自然而然会进入催化领域学者的聚焦领域；回顾第 2 章介绍的孔结构对催化反应的影响，组合孔结构是理想的催化剂或催化剂载体（仅就孔结构而言）。于是，1992 年报道了介孔氧化物，1997 年报道了 3DOM 氧化物。21 世纪初，组合孔结构催化剂的制备成为催化剂研究与开发非常活跃的领域。

6.2.1 制备流程与材料

以无机前驱体填充单分散密堆积胶体粒子（这里又称为胶晶，胶体晶粒之意）间隙，以胶体粒子为模板，前驱体聚合形成固体框架结构，通过煅烧或萃取等去除胶体粒子模板，即可得到大孔混合氧化物，如图 6-9 所示。这里的胶体粒子是指在 $20nm \sim 50\mu m$ 范围的纳米粒子或超细粒子，所填充的前驱体可以是氢氧化物、氧化物、金属或聚合物等。该方法的关键在于在保持胶晶排列和织构不被破坏的条件下，前驱体能够有效填充、聚合和晶化。此外，需要避免孔壁晶粒的过度长大，否则构成孔壁材料的晶粒太大，可能导致孔壁出现裂缝等，导致孔结构发生变化，还可能破坏孔的规整性。由此得到的三维有序大孔材料（3DOM）具有三维规整排列的大孔；孔径分布窄，大孔的孔径尺寸可调；比表面积高，可达几百 (m^2/g)；孔隙率高，孔容大；由于孔壁厚且可较好地晶化，与介孔材料相比，稳定性较好。

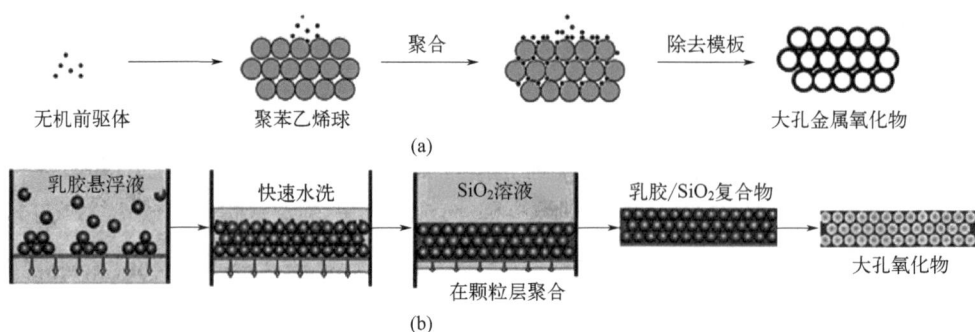

图 6-9   三维规整排列大孔金属氧化物材料制备流程示意

球形胶体晶粒即胶体粒子，常用有机聚合物的球形颗粒如聚苯乙烯、SiO_2 的球形颗粒等。胶体颗粒经过抽滤、水洗等可以实现密堆积，密堆积即构成晶格点阵排列，形成晶型结构，故称之为胶晶。在胶晶中，构成晶格点阵的粒子尺寸比原子或分子大几个数量级。

在 3DOM 的制备过程中，主要影响因素包括所填充的前驱体与胶晶间的范德华作用力、胶晶表面的润湿情况（胶晶表面性质影响其与填充物之间的相互作用）、固化过程中的收缩情况、胶晶的排列（影响孔结构）等。图 6-10 是典型的密堆积的胶晶颗粒模板及制得的 3DOM 微观结构。

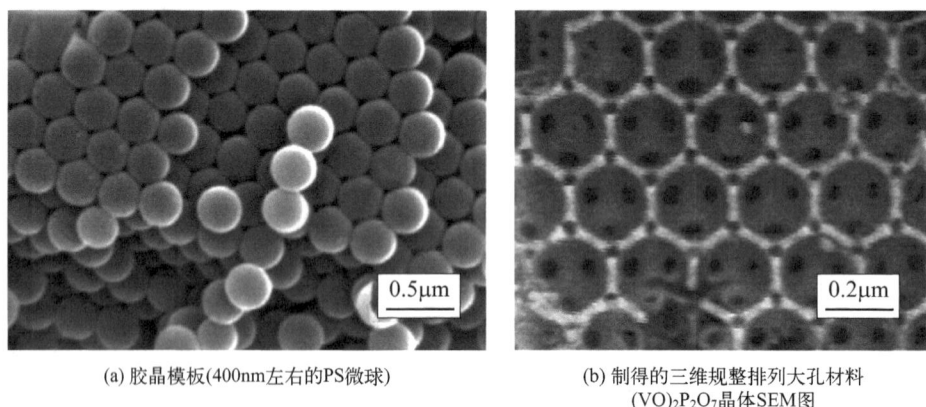

(a) 胶晶模板(400nm左右的PS微球)   (b) 制得的三维规整排列大孔材料
                                    $(VO)_2P_2O_7$晶体SEM图

图 6-10   胶晶颗粒模板及制得的 3DOM 微观结构

3DOM 材料的制备过程中，孔的壁厚和孔径均可调。将填充的氧化物前驱体完全包裹胶晶粒子，胶体颗粒之间被填充的氧化物前驱体分隔开来，煅烧去除胶体颗粒后，氧化物前驱体构成大孔的孔壁，填充量大则孔壁较厚。由此得到的是相互封闭的大孔，大孔的孔壁上还可以存在介孔。通过溶胶-凝胶法填充胶晶缝隙时，通过调节前驱体的水解、聚合速度调控填充量和填充的均匀程度。由于胶晶颗粒煅烧除去后就形成孔，胶晶模板尺寸大则孔大，故孔径可通过调变胶晶粒子大小来实现。

这种方法的可适用范围较宽，可制得多种氧化物、金属、聚合物等的大孔材料。由于填充过程是物理过程，主要通过润湿将所制备材料前驱体填入胶体颗粒的缝隙，故可以填入的材料范围较宽。

此外，还可能使孔壁得以晶化。由于得到的孔大，孔壁厚，则机械强度较高。大孔的壁厚在几个纳米至微米尺寸。如果将分子筛作为大孔的壁，大孔利于传质，会显著提高分子筛的催化效率。

这里顺便介绍一下纳米铸造。硬模板法可以制备大孔氧化物，也可以制备介孔氧化物。纳米铸造技术中，以规整介孔氧化硅为模板，孔内填充碳前驱体（如蔗糖），高温处理将此前驱体转化为碳（例如惰性气氛中高温裂解使碳氢化合物转化为石墨化碳）；以 HF 或 NaOH 溶去氧化硅，得到与原介孔氧化硅"相反"孔结构的介孔碳材料。此碳材料又可以作为制备介孔材料的模板，如图 6-11 所示。也可以用贵金属 Pt 填充氧化硅模板，得到"相反"孔结构的 Pt 或 Pt 纳米丝，可用于特殊场合，例如电极。用聚合物或过渡金属氧化物代替 Pt 或 C 也可以获得新的多孔材料。若纳米铸造中的介孔氧化硅模板换为大孔氧化硅，也可以制备相对应的反向结构材料。

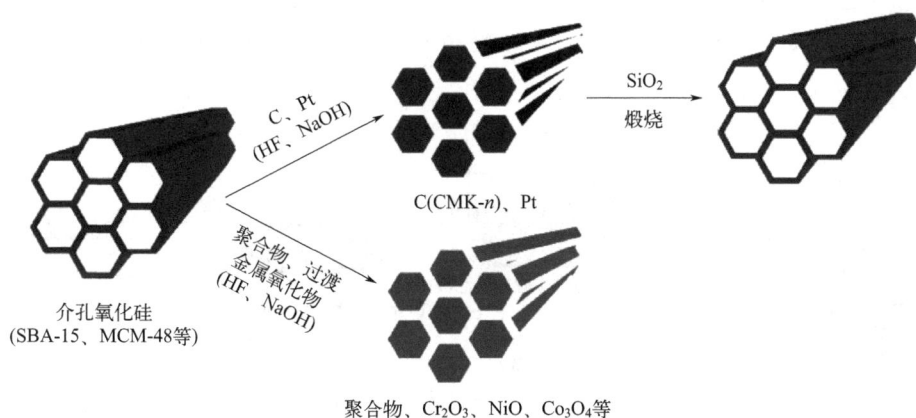

图 6-11　纳米铸造示意

6.2.2　模板制备和前驱体填充

胶晶模板使用比较多的是单分散的 SiO_2 或聚合物球形粒子，单分散指球粒的尺寸大小均一。常使用的聚合物模板有聚苯乙烯（PS）、聚甲基丙烯酸甲酯（PMMA）等。这些单分散球形颗粒的制备流程比较长，但是技术成熟，容易实现。这些微球粒子通过重力沉降、离心沉积、垂直沉积、模板沉积、电泳、模具成型和控制条件的干燥等方法，使其成为最紧密的堆积形式。等径球球粒最密堆积形成的空隙为 26％。堆积的微粒可以直接作为模板，也可以进行热处理后作为模板，热处理可以增强粒子间的相互作用以提高强度。

前驱体溶液与胶晶粒子表面的润湿性质显著影响填充情况，润湿性良好则易于在胶晶粒子表面形成薄膜，利于填充。胶晶的表面基团可以对前驱体的聚合和固化反应起催化作用，如 PS 表面的羧基可以催化溶胶-凝胶过程的水解和聚合；氧化硅表面的极性基团可以连接纳米金属粒子，其对金属的继续沉积起催化作用。有机模板的去除可以采用煅烧、萃取、光催化降解等办法，氧化硅则一般用 HF 溶解去除。

模板密堆积后，将向其空隙填充所制备材料的前驱体，按反应的特性或反应过程的条件将填充分为溶胶-凝胶法、沉淀法、化学气相沉积法等类型。

（1）前驱体填充之溶胶-凝胶法

如图 6-12(a) 所示，金属醇盐溶液进入胶晶模板的间隙，发生水解、聚合反应，形成无机胶粒，再进行干燥去除溶剂（一般是乙醇），煅烧去除有机模板，即可得到三维有序大孔材料。填充过程也可以直接使用金属醇盐水解后的溶胶。一般需要进行多次填充/干燥循环。这是由于一次填充所能填入空隙的量较少，虽然溶液或溶胶的量可填满胶晶空隙，但其中的固体前驱体的量占比很低。胶晶表面被填充物完全包裹形成膜层，孔腔之间的通道将会被堵塞或该通道很小。一般情况下，两个胶晶颗粒接触处没有填充物，去除胶晶模板后，此接触处就成为连接两个球形孔的窗口。

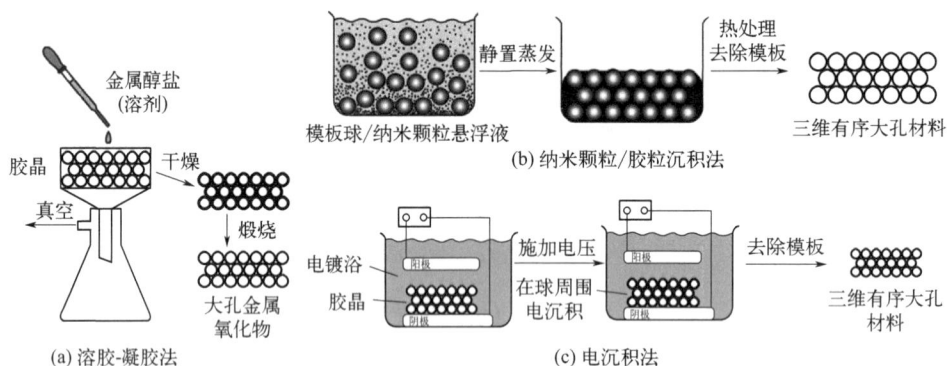

图 6-12   前驱体填充法制备流程示意

在制备过程中，可以预先水解，胶晶表面吸附的水可用于水解反应，胶晶表面的酸性基团和阳离子表面活性剂可能催化水解和聚合，因此可以加酸或碱促进水解和聚合。去溶剂过程的收缩比较明显，最后的孔隙比模板体积小 15%～30%。煅烧过程中无机粒子聚集长大到与孔（模板胶粒）相近时，排列的规整性将降低或被破坏。所以需要采取措施控制晶粒长大，如调节煅烧温度等。

（2）前驱体填充之沉淀法

金属的乙酸盐、草酸盐或氢氧化物沉淀被沉积于胶晶间隙，再经过化学反应得到氧化物、金属或碳酸盐，然后在氧化或惰性气氛中煅烧制得 Co_3O_4、Cr_2O_3、Fe_2O_3、MgO、Mn_2O_3、NiO、ZnO、$CaCO_3$、Ni、Co 等的大孔材料。孔壁材料的晶粒大小是影响孔结构规整性、比表面积、机械强度和光学性能等的主要因素。晶粒大小由热处理（晶粒长大）和沉淀条件（晶核形成）等决定。

图 6-12(b) 中，将胶晶颗粒（几百个纳米或微米尺寸）模板分散于纳米颗粒（可以是沉淀、溶胶或凝胶的胶粒）中，通过抽滤或离心等手段将胶晶模板密堆积，且纳米颗粒分散于胶晶的空隙中，再去除胶晶模板得到 3DOM。

（3）前驱体填充之化学气相沉积

该方法主要用于制备膜材料。将胶晶模板 PS 或 PMMA 置于 $SnCl_4$ 和 H_2S 气氛中，室温，反应生成的 SnS_2 被沉积于胶晶模板的间隙，去除模板，制得大孔相互连接的 SnS_2 膜。

（4）前驱体填充之喷雾填充法

包括喷雾热裂解、离子喷、激光喷等。由于喷雾难以进入孔道内部（类似于化学气相沉积法填充），该方法主要用于制备膜。将钛的乙酸盐溶于醇制得溶液，将该醇溶液喷入 SiO_2 微球间隙，SiO_2 涂覆于玻璃衬底上，干燥、煅烧、去除 SiO_2，得到氧化钛膜。离子喷可用于制备金薄膜。

（5）前驱体填充之电沉积

金属离子或金属配离子被还原为金属沉积于模板表面、填充胶晶间隙 ［图 6-12 (c)］。

（6）逆蛋壳膜板

以 3DOM 为模板可以制备纳米粒子或另一种 3DOM 材料，与纳米铸造类似，主要区别在于纳米铸造的孔和模板在纳米尺寸，而逆蛋壳模板的孔和模板在大孔尺寸。

（7）制备整体式催化剂或催化剂载体

在具有一定形状的聚二甲基硅氧烷（PDMS）模板和基底上，填充胶晶，加入溶胶前驱体，经过模板移除和煅烧处理后可得到具有一定图案的整体式大孔金属氧化物催化剂或催化剂载体，如图 6-13 所示。

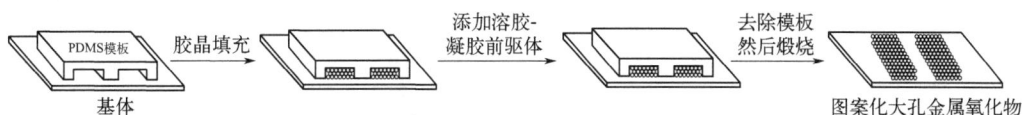

图 6-13　整体式催化剂制备流程示意

制备整体式 3DOM 的关键在于实现胶晶间隙的均匀和填充充分。胶晶颗粒直径一般在几百个纳米至微米尺寸，而整体式的尺寸在毫米以上，多为厘米范围，故胶晶间隙的均匀和充分填充较难以实现。1997 年开始起步大量研究 3DOM 的制备，直至 2010 年左右，才开始有整体式 3DOM 的制备报道。3DOM 作为膜材料的研究更多一些，和整体式材料相比，膜厚度多为微米级，相对较容易实现均匀和充分地填充。

6.2.3　应用领域

3DOM 作为催化剂或催化剂载体，在 20 世纪 90 年代就有报道，如将 $SiW_{10}O_{36}$ 聚合物嵌于 3DOM-SiO_2 表面所得的催化剂对环辛烯的环氧化作用具有高活性。对于将正丁烷氧化为顺丁烯二酸酐，3DOM 的钒-磷氧化物的活性明显高于常规的钒-磷氧化物催化剂。孔径在几百个纳米（与可见光波长相近），规整单一的孔分布，使 3DOM 具有特殊的光学性质，用于光电子和光通信、过滤、分离、热阻或作为电池材料、膜材料等。这类材料一般比表面积（m^2/g）高，可达几百，单一分布的大孔。到目前为止，很多种氧化物和复合氧化物催化剂被制作成 3DOM 孔结构，用于诸多催化反应。

6.2.4　基础科学问题

对于模板法，存在的基础科学问题之一在于晶化过程的研究，以期减小缺陷和控制缺陷。问题之二在于新模板剂的探索，便于去除，取代现有模板。主要是模板与所制备物质前驱体之间的相互作用如润湿、键合等，以利于均匀和充分地填充以制备规则材料。问题之三在于模板的表面性质、表面基团的影响，它影响对填充物的润湿情况，同时也影响前驱体的固化过程。填充物与模板的相互作用是影响润湿以及制备过程的关键环节——填充的核心因素。另外，去模板时可能使 3DOM 的规整性和机械强度受影响。

第 7 章
其他制备方法

科学研究发展到现在,实用性很重要,即科学研究是为了实际应用。四百年前的牛顿时代,科学研究是为了认识自然世界;到了 20 世纪,爱因斯坦一代科学家之后,除了理论物理、部分生物学领域,科学研究的第一任务和主要目的就是实际应用。

催化剂的基础研究旨在阐明、揭示催化反应机理、催化剂构效关系,为开发可以实际应用的催化剂服务。催化剂制备技术就是要研发出可以实际应用的催化剂。催化剂制备方法很重要,它作为一门实用性很强的技术一直在发展,以后还会有若干新方法出现。前面介绍的几种方法在固体催化剂以及无机非金属材料制备和生产中广泛使用,属于基础性、常用的方法。此外,还有诸多固体催化剂制备方法,本章简要介绍另外几种应用较广泛的方法。

7.1 水热与溶剂热合成法

"水热"原本用于地质学中描述地壳中的水在温度和压力联合作用下的自然过程。早期的水热合成主要是模拟地质条件下的矿物合成,在特殊的密闭容器中,采用水溶液作为反应介质,通过对反应器进行加热,创造一种热、压反应环境,使得难溶或不溶的物质溶解并发生晶化或转晶反应。水热法受到关注及其广泛应用起始于分子筛的人工合成及相关的介孔和微孔物质制备,分子筛的发现在催化领域以至于无机非金属材料领域占有重要地位,水热则是分子筛合成的重要环节。所以关于水热法的研究比较多,于是对水热法的认识比较深入,从而拓展应用于诸多其他材料制备。

溶剂热法是在水热法基础上发展起来的,或者说溶剂热法是水热法的扩展,其基本原理与水热法相同,只是改用有机溶剂代替水作为热液中的反应介质,但它的反应条件比较温和,可以稳定亚稳相,制取新物质。有时二者会混合使用,并且分类方法也不易严格区分。

7.1.1　水热与溶剂热合成的特点

水热与溶剂热应用的反应主要有以下几种：

合成反应，通过数种组分在水热或溶剂热条件下直接化合或经中间态发生化合反应，可合成多种单晶或多晶材料；

热处理反应，利用水热或溶剂热条件处理一般晶体而得到具有特定性能晶体的反应，如人工氟石棉→人工氟云母；

转晶反应，利用水热与溶剂热条件下物质热力学和动力学稳定性差异进行的反应，如长石→高岭石；

离子交换反应，沸石阳离子交换、硬水的软化、长石中的离子交换等；

单晶培育，从籽晶培养大单晶；

脱水反应，在一定温度一定压力下物质脱水结晶的反应；

提取反应，从化合物或矿物中提取金属的反应，如重灰石中钨的水热提取；

晶化反应，在水热或溶剂热条件下，溶胶、凝胶等非晶物质的晶化反应会提速，利于大晶粒或单晶形成；

烧结反应，水热或溶剂热条件下易于实现烧结反应，如制备含有 OH^-、F^-、S^{2-} 等挥发性物质的陶瓷材料；

反应烧结，指在水热与溶剂热条件下同时进行化学反应和烧结反应，如氧化铝-氧化锆复合体的制备；

水热热压反应，在水热热压条件下，材料固化与复合材料的生成反应，如放射性废料处理等；

以及分解反应、氧化反应、沉淀反应、水解反应等。

与沉淀法、溶胶-凝胶法等其他湿化学方法相比，水热法主要的特点在于温度和压力，其操作温度范围在水的沸点和临界点（374℃）之间，通常采用 130～250℃，相应的水蒸气压力为 0.3～0.4MPa。与固相合成反应法相比，水热和溶剂热合成化学侧重于水和其他溶剂在热条件下特定化合物与材料的制备、合成与组装，即反应性不同，主要反映在反应机理上。固相反应机理主要以固相扩散为其特点，水热与溶剂热合成法可总结有如下特点：

由于在水热与溶剂热条件下反应物反应性能的改变、活性的提高，水热与溶剂热合成方法有可能代替固相反应以及难于进行的合成反应，并产生一系列新的合成方法。

由于在水热与溶剂热条件下中间态、介稳态以及特殊物相易于生成，因此能合成与开发一系列特种介稳结构、特种凝聚态的新合成产物。

能够使低熔点化合物、高蒸气压且不能在熔体中生成的物质、高温分解相在水热与溶剂热低温条件下晶化生成。

水热与溶剂热的低温、低压、溶液条件，有利于生成极少缺陷、取向好、完美的晶体，且合成产物结晶度高及易于控制产物晶体的粒度。

由于易于调节水热与溶剂热条件下的环境气氛，因而有利于低价态、中间态与特殊价态化合物的生成，并能均匀地进行掺杂。

7.1.2 反应介质的特点

（1）水的性质

在水热条件下，水具有不同于常温、常压的性质，其蒸气压变高，密度降低，表面张力下降，离子体积变大，特别是与水热反应有关的参数（如黏度、介电常数、膨胀系数等）发生了较大变化。水是离子反应的主要介质，以水为介质，在密闭加热条件下加热到沸点以上时，由于反应速率常数随温度增加呈指数增加，反应速率增大。因此在加压高温水热条件下，即使是在常温下不溶于水的矿物或其他有机物的反应，也能诱发离子反应或促进反应。水热反应加剧的主要原因是水的电离常数随水热反应温度的上升而增加。

水热反应条件下，水的性质如图 7-1 所示。

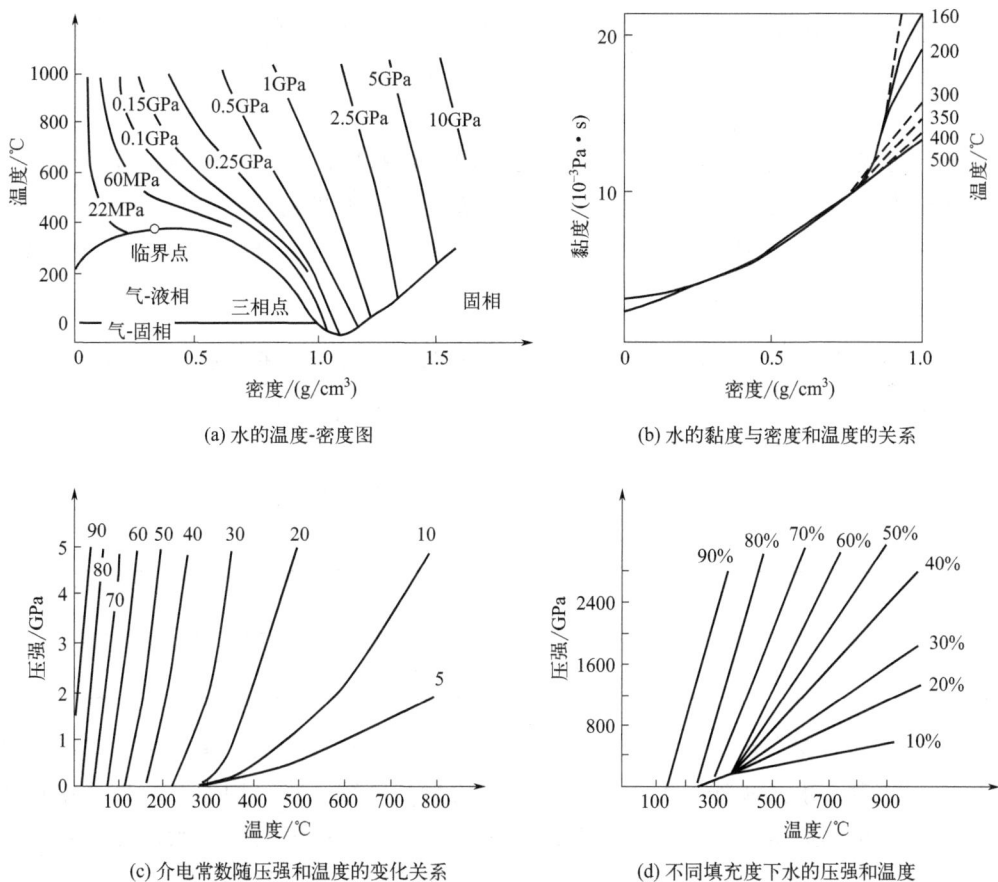

(a) 水的温度-密度图

(b) 水的黏度与密度和温度的关系

(c) 介电常数随压强和温度的变化关系

(d) 不同填充度下水的压强和温度

图 7-1　水热反应条件下水的性质

在 1000℃、15～20GPa 条件下，水的密度为 1.7～1.9g/cm³，若完全解离为 H_3O^+ 和 OH^-，则此时的 H_2O 几乎类同于熔融盐 ［图 7-1(a)］。在稀薄气体状态，水的黏度随温度的升高而增大，但被压缩成稠密液体状态时，其黏度随温度的升高而降低 ［图 7-1(b)］。在水的密度约为 0.8g/cm³ 时，水的黏度不因温度的改变而发生很大变化。假设水热溶液（如 1mol/L NaOH 或 NH₄F）的性质与水热条件下纯水的性质相似，水热体系的填充度为 100%，此时水热溶液的密度为 0.7～0.9g/cm³，在选用的水热反应温度 300～500℃ 时，水热溶液的黏度为 (9～14)×10⁻⁵Pa·s，与室温下水的黏度（1×10⁻³Pa·s）和 100℃、常压下水的黏度（3×10⁻⁴Pa·s）相比约低 2 个数量级。由于扩散与溶液的黏度成正比，在水热溶液中存在有效扩散，从而使水热晶体生长较其他水溶液晶体生长具有更高的生长速率，生长界面具有更窄的扩散区，减少出现过冷和枝晶生长的可能性等优点。

以水为溶剂时，在水热条件下水的介电常数随温度的升高而降低 ［图 7-1(c)］，将对水作为溶剂的能力和行为产生影响。水的介电常数降低，电解质就不能更有效地分解，但水溶液仍具有较高的导电性，这是由于水热条件下溶液的黏度下降，导致离子迁移加快，抵消或部分抵消了介电常数降低的效应。此外，温度越高或压力越低，水的压缩因子越小，压缩因子可用来确定溶液密度随压力改变而变化的程度。在水热条件下，水的热扩散系数较常温、常压有较大增加，具有更大的对流驱动力。

对于水热合成实验，水的压强-温度关系很重要 ［图 7-1(d)］。在工作条件下，压强大多数依赖于反应容器中原始溶剂的填充度，填充度通常在 50%～80% 为宜，此时压强 0.02～0.3GPa。表 7-1 给出了水热法常用温度、压力下水的介电常数、压缩因子以及热扩散系数。

表 7-1   水热法常用温度、压力下水的介电常数、压缩因子以及热扩散系数

温度/℃	25	300	300	350	400	450	500	500
压力/(×10⁵Pa)	常压	1750	703	1750	1750	1750	1750	703
介电常数	80	28	25				12	5
压缩因子	0.045	0.068	0.16		0.16			
热扩散系数/(m²/s)	0.25			1.2		1.9		

各种化合物在水热溶液中的溶解度是采用水热法进行合成、单晶生长时必须考虑的因素。由于水热法涉及的化合物在水中的溶解度都很小，因而常在体系中加入矿化剂。矿化剂通常是一类在水中的溶解度随温度的升高而持续增大的化合物，如一些低熔点的盐、酸及碱等。加入矿化剂不仅可以提高溶质在水热溶液中的溶解度，而且可以改变溶解度随温度的变化状况。溶解度随温度的变化与矿化剂种类及

其浓度有关。如 $CaMnO_4$ 在纯水中的溶解度在 $100 \sim 400℃$ 随温度的升高而减小，但加入高浓度的 $NaCl$、KCl 盐后，其溶解度不仅提高一个数量级且随温度的升高而增大。

高温高压下水的作用可归纳为以下几点：作为化学组分参与反应，作为反应和重排的促进剂，作为压力传递介质，作为溶剂，作为低熔点物质，提高物质的溶解度。

（2）有机溶剂的性质

在有机溶剂中进行合成，溶剂种类繁多，性质差异很大，为合成提供了更多选择机会。溶剂不仅为反应提供了反应场所，而且会使反应物溶解或部分溶解，生成溶剂合物，溶剂化过程会影响化学反应速率。在合成体系中会影响反应物活性物种在液相中的浓度、解离程度及聚合态分布等，从而改变反应历程。反应溶剂的溶剂化性质的最主要参数为溶剂极性，定义为所有与溶剂-溶质相互作用有关的分子性质的综合（如库仑力、诱导力、色散力、氢键、电荷迁移力等）。常用的溶剂有甲醇、乙醇、乙二醇、二乙胺、三乙胺、苯、甲苯、二甲苯、苯酚、吡啶、四氯化碳、甲酸等。

7.1.3 反应机理

对于水热反应机理，人们提出了不同理论。根据经典的晶体生长理论，水热条件下晶体生长包括前驱物在水热介质中溶解，以离子、分子团的形式进入溶液（溶解阶段）；由于体系中存在十分有效的热对流以及溶解区和生长区之间的浓度差，将这些离子、分子或离子团输送到生长区（输送阶段）；离子、分子或离子团在生长界面上吸附、分解或脱附；吸附物质在界面上运动；产生结晶。

水热条件下生长的晶体晶面发育完整性及晶体的结晶形貌与生长条件密切相关，同种晶体在不同水热条件下可能会产生不同的结晶形貌，为此人们提出了"生长基元"理论模型。该理论模型认为，在上述输送阶段，溶解进入溶液的离子、分子或离子团之间发生反应，形成具有一定几何构型的聚合体——生长基元。生长基元的大小和结构与水热反应条件有关。在一个水热反应体系中，同时存在着多种形式的生长基元，它们之间建立起动态平衡，某种生长基元越稳定，其在体系中出现的概率也越大。在界面上叠合的生长基元必须满足晶面取向的要求，而生长基元在界面上叠合的难易程度决定了该面簇的生长速率。从结晶学观点考虑，生长基元中的正离子与满足一定配位要求的负离子相联结，因此又被称为"负离子配位多面体生长基元"。生长基元模型将晶体的结晶形貌、结构和生长条件有机统一起来，较好地解释了许多实验现象。

7.1.4　水热与溶剂热工艺

水热与溶剂热合成主要需要反应釜等反应容器及反应控制系统。要求反应釜耐高温高压、密封性好、机械强度大、耐腐蚀等，通常采用以聚四氟乙烯为内衬的不锈钢反应釜。在合成中，反应混合物占密闭反应釜空间的体积分数一般为 $60\% \sim 80\%$，可保持反应物处于液相传质的反应状态，同时又能防止填充过高而使反应系统的压力超出安全范围。在水热反应中，压力的作用是通过分子间碰撞的机会而加快反应速率，可促进晶相转变。

一般地，水热与溶剂热合成试验的工艺决定于产品研制目的，大致为选择所需反应物料，确定反应配方，摸索并决定加料顺序并混料搅拌，装入反应釜并密釜，确定反应工艺条件（如温度、压力、反应时间等），进行反应，冷却、开釜取样，过滤、干燥、产品分析等。图 7-2 给出了水热与溶剂热法制备粉状产品的典型工艺过程。

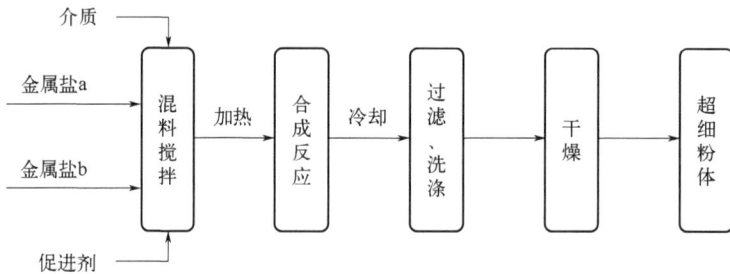

图 7-2　水热与溶剂热法制备粉状产品的典型工艺过程

7.1.5　水热法合成分子筛

水热法合成分子筛是制备分子筛最广的一类方法，它模拟天然沸石矿物生成的一种合成方法，分为静态合成和动态合成。静态合成是指在合成过程中，合成胶液处于静止状态，一般合成时间较长，适合于实验合成；动态合成即在合成过程中使胶液处于外力扰动状态如搅拌，合成时间一般较短，适合于规模化合成或工业生产。

合成分子筛所用主要原料包括含硅化合物、含铝化合物、碱和水。含硅化合物包括水玻璃、硅酸、硅溶胶、卤化硅烷及无定形硅石等；含铝化合物包括各种氧化铝水合物、偏铝酸钠、异丙醇铝及铝盐等；所用碱有 Na_2O、K_2O、Li_2O、CaO 及 SrO 等。沸石分子筛的生成与所用硅源、铝源、体系 pH 值等有很大关系，原因在于 Si、Al 源不同，pH 不同，硅酸盐、铝酸根离子的存在状态及其分布也不同。

通常，采用水热法制备分子筛的主要过程包括原料配制、成胶、晶化、洗涤、离子交换、成型、活化等步骤。随着分子筛用途快速发展及合成技术的进步，其合成方法也在不断改进。影响分子筛生产质量的主要因素有很多，主要包括硅铝比、碱度、温度、晶化时间、搅拌速度、洗涤水温度、交换温度与交换液浓度等。下面以 ZSM-5 分子筛的合成为例，具体讨论水热法合成的工艺。

ZSM 分子筛是美国 Mobil 公司研发的一系列高硅沸石分子筛，其中研究及应用最广的是以有机胺为模板剂制得的 ZSM-5 分子筛，以氧化物摩尔比表示的化学组成为 $(0.9 \pm 0.2) M_{2/n} \cdot Al_2O_3 \cdot (5 \sim 100) SiO_2 \cdot (0 \sim 40) H_2O$，其中 M 为 Na^+ 和有机胺离子，n 为阳离子的价数。ZSM-5 分子筛用作催化剂主要用于炼油（催化脱蜡、催化裂化、催化重整、烷基化、异构化、脱氢及芳构化等）、石油化工（苯与乙烯烃化生产乙苯、甲苯歧化制苯与二甲苯、二甲苯异构化、甲苯与甲醇甲基化生产对二甲苯等）、天然气及合成气工业（甲醇脱水制二甲醚、甲醇催化制烯烃、芳烃、甲醇制汽油、合成气制汽油等）。ZSM-5 分子筛均来自人工合成，没有相应的天然品种。采用水热法有胺合成 ZSM-5 的具体工艺如下所述。

(1) 原料配制

所用原料为水玻璃、硫酸铝、硫酸、氢氧化钠、正丙胺（模板剂）、水等。将上述原料配制成 A 溶液（水玻璃＋氢氧化钠＋正丙胺＋水）和 B 溶液（硫酸铝＋硫酸＋水），其中 $OH^-/SiO_2 = 0.20 \sim 0.75$；$SiO_2/Al_2O_3 = 10 \sim 60$；$H_2O/OH^- = 10 \sim 300$；$R_4N^+/(R_4N^+ + Na^+) = 0.4 \sim 0.9$，其中 R 为正丙基。

(2) 成胶

在快速搅拌下，将 B 溶液加入 A 溶液中，并加入晶种搅匀，形成胶体溶液。

(3) 晶化

将胶体溶液移至高压釜中，150℃，40～60h 晶化，然后待冷却至室温后，过滤，滤饼用去离子水洗涤 3～5 次，干燥后得到 Na 型 ZSM-5 粉体（含有正丙胺模板剂）。

(4) 离子交换

由于晶化得到的粉体含有模板剂，将粉体在流动氮气中于 300℃ 左右焙烧除去模板剂，在此过程中，有机阳离子的分解会导致分子筛上质子位的生成。脱除模板剂后，就可进行离子交换，通常采用常压水溶液法。由于 ZSM-5 分子筛具有能与许多阳离子交换的性质，通过交换改变其孔道大小以适应各种化学反应的要求。制备氢型分子筛（HZSM-5）时，用 NH_4NO_3（0.1～1mol/L），室温至 100℃，交换 10min 至数小时，交换后再分散脱除 NH_3 即可得到 H^+，形成 HZSM-5。离子交换完成后，还要进行高温焙烧除去其中的阴离子，一般需要多次交换与多次焙烧的方法才能达到要求的交换度。工业用分子筛，很多是用多次离子交换和多次焙烧的方法制备的。

（5）成型

ZSM-5 分子筛本身黏结性较差，挤出成型时需加入黏结剂（如一水氧化铝、硅铝胶等）、助挤剂（乙酸、有机聚合物等）等，其比例根据反应要求而定。

（6）焙烧

成型后的 ZSM-5 条状物先经真空干燥后再在惰性气氛（如 N_2）中 550℃下焙烧，即可得到所要求的催化剂。

7.2 微乳液法

Schulman 和 Friend 于 20 世纪 40 年代提出微乳液的概念，有一种观点认为汽油中掺入适量的水可以提高其燃烧效率，于是开发利用微乳液技术往汽油中乳化掺水以及其他的油相和水相混合技术。由微乳液技术制备催化剂和纳米粒子的思想则分别于 20 世纪 70 年代和 80 年代提出。这里所说的微乳液是指水相和有机相的水-油两相均匀稳定的共存体系。

7.2.1 微乳液

微乳液的构成包括水、油、表面活性剂及助表面活性剂，分为两种类型，其一是油包水（W/O），称为反胶束，大小为 10～100nm 的水滴分散在油相中；其二是水包油（O/W），大小为 10～100nm 的油滴分散在水中。表面活性剂的一端亲油疏水，另一端亲水疏油，分散于水/油两相界面。表面活性剂用量和种类决定油滴或水滴大小和界面性质。在宏观上，微乳液是均匀的液相，类似于溶液，液滴小且均匀分散。从微观分子角度来看，微乳液是多相，即水相和油相，它是一个热力学稳定体系。微乳液的构成与油水比密切相关，水含量高时，即水包油；随着油含量提高，形成均匀的两相共存，油含量高时即油包水。用来制备纳米粒子的主要是 W/O 体系，由于是在纳米尺寸的水滴中进行化学反应，有人称之为"纳米反应器"。

温度对是否能形成微乳液有显著影响，高温将破坏油滴，低温将破坏水滴，微乳液存在的温度范围之外则两相分层存在（图 7-3）。对于非离子表面活性剂，温度影响更显著。

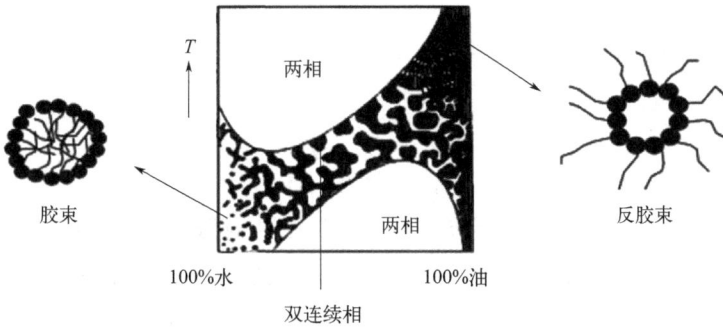

图 7-3　在一定的表面活性剂浓度下，微乳液形式随温度和水浓度的变化示意

7.2.2　微乳液法制备纳米粒子

在 W/O 中，水滴中溶解所制备纳米粒子的组分，通过以下途径之一可以制得纳米粒子：采用混合两种微乳液，其中一种微乳液的水滴中含有所制备的纳米粒子的组分，另一种微乳液中含有沉淀剂组分。混合后，两种水滴碰撞、合并生成沉淀胶粒，如图 7-4(a) 所示。或者直接向 W/O 中加入沉淀剂，W/O 的水滴中含可被沉淀的纳米粒子组分，如图 7-4(b) 所示。

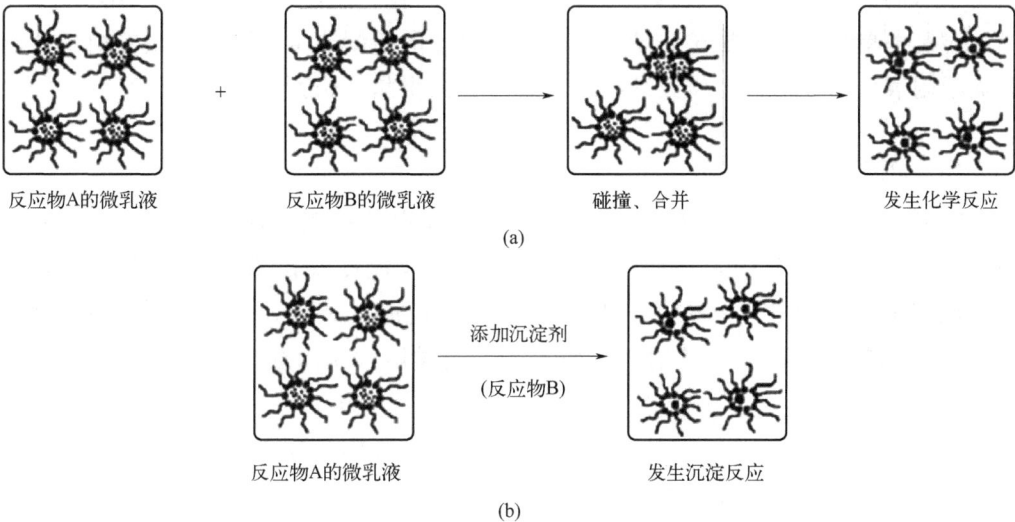

图 7-4　利用微乳液制备纳米粒子的两种方式

此外，还可以采用超临界 CO_2 流体代替油相包裹水滴，形成反胶束。将超临界微乳液喷入还原剂中，制备金属纳米粒子。如水滴中溶解有 $AgNO_3$，它被包裹于含全氟聚醚的羧酸盐（起到表面活性剂的作用）的超临界 CO_2 介质中，将其喷入硼氢化钠溶液，硼氢化钠还原银离子制备 Ag 纳米粒子。

7.2.3　影响粒径大小的因素

（1）水滴大小

由于沉淀等反应在水滴内发生，水滴大小对纳米粒子尺寸影响显著。水滴大小受水/表面活性剂比例（ω）的影响，表面活性剂浓度一定时，增大 ω 将增大平均水滴尺寸。例如，表面活性剂为 2-乙基己基琥珀酸酯磺酸钠，在水和环己胺中制备铜纳米粒子时，当 ω 从 1 增加到 10，Cu 纳米粒子尺寸从 2nm 增大到 10nm。

（2）表面活性剂浓度

水油比固定时，增大表面活性剂用量将增加水滴数目，减小水滴大小，因此每个水滴内的组分含量减小，得到的纳米粒子尺寸将减小。但水滴尺寸的大小与所得纳米粒子的大小并非成正比。例如，当每个水滴中含 5 个 $[PtCl_6]^{2-}$ 时，在戊乙二醇、十二烷基醚、正己烷和水构成的微乳液中，其中戊乙二醇和十二烷基醚稳定水油界面，正己烷是有机溶剂，制得的纳米粒子中含 Pt 原子数目为 100～1500，说明最终的纳米粒子不是在单个水滴内形成。

水滴内形成晶核，水滴大小控制着晶核的大小，水滴相互碰撞导致晶粒长大。吸附于水滴或晶核表面的表面活性剂可以阻碍晶粒长大，表面活性剂影响界面性质，对制备单分散纳米粒子和最终纳米粒子尺寸的控制非常重要。形成的纳米粒子表面吸附表面活性剂，阻碍其继续聚集长大，减小晶粒长大速度。

（3）沉淀剂和还原剂

微乳液法制备纳米金属颗粒是将 W/O 水滴中的过渡金属化合物或金属离子还原为金属。该过程中，还原速度快则晶核形成速度快，晶粒长大速度相对较慢，制得的纳米粒子尺寸较小。与以氢气作为还原剂相比，肼的还原速度更快，以其为还原剂可制得更小的纳米金属粒子。同样增大肼的浓度也将减小纳米粒子的尺寸。

表面活性剂性质、还原剂性质和浓度、金属前驱体、溶剂等均对纳米粒子尺寸有影响，影响晶核生成和长大速度。

7.2.4　微乳液法制备催化剂示例

这里以制备负载型催化剂举例。将载体颗粒和另一种溶剂如四氢呋喃（THF）加入微乳液中，THF 将打破微乳液的平衡，生成纳米粒子沉淀。THF 与原表面活性剂竞争，代替原表面活性剂吸附于沉淀的纳米粒子表面，表面吸附 THF 的纳米粒子与载体表面结合，实现负载。THF 容易吸附于所选择的载体表面，即 THF 可以一边吸附沉淀的纳米粒子，另一边吸附载体。实现这样的负载要求沉淀的纳米粒子能够均匀分散于液相介质中，被表面活性剂包裹的纳米粒子与载体表面有较强的相互作用。

　　微乳液法制备催化剂在 20 世纪 80 年代初开始就有大量的报道，现在微乳液已经属于一种常用的催化剂制备技术。图 7-5 给出了分别以微乳液和常规浸渍法制备的催化剂上，甲苯燃烧的转化率与温度的关系。以微乳液制备的催化剂明显具有较高的活性。

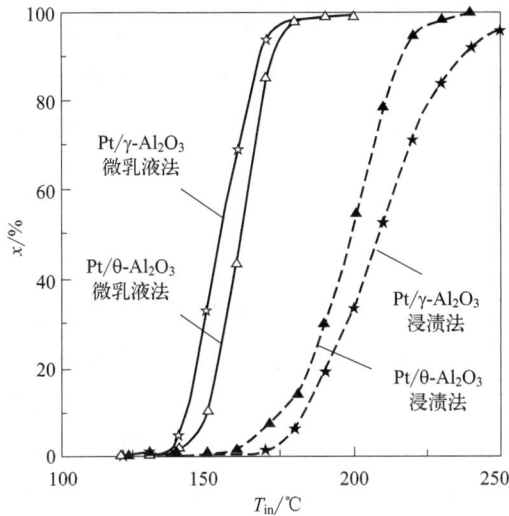

图 7-5　甲苯燃烧转化率与温度的关系

7.2.5　微乳液技术的特点

　　采用微乳液技术制备催化剂，所得纳米金属粒子在微乳液中直接被还原，用作催化剂时，不需要其他热处理。纳米粒子的粒径分布窄，且粒径可以控制，如图 7-6 所示。可在室温制备双金属颗粒，制备金属纳米粒子时不存在载体的影响。

　　但微乳液制备催化剂还需解决一些问题，微乳液法制备催化剂单程产量低，液相介质的回收和再利用难，所制得的纳米粒子与液相的分离困难，若以煅烧去掉纳米粒子表面的表面活性剂，则可能引起烧结。

7.2.6　微乳液技术结合模板法制备组合孔结构催化剂载体

　　将微乳液方法和模板方法结合起来，可以制备多级孔材料。如图 7-7 所示，制

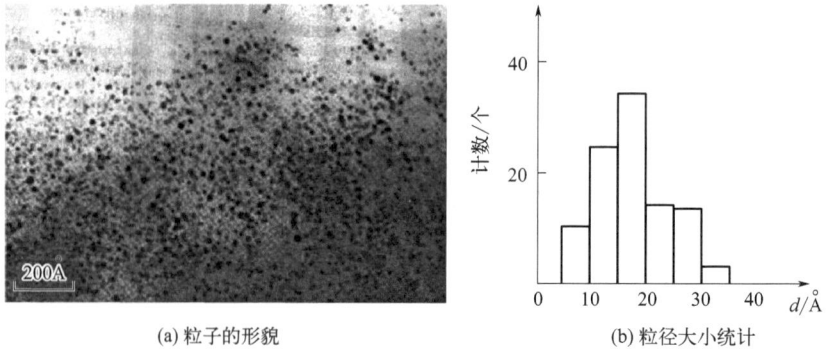

(a) 粒子的形貌   (b) 粒径大小统计

图 7-6   利用微乳液技术所得 2% Pt/Al$_2$O$_3$ 催化剂中

Pt 纳米粒子的形貌及粒径大小统计

备浓的 W/O 微乳液，有机相中溶有苯乙烯，在适当条件下使苯乙烯聚合，然后去掉微球状的水，得到泡沫状聚苯乙烯整体式，该有机大孔整体式材料作为制备大孔氧化物的模板。在聚苯乙烯（PS）模板的制备过程中，水作为分散相，逐滴加入连续相——苯乙烯和二乙烯基苯（DVB）的混合溶液中，并有表面活性剂 Span 80 位于分散相和连续相的界面。当分散相的容积率（φ）增加到 74.05% 时，形成乳状液的分散相含量高，分散相水滴密堆积；再提高容积率，则水滴之间相互挤压，变成多面体形状，相应的连续相以液膜形式存在。这时，调变条件使得聚合反应发生，苯乙烯聚合为聚苯乙烯，经过聚合和干燥即可得到模板，同时会伴随一些表面活性剂残留/吸附在模板表面。聚苯乙烯是固体，泡沫状的大孔材料，原来水滴中的水离开后形成大孔，这里水是形成大孔的模板。大孔的尺寸可以在几百个纳米至几十个微米范围调变。

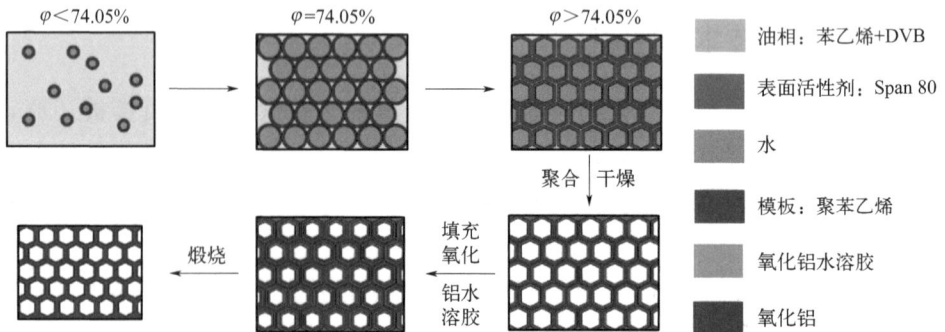

图 7-7   微乳液-介孔-大孔技术的结合制备多级孔材料流程示意

以泡沫聚苯乙烯，即大孔聚苯乙烯整体式为模板，填充所制备材料的前驱体，例如将氢氧化铝的水溶胶填充进入该大孔中。大孔模板表面残留的部分表面活性剂亲水端向外（疏水端与有机相的聚苯乙烯相连），可吸附氢氧化铝胶粒，有利于润湿。再经干燥、煅烧去除聚苯乙烯模板后，即得到大孔氧化铝。

实际制备大孔材料过程中，该填充-干燥过程需要进行多次，以获得具有足够厚度和机械强度的大孔孔壁。该过程与三维有序大孔材料的制备类似，只是模板使用了 PS 泡沫而不是胶晶，PS 泡沫的孔更容易调控。

在介孔材料制备过程中，氢氧化铝胶粒可以和表面活性剂自组装为无机-有机相的胶束棒，胶束棒可以结合为"液晶"，该分散体系属于溶胶或凝胶。将这样的溶胶或凝胶填充于整体式聚苯乙烯泡沫的大孔内，经过干燥、煅烧去掉聚苯乙烯和表面活性剂等模板，可得到介孔-大孔整体式的氧化铝，就是介孔氧化铝构成大孔的孔壁。该工艺将微乳液、大孔和介孔材料制备结合起来，制备出多级孔结构又称为组合孔结构的氧化铝。

如果分子筛构成大孔的孔壁则得到微孔-大孔的组合孔结构材料，分子筛构成介孔材料的孔壁则获得微孔-介孔的组合孔结构材料，三者组合则可以制备微孔-介孔-大孔的组合孔结构材料。微孔和介孔具有高比表面积，大孔则利于传质，组合孔结构催化剂往往具有更高的催化效率。组合孔结构催化剂的设计与制备很有实用价值，期待研发对应的制备技术。

实际上催化剂孔结构的设计和实现对所设计的孔结构催化剂的制备是催化领域的重要课题。介孔材料、大孔材料应用潜力巨大，但同时存在诸多科学和技术问题有待澄清，更期望发展出可以灵活调控催化剂孔结构、物理/化学结构的制备技术。

7.3　超临界流体在催化剂制备中的应用

7.3.1　超临界流体的特点

每种气体都有一个特定温度，在此温度以上，不论施加多大压力都不能使该气体液化，该温度称为临界温度，使该气体在临界温度条件下液化所需要的压力为临界压力。当一个体系的温度和压力分别高于临界温度和临界压力时，该体系处于超临界区域。在超临界状态下，物质以一种既非液体也非气体，但兼具气、液性质的超临界流体（SCF）形式存在。

SCF 的性质与低于临界温度和临界压力下的气体和液体的性质不同，其密度比气体大数百倍，与液体相当；其黏度与气体相当，与液体相比要小两个数量级，扩散系数介于气体和液体之间，约为气体的 1/100，比液体的要大数百倍，因而 SCF 兼具气体和液体的性质（表 7-2）。在临界点附近，压力和温度的微小变化都可以引起 SCF 密度很大的变化并表现为溶解度的变化，因此超临界技术可广泛用于抽提、萃取等过程，利用 SCF 的特性还可将溶入的溶质分离进而达到干燥的目的。常用溶剂的临界条件如表 7-3 所示。

表 7-2　气体、液体及超临界流体的相关性质

性质	气体 101.325kPa，15~30℃	超临界流体		液体 15~30℃
		T_c, p_c	$T_c, 4p_c$	
密度/(g/cm³)	$(0.6~2) \times 10^{-3}$	0.2~0.5	0.4~0.9	0.6~1.6
黏度/(Pa·s)	$(1~3) \times 10^{-5}$	$(1~3) \times 10^{-5}$	$(3~9) \times 10^{-5}$	$(0.2~3) \times 10^{-3}$
扩散系数/(cm²/s)	0.1~0.4	0.7×10^{-3}	0.2×10^{-5}	$(0.2~3) \times 10^{-3}$

表 7-3　常用超临界介质的临界温度（T_c）和临界压力（p_c）

溶剂	T_c/℃	p_c/MPa	溶剂	T_c/℃	p_c/MPa
甲醇	239	7.9	乙醚	192	3.6
乙醇	243	6.3	丙酮	235	4.6
丙醇	265	5.1	水	375	22.0
丁醇	290	4.3	CO_2	31	7.4

　　基于超临界流体的上述特性，已经有诸多应用。超临界水对有机物具有强的溶解能力并能溶解氧气，并且在超临界水中的反应速率很快（传质易），故超临界水可能用于处理垃圾——将有机垃圾氧化为水和 CO_2。作为溶剂，超临界水中转化生物质，将纤维素变为相对较低碳数的碳氢化合物。利用超临界流体强的溶解能力可以萃取，例如超临界 CO_2 从植物中萃取出营养价值高的有机物作为保健品。

　　溶于超临界流体中的溶质分子与超临界流体的分子可能产生"超强相互作用"，导致溶入超临界流体的溶质分子有很大的负偏摩尔体积。以乙醇溶于水说明偏摩尔体积。1mol 乙醇溶入无限大量的水中所引起的体积增加值为乙醇溶于水的偏摩尔体积，一般来说偏摩尔体积是正值。因为溶质分子与超临界流体介质分子产生"超强相互作用"，溶质分子与溶剂分子相互作用聚在一起，局部浓度/密度提高，导致体系体积降低，于是超临界流体对一些物质会呈现负的偏摩尔体积。超强相互作用会引起超临界流体分子围绕溶质的局部浓度增加，它既不是通常的化学键也不是范德华力；SCF 的超强相互作用尚无简单的定义。

　　超临界流体的特性也可以用于催化反应。可以利用其强溶解能力消除积碳，即将积碳溶解并带离催化剂表面。利用"超强相互作用"打破热力学平衡，反应产物分子被超临界流体分子包围，不能吸附于催化剂表面，从而抑制了逆反应的发生。

7.3.2　超临界干燥

　　20 世纪 30 年代，研究人员提出了超临界干燥法（SCD）用于对沉淀的干燥。

对于水溶液中形成的凝胶或一般的沉淀，用乙醇等交换凝胶或沉淀孔内的水，然后进行超临界干燥。但该过程耗时长，不能连续生产，当时未受到充分重视。20世纪 80 年代，醇盐水解的溶胶-凝胶法开始广泛研究，超临界干燥才开始受到关注。

超临界干燥技术是利用液体的超临界现象，即在临界点以上，气、液界面消失，避免液体的表面张力。这是因为液体的表面张力与温度有如下关系：

$$\gamma = k\, \frac{T_c - T - 6.0}{\sqrt{\overline{V}_m^2}} \tag{7-1}$$

式中，$\overline{V}_m$ 为液体的摩尔体积；T_c 为临界温度；k 为常数，非极性液体的 k 约为 2.2×10^{-7} J/K。当温度接近 T_c 时，γ 趋于零，气、液界面即行消失。

图 7-8 为典型的单元相超临界流体干燥过程示意。当温度、压强大于临界点的温度、压强时，气、液界面消失，原流体变为超临界流体。流体达到超临界状态有两种途径。一是为防止凝胶内流体蒸发，先用惰性气体加压使压强从 A 点升至 A' 点，再使温度从 A' 点升至 B 点达到超临界状态。二是向装有凝胶的高压釜内加入与凝胶孔内相同的流体，加热使温度从 A 点升至 B 点达到超临界状态。达到超临界状态后，将系统恒温减压，排出溶剂蒸气，减压至常压 D 点后可降温至室温，从而能获得结构稳定、粒径分布窄的超微颗粒。

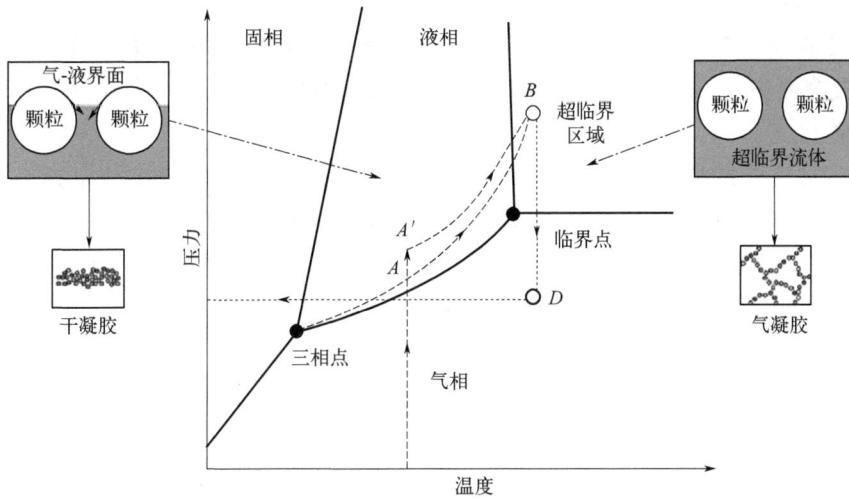

图 7-8　凝胶干燥原理示意，在两相介质（气-液）和单相介质（超临界流体）中分别得到干凝胶和气凝胶

在此过程中，影响凝胶微观结构的因素包括干燥介质、夹带剂、升温速率、超临界温度和压力、蒸气排放速率等，其中升温速率和蒸气排放速率的影响最大。

干燥过程中存在的关键问题是液气界面的表面张力使颗粒严重聚集，比表面积降低，孔径和孔容变小。在超临界状态下，不存在气-液界面，表面张力趋于零，故 SCD 法可能保持凝胶的微观结构，得到高比表面积、大孔径和大孔容的材料。而常规干燥由于表面张力的巨大拉力，原来凝胶的大孔严重收缩，得到干凝胶，如图 7-8 所示。

近年来，气凝胶的研究非常活跃，其比表面积高、孔容高、孔径大（一般为介孔）；由纳米粒子连接而成的网状框架结构，具有纳米粒子的特性（如高的表面能、表面悬空键、纳米粒子的尺寸效应和体积效应等），可能制备成整体式。作为分离材料、绝热材料、高效催化剂及催化剂载体、气体及生物传感器、低介电常数材料和电极材料等，显示了巨大的应用潜力，正在走入实际应用。

7.3.3　超临界流体制备超细粒子

超临界流体制备纳米材料，主要分为两类：利用超临界流体的物理性质（如减压导致溶解度的迅速降低等）制备纳米材料。以超临界流体为介质（类似溶剂），在其中进行化学反应，由于形成晶核速度很快，通过反应条件调控成核速度和晶核长大速度，也可以制备纳米材料。后者在此不作介绍。

① 超临界流体的快速膨胀法（RESS）。SCF 为溶剂，溶有溶质；快速减压，溶质迅速形成晶核/晶粒，晶粒即为超细粒子。快速减压则 SCF 立即变为气体，原 SCF 的特性消失，不能溶解原溶质，于是结晶，由于温度较高，可能伴随分解反应等。快速降压，可以将高压的流体喷到常压容器里。

② 超临界反溶剂法（SAS）。将超临界流体（如 CO_2 SCF）快速溶解于溶有溶质的有机溶液中，形成新的溶液或流体不能溶解原溶质，故原溶质迅速结晶析出形成超细粒子。

③ 气体饱和的溶液快速膨胀法（PGSS）。溶有高压气体的溶液迅速膨胀（减压），溶液中含有溶质、纳米粒子或熔化了的固体。对于溶质类似于上面的 RESS，对于纳米粒子和熔化了的固体类似于 SCD 或快速干燥。

图 7-9 是以 RESS 制备超细粒子的流程示意。超临界流体快速膨胀，伴随分解

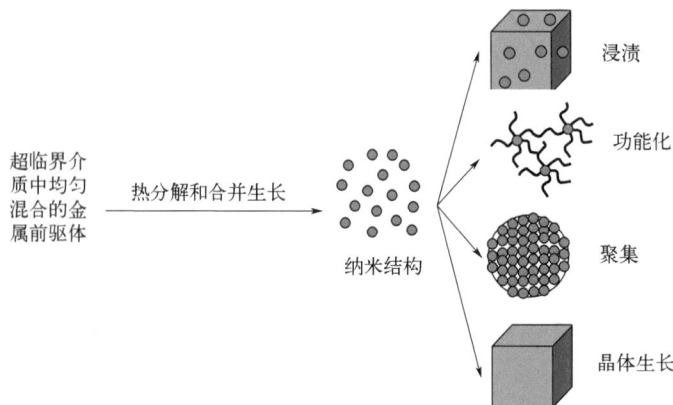

图 7-9　超临界流体的快速膨胀法（RESS）制备超细粒子示意

反应，分解产物的微粒聚集长大为纳米粒子，该纳米粒子可以长大为大的晶粒。小的纳米晶粒聚集为较大的颗粒（二次粒子），在纳米或微米尺度。纳米粒子被表面活性剂或其他有机大分子稳定，通过包裹纳米粒子（或者通过表面改性）消除或削弱纳米粒子表面之间的亲和力，甚至通过改性使表面相斥等手段，保持纳米粒子的粒度。也可以沉积于多孔材料表面，形成膜或负载型催化剂。

第8章
催化剂热处理

由前述的沉淀法或浸渍法得到的沉淀或浸渍了活性组分的载体需要经过热处理，溶胶-凝胶法、模板法也离不开热处理，包括干燥去除水或其他溶剂、煅烧以发生分解和固相等反应、还原将金属氧化物转化为金属等。

8.1 干燥

若无特别说明，干燥一般指在 $60\sim200℃$ 的空气中进行的热处理，主要发生物理变化，影响催化剂的织构，如孔结构、颗粒粒度等。

在催化剂生产中，经过过滤所得沉淀物、各种成型方法制得的载体、用浸渍法制备的催化剂等，都含有不同程度的水分及其他活性组分、助剂等。在催化剂活化或使用前都需要进行干燥。对于催化剂或载体的干燥，除了脱水以外，尚存在活性组分的再分配、细孔结构的收缩及聚集等过程。干燥是催化剂制备的一个重要操作步骤。

8.1.1 物料与水分的结合形式

催化剂或载体多数是一些多孔性材料，其内部结构十分复杂。由于制备条件不同，物料中所含水分可能是水溶液或纯液态。根据水分在物料中的结合状态及位置不同，可分为化学结合水、物化结合水及机械结合水。

（1）化学结合水

参与粉体物料结晶的水分，即晶态水合物中存在的水，又称为结晶水，如天然气水合物（可燃冰，$CH_4 \cdot nH_2O$）中的骨架水，钾明矾 $[KAl(SO_4)_2 \cdot 12H_2O]$ 中的配位水，前述氢氧化铝胶粒中的结合水（以羟基形式和铝离子结合），$CuSO_4 \cdot 5H_2O$ 中的结构水，沸石水，层间水等。通常，结构水的结合形式最牢固，排出时需要较高的温度。

（2）物化结合水

物化结合水又称吸附水，指依靠催化剂或载体中的粉体颗粒的分子间引力（范德华力）和质点间毛细结构形成的毛细管力，存在于物料颗粒表面或微毛细管（直径小于 $0.1\mu m$ 的毛细管）中的水分。物料越细或成型时黏合剂用量越多，分散度越大，则所吸附水量越多。这种水分在干燥过程中可以借对固体的润湿作用转移/迁移到物料表面。

（3）机械结合水

机械结合水又称自由水，指附着在物料表面的水分或分布于颗粒之间较大空隙中，靠内聚力与物料松散结合。这种水分易于排出，并在排出过程中由于颗粒相互靠拢而发生收缩。

8.1.2 干燥过程及其变化

干燥过程中一般仅发生物理变化，以水为溶剂的物料，干燥以排除水分为主。排出水分的多少与快慢、湿料的温度变化及干燥介质的温度变化等情况，可用干燥过程曲线描述，如图 8-1 所示。全部干燥过程可分为以下几个阶段。

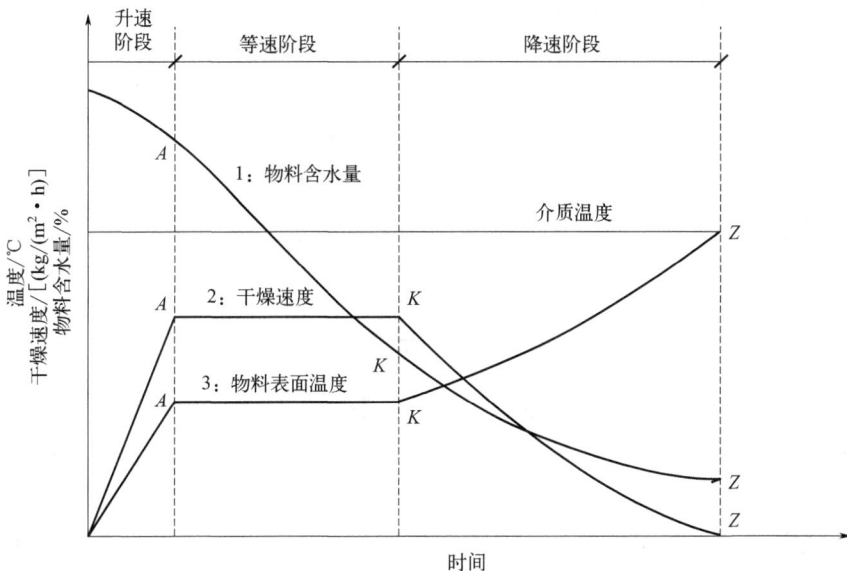

图 8-1　干燥过程示意

（1）升速阶段

随着干燥时间增加，干燥速度逐渐加快，直至最大值（点 A）。同时，物料的温度也逐渐由起始温度（或常温）升高到某一数值，并与点 A 相对应。这一阶段的时间长短取决于物料厚度，厚度越大，时间越长。由于升速阶段时间较短，此阶段排水量不是很多。

（2）等速阶段

当物料所吸收的热量与蒸发消耗的热量达到平衡时，物料的湿度不再升高，而进入等速干燥阶段。在此阶段，物料内部水分能顺畅地移向表面，使表面的蒸发过程连续进行。该阶段的主要特征在于物料温度保持恒定，干燥速度固定不变。同时，随着物料水分的不断排出，孔结构开始形成，而对于湿滤饼成型的湿颗粒，骨架会有所收缩。这一阶段也称为外部条件控制过程，这是因为干燥速度快慢是由外部可控的因素如温度、干燥介质的流速、流量、湿度及搅拌状态等决定。

（3）降速阶段

干燥过程中，由等速干燥阶段进入降速干燥阶段的转折点（K 点），称为临界点。进入降速干燥阶段后，滤饼或湿颗粒中的粉体粒子已相互接触、靠拢，使形成的间隙孔道更加窄小，以致增大了内部水分向表面扩散、渗透的阻力，并制约了表面蒸发的正常进行，造成蒸发水量减少。这一阶段的主要特征在于干燥速度随时间增加而不断下降直至终止，物料温度逐渐升高。

临界点（气液界面的表面张力引起的收缩力与颗粒之间的排斥力相平衡）是干燥过程的重要转折点，达到此点后，物料不再因水分蒸发而产生收缩或只有微小收缩。再继续干燥时，仅使得空隙中的水分离开形成孔隙。当物料与介质的热交换达到平衡时的状态点（Z 点）时，物料水分达到平衡水分时，干燥速度降为零。此时物料与周围介质达到平衡状态。平衡水分的多少取决于物料本身的性质和周围介质的温度与湿度，此时物料中的水分称为干燥最终水分。

8.1.3　干燥对多孔性物料孔结构的影响

多孔性物料（如湿凝胶）大都含有复杂的胶粒连接而成的网络结构，结构中孔道相互连接，在干燥初期，凝胶结构中含有大量的结合水。凝胶常规干燥后，水被蒸发形成孔，凝胶粒子构成的骨架为孔壁。在干燥过程中，会发生大幅度收缩，原来的网状或框架结构塌陷，孔径、孔容显著降低，比表面积下降，干燥得到机械强度较高的固体称之为干凝胶。

如图 8-2 所示，凝胶孔内的水蒸发后，将形成气液界面，该界面对应的表面张力所形成的压强很大，可达几百个大气压，该压力导致网状或框架结构的塌陷。界面张力的作用方向是减小界面的比表面积以降低表面能，即将胶粒拉在一起的方向，如图 8-2 中箭头所示。

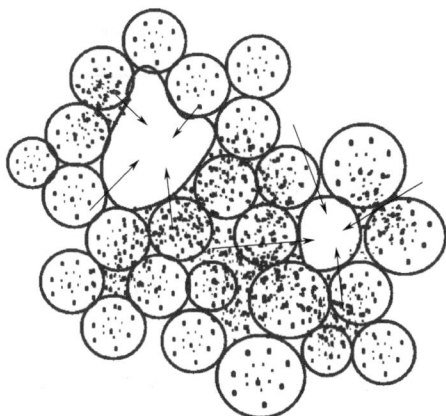

图 8-2　干燥形成气液界面及表面张力的方向

下面分析一下多孔凝胶干燥过程中的水分迁移。凝胶经过滤或离心分离后，形成果冻状团聚体，随着干燥时间的延长，团聚体外表面水先被蒸发，团聚体收缩，孔口处形成弯月面。大孔内的水开始被蒸发，由 Kelvin 方程可知，孔大即孔口曲率半径大，对应的平衡蒸气压大，先被蒸发（注意此时的曲率半径是负数，液滴的曲率为正），蒸发速度按照液面＞大孔凹月面＞小孔凹月面的顺序变小。较小孔中水蒸发慢且能得到大孔水的补充，因为大孔和小孔均形成弯月面，弯月面处的表面张力将沿着孔壁方向产生拉力，该拉力随孔径减小而增大，毛细管拉力将大孔中的水拉向较小的孔中。蒸发过程中大孔的水先失去，其次是较小的孔失去水，最后是更小的孔。孔中的水蒸发后，孔壁即胶粒表面形成液膜，（固液界面的）表面张力核心是液体与固体表面的相互作用，润湿的水将铺在孔壁形成液膜。液膜有大的（气液界面的）表面张力，此力使胶粒聚集长大（图 8-2），其中较小孔的表面张力较大，即表面张力对胶粒的拉力不平衡；如果一个胶粒一侧是大孔，另一侧是小孔，则被拉向小孔方向，大孔被破坏，小孔收缩，导致孔结构破坏，网状的框架结构塌陷，脱水收缩。

干燥过程就是凝胶收缩过程，胶粒团聚，比表面积减小，孔径变小，孔容减小。胶粒微球之间的斥力是维持骨架原状的力，在蒸发速度慢时，表面张力的拉力与之平衡；若蒸发速度很快，则不是平衡过程。

由于比表面积、孔径等对催化剂很重要，在干燥过程中改善或消除表面张力的影响是一个重要课题，提出了诸多办法，例如：添加表面活性剂降低表面张力；调变表面性质（形成阻挡层），使相接触的胶粒不易聚集长大；采用特殊干燥办法减小或消除表面张力，包括超临界干燥、冷冻干燥等。

此外，干燥会影响催化剂的机械强度。干燥方式或条件会影响孔结构及孔隙率，进而影响机械强度。在超临界状态下，没有气液界面，干燥过程中不存在由于表面张力引起的收缩。故在超临界条件下干燥凝胶时，去掉液相介质后，可以保持原来凝胶的网络框架结构，得到的气凝胶孔隙率大，粒子间的配位数少，粒子间的相互作用力小，机械强度小。如果采用常规方法干燥水凝胶，表面张力导致收缩严重，得到的干凝胶孔隙率小，粒子间的配位数大，粒子间的相互作用力强，机械强度较高。如果颗粒间存在内应力，则会降低机械强度。

8.1.4　干燥方式对活性组分分布的影响

浸渍法是制备固体催化剂的常用方法，浸渍操作后需对催化剂进行干燥。在去溶剂的干燥过程中常伴随有溶质的迁移现象，使活性组分分布不均匀，大部分沉积于催化剂颗粒的外表面，严重时甚至会使活性组分团聚为大颗粒甚至大块，干燥后破碎为细粉而剥落损耗。这种溶质迁移现象在载体对浸渍液中的溶质无吸附能力时尤为严重，此时干燥操作成为比浸渍更为重要的关键步骤。下面进行定性分析。

对于浸渍载体的溶液浓度较高的情况，大孔内及孔口的水先蒸发，同时伴随大孔内液面下降，由于蒸发的同时伴随毛细管力把溶液从大孔拉向小孔。大孔壁表面通过润湿即物理吸附而形成液膜，这是因为溶液润湿载体，形成液膜可以降低固液界面的表面能。液膜蒸发伴随大孔壁溶质的结晶析出，即先在大孔壁上析出溶质。较小孔也形成液膜，溶质在较小孔壁上结晶析出。更小的孔形成液膜，溶质在更小的孔中析出。结果是孔口和大孔壁上溶质（即活性组分）的含量高。

对于溶液浓度较低的情况，大孔和孔口处的水先蒸发，但溶液稀，无溶质析出。随着蒸发的进行，溶液变浓，伴随着毛细管力将溶液由大孔拉向小孔。较小的孔中的水开始蒸发，孔壁上形成液膜。更小的孔中的水蒸发，溶剂蒸发导致溶液浓度升高到饱和浓度，溶质结晶析出。结果是小孔和颗粒深处的溶质含量高。

采用适当的浸渍液浓度可能提高活性组分的分散度，实验结果证实了这个观点。

溶质分散情况与干燥速度等也有关。快速蒸发，慢扩散时，分布较均匀，溶质没来得及迁移就结晶析出。慢速蒸发，快速扩散时，与溶液的浓度有关，见上述分析。快、慢依二者的相对速度和其他具体情况而定。

这是孔内溶液中溶质的迁移，不是被吸附的溶质。若溶质被吸附，将被固定于载体表面，可以避免迁移。故吸附法负载活性组分的分散度高。

8.1.5　干燥过程中表面张力应用示例

表面张力有很多灵活的应用，图 8-3(a) 给出了一个示例。将一个薄片（制备膜材料时称作衬底或支撑体）插入能很好润湿它的液相介质中，液相介质中分散着尺寸在几百纳米、大小均匀的微球（即分散介质），将该薄片缓慢提升出液相介质，保持适当的干燥温度。在薄片拉出液面（紧靠液面）的一小段处，润湿即表面张力将使液相介质带着微球铺展上去（形成颗粒层）；干燥使得液体缓慢蒸发，形成了凹月面。对凹月面（气液界面）界面张力作分析，发现力的作用方向将微球拉在一起，形成密堆积。

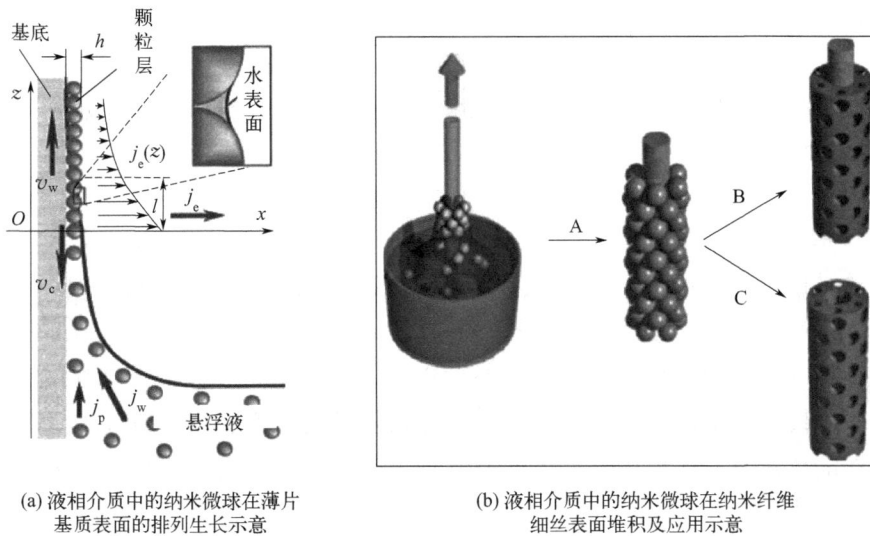

(a) 液相介质中的纳米微球在薄片　　　　(b) 液相介质中的纳米微球在纳米纤维
基质表面的排列生长示意　　　　　　　细丝表面堆积及应用示意

图 8-3　表面张力的应用

v_w—薄片基质提升速度；v_c—排列生长速度；j_w—水流速度；j_p—各颗粒流速；

j_e—水蒸发速度；h—排列厚度

将薄片换为微米级的细丝，缓慢提拉细丝离开液面，适当温度干燥，表面张力将使得微球围绕细丝密堆积，如图 8-3(b) 所示，这样干燥可以得到包裹着密堆积微球的细丝。密堆积的微球之间存在空隙，以此为模板，向该空隙填入特定物质（比如氢氧化物胶粒），然后除去微球，就得到了大孔材料包裹的微型棒；如果将细丝也除去，就得到大孔材料的空心棒。这样的棒可以作为电极等，微球可以是聚苯乙烯，容易通过煅烧除去。图 8-3(b) 的 B 和 C 是前面硬模板法制备大孔材料的应用。对表面张力的灵活应用可以制备出有趣又有用的新材料，图 8-3 就是一个利用表面张力"自组装"的示例。固体催化剂以及其他很多材料的设计与制备中，对已有知识的灵活、创造性应用很重要。

8.1.6　干燥设备

干燥设备从干燥机理角度讲很简单，所以这里仅作简要介绍。

(1) 厢式干燥

厢式干燥器是一种外壁绝热、外形像箱子的干燥器，一般小型的称为烘箱，大型的称为烘房，是最古老的干燥器之一。这类干燥器适用性强，对大多数物料都能进行干燥，适用于小批量、多品种物料的干燥，因此在实验室、中间试验厂及工厂都会使用大小不同的这种干燥器。厢式干燥器主要由一个或多个室或格组成，包括逐层存放物料的盘子（或可移动的盘架、小车等）、框架、裸露电热元件加热器或蒸汽加热翅片管。采用一个或多个风机输送热空气，使盘子上湿物料干燥。按气体流动方式可分为平行流和穿流厢式干燥器。这种干燥器大多为间歇操作，具有设备结构简单、投资少、物料易装卸、料盘易清洗、对不同干燥物料适应性强，较适用于小批量或经常更换产品品种的物料干燥。主要缺点是物料不能进行分散、干燥时间长、热效率低、产品质量不稳定等。

（2）带式干燥

带式干燥机由若干个独立的单元段组成，每个单元段包括加热装置、循环风机、新鲜空气抽入系统及尾气排放系统。要干燥的湿物料由进料端进入，经加料装置被均匀地分布在输送带上，经过滤及加热后的清洁空气由循环风机抽入，分别对不同的单元段进行上吹或下吹，以达到对湿物料层上下脱水均匀的目的。干燥好的物料经在隔离段及冷却段中与外界低温空气接触降温后由出口端卸出。多级带式干燥机具有操作连续、干燥时间长、热量利用合理的特点，物料经干燥后可基本保持原形，适用于不允许破碎的粒状、圆柱状、球状及其他成型湿物料的干燥。

（3）转筒干燥

转筒干燥器又称回转圆筒干燥器，其主体部分是一个与水平线略成倾斜（5°～6°）的旋转圆筒，圆筒支撑在滚轮上，筒身由齿轮带动而回转。湿物料从圆筒较高的一端的加料口加入，随圆筒的回转不断前进，经干燥后从较低一端排出。干燥所用热介质可为热空气、烟道气或水蒸气等。转筒干燥器的自动化程度较高，生产能力较大，流体通过筒体阻力小，对物料适应性强，产品干燥的均匀性较好，操作方便，操作费用也较低。主要缺点是设备庞大，一次性投资较高，热效率较低（一般约50%）。

（4）流化床干燥

流化床干燥又称沸腾床干燥，它是用热气流以一定的速度通过物料层，使物料颗粒悬浮而不被吹走，呈流化（沸腾）状态。物料在被热气流吹起翻滚的过程中得到干燥。在其他条件一定时，流化床上物料流化状态的形成和稳定主要取决于气流的速度。当气流速度逐渐增大至接近临界速度时，颗粒开始被气流吹起，并悬浮于气流中作自由运动，颗粒间相互碰撞、混合。床层高度明显上升，床上物料呈近似于液体的沸腾状态，即流态化开始阶段，该阶段床层处于不稳定阶段，易形成沟流而使气流分布不均，引起干燥不均匀。当气流的速度进一步增大，床层将继续膨胀，孔隙率也随之增加，此时气流的压力降只能消耗在托起颗粒的质量上，即床层阻力等于单位面积床层的实际质量。物料处于稳定的流化状态，颗粒间混合均匀。流化床干燥一般适用于粒度为 $0.05\sim15mm$ 的颗粒干燥，或是由溶液被干燥成该范围内粒度的产品。颗粒之间的磨损较小，由于物料在流化床中停留时间长，能除去结合水分，达到较高的干燥度。其缺点是物料在床内停留时间不够均匀，操作条件比较严格，控制较困难，能耗较高。

(5) 气流干燥

气流干燥是一种在常压条件下的连续、高速的流态化干燥方法，也称为瞬间干燥法，利用高速的热气流将细粉或颗粒状物料分散悬浮在气流中，并和热空气作并流流动，在此过程中物料受热而被干燥。使用的干燥介质可以是不饱和热空气、烟道气或过热蒸汽等。具有干燥强度大、热效率高、干燥时间短、装置结构简单、操作方便、使用范围广等特点。其缺点在于动力消耗大、噪声大、易产生静电，干燥时放出有毒、易燃、易爆气体的物料不宜使用，要求湿物料的水分以非结合水为主。

(6) 喷雾干燥

在圆筒形的喷雾塔中，物料通过雾化器喷成雾状，分散在热气流中，物料与热空气以并流、逆流或混流的方式相互接触，使水分迅速蒸发，从而实现干燥。喷雾干燥器由供料系统、雾化器、干燥塔、产品回收系统及热风系统等组成。

(7) 微波干燥

微波干燥是以电磁波作为热源，物料在微波场中，其内部的电介质吸收电磁能并转换成热能，形成内部加热，使湿分向外迁移，以达到物料干燥的目的。由于微波辐射下介质的热效应是内部整体加热，即理论上所谓的"无温度梯度加热"，基本上介质内部不存在热传导现象，可相当均匀地加热。微波加热具有热效率高、干燥速度快、干燥器体积小、干燥均匀等特点。但目前还未在干燥上大规模应用，主要是微波能的泄漏对人体危害的问题。

(8) 红外线辐射干燥

红外线辐射干燥属于电磁辐射干燥，将电能或热能转变成红外辐射能，从而实现高效加热或干燥，其干燥方式也是从物料外部、内部同时均匀加热，具有干燥时间短、干燥产品质量好等特点。

(9) 冷冻干燥

冷冻干燥法是将物料冻结到共晶点温度以下，然后通过升华除去物料中水分的干燥方法。利用这种方法可以直接从溶液中提取分散均匀、不团聚的超细粉及高比表面积的催化剂。

8.2 煅烧

干燥后催化剂的活性组分通常是以硝酸盐、碳酸盐、铵盐、草酸盐、氢氧化物、氧化物等形式存在，需要经过煅烧转化为氧化物或复合氧化物等。煅烧一般在不低于催化剂使用温度下进行；低温煅烧指温度低于 600℃ 的煅烧；高温煅烧的温度高于 600℃。

煅烧过程中发生的变化主要包括失水、热分解、再结晶、晶型转变、烧结、固相化学反应以及结构（晶型、晶粒、缺陷）和织构（孔、比表面积、颗粒形貌）的变化，煅烧会提高机械强度。

8.2.1 热分解

沉淀得到的一般是氢氧化物、碳酸盐或碱式碳酸盐以及有机酸盐等，浸渍的组分通常是硝酸盐，在煅烧过程中将发生分解反应。煅烧时发生的常见反应有氢氧化物脱水形成氧化物，如 $Al(OH)_3 \longrightarrow Al_2O_3 + H_2O$，类似热分解。其他盐类分解形成氧化物或金属，如硝酸银的分解：$AgNO_3 \longrightarrow Ag + NO_2 + O_2$。分解反应多为吸热反应，分解反应温度可以由热重、差热、示差扫描量热法等热分析方法测得，热分解温度与所选择的煅烧温度密切相关。

煅烧温度影响催化剂的性能。煅烧温度不同可能导致催化剂的体相结构和化学状态差异，如氧化铝的晶型与煅烧温度密切相关；氧化铬的价态，高温煅烧为 Cr_2O_3，低温煅烧得到 +3、+4、+5、+6 价铬的混合氧化物。煅烧温度还会影响活性组分的存在状态，进而影响催化活性。大部分催化剂煅烧温度太高时，会引起烧结，降低活性。有些催化剂，适当温度煅烧将提高活性。如 $CuO\text{-}CeO_2$ 催化剂，在 300℃ 左右煅烧可以提高 CuO 的分散度（自发分散），提高对 CO 氧化的活性。

煅烧过程中，随着热分解的进行，催化剂颗粒内部的水分及易挥发成分不断逸出，形成微孔，使比表面积有所增加，不过一般情况下，该过程对比表面积的贡献并不大。

8.2.2 再结晶

以煅烧 $MgCO_3$ 分解得到 MgO 为例说明煅烧过程中活性组分的变化。基体物即 $MgCO_3$ 分解得到基体物的赝形态即类 $MgCO_3$ 晶型的 MgO，赝晶格破坏转化为无定形即晶粒非常小的 MgO，无定形 MgO 再结晶转化为结晶的活性 MgO；活性 MgO 即具有催化活性的 MgO，一般指小晶粒 MgO，晶粒小、表面缺陷多，活性高。若继续煅烧，小晶粒会烧结，导致失活，即转变为无活性的大晶粒 MgO。此处赝形态就是离子排列与 $MgCO_3$ 晶型类似的 MgO，赝形态不稳定，属于过渡态。

再结晶指分解的固体产物再变成晶核、长大为晶粒的过程。就上段的例子而言是 $MgCO_3$ 分解，再结晶析出 MgO 的过程。再结晶所得的氧化物微晶是活性组分或催化剂前驱体，其晶粒大小对催化活性非常重要，其晶粒大小由晶核生成速度和晶粒长大速度的相对快慢决定。

影响再结晶过程的一个重要因素是比容差（ΔV），即单位质量原料的体积与其分解后产物的体积之差。大多数情况下，比容差是正值（图 8-4）。

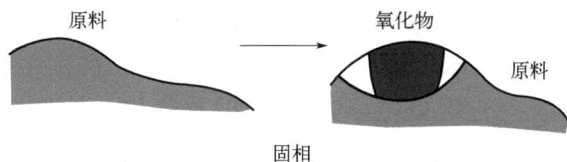

图 8-4　比容差形成示意（$\Delta V > 0$）

晶核生成速度随比容差的增大而增大，比容差大相当于化学反应的推动力大，类似于固液相结晶生成沉淀过程中，液相中的过饱和度大，晶核生成速度快。晶核长大速度随比容差的增大而减小，因为晶核长大通过表面扩散和空间扩散来实现，常见的是表面扩散。比容差大，氧化物晶粒之间的距离大，扩散、团聚在一起慢，晶核长大速度慢。可见，比容差大，分解后产物的晶粒小。再结晶的晶粒大小由晶核生成速度和晶粒长大速度的相对大小决定。

8.2.3　晶型转变

很多氧化物的晶型与煅烧温度相关，从热力学角度而言，氧化物将处于热力学上稳定的晶型，但是固相反应的传质困难，所以又受动力学影响。$\alpha\text{-}Al_2O_3$ 是氧化铝的热力学稳定晶型，但在较低温度煅烧时，受动力学制约，不能形成该晶型，往往需要高达 1200℃ 温度的煅烧才能形成 $\alpha\text{-}Al_2O_3$。氧化铝的晶型与煅烧温度关系如下：

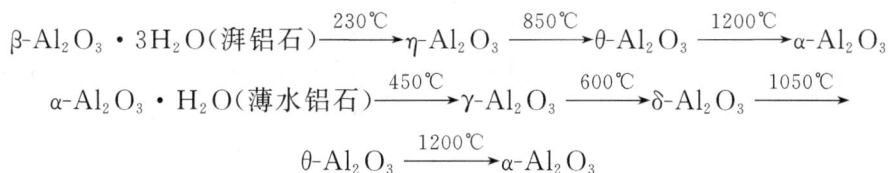

$$\beta\text{-}Al_2O_3 \cdot 3H_2O(湃铝石) \xrightarrow{230℃} \eta\text{-}Al_2O_3 \xrightarrow{850℃} \theta\text{-}Al_2O_3 \xrightarrow{1200℃} \alpha\text{-}Al_2O_3$$

$$\alpha\text{-}Al_2O_3 \cdot H_2O(薄水铝石) \xrightarrow{450℃} \gamma\text{-}Al_2O_3 \xrightarrow{600℃} \delta\text{-}Al_2O_3 \xrightarrow{1050℃}$$

$$\theta\text{-}Al_2O_3 \xrightarrow{1200℃} \alpha\text{-}Al_2O_3$$

煅烧气氛会影响晶型，薄水铝石在干空气中 1150℃ 煅烧 1h 得到 $\theta\text{-}Al_2O_3$，而在水蒸气中 1150℃ 煅烧 1h 得到 $\delta\text{-}Al_2O_3$。晶型会影响催化剂的活性，所以关于晶型与催化性能的关系研究报道近期仍然比较多，如通过制备条件（包括煅烧温度）的调控得到几种晶型的氧化物，关联晶型与催化性能揭示构效关系。晶型也可以通过掺杂组分来调变，例如氧化锆的晶型可以通过添加少量钇或铈来调变。

煅烧过程中的脱水随氧化物种类变化差别较大，氧化铝在 1300℃ 煅烧仍然含有微量水，氧化钇在 900℃ 煅烧也含微量水，氧化铈则在 100℃ 干燥后含水量较少。含水有时与晶型有关，如氧化铝含 3 个水为湃铝石晶型。含水与酸碱性有关，煅烧后氧化物中的水可以以羟基与金属离子结合。

8.2.4　烧结

固体在低于熔点温度下煅烧时，固体微晶或颗粒黏结成聚集体的过程称为烧结。烧结的结果则是晶粒、颗粒长大，比表面积和孔容降低，催化活性一般降低，机械强度增大。降低表面能是烧结的推动力。

烧结温度是影响烧结的一个重要因素，利用 Tamman 温度，将烧结分为两段来讨论。Tamman 温度指固体颗粒开始融化的温度，一般高于以绝对温标表示的固体熔融温度的 2/3。

烧结温度低于 Tamman 温度，属于干法烧结。对于两个接触的颗粒，如图 8-5（a）所示，在烧结温度下，处于气液（如果固体表面有液膜）或气固动态平衡。凹面蒸气压低，蒸发或升华慢，凝结相对快；凸面蒸气压高，蒸发或升华快，凝结相对慢。结果是颈部变粗，粒子聚集长大即两个颗粒团聚为一个颗粒，该过程属于通过空间扩散而烧结。

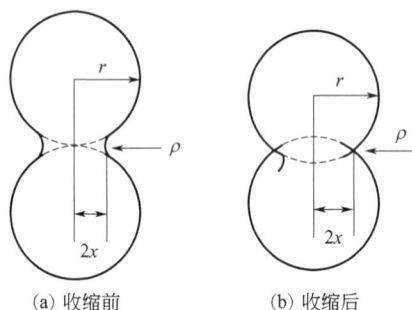

(a) 收缩前   (b) 收缩后

图 8-5　烧结的球体模型

构成颗粒的组分经由颗粒表面或体相内部扩散迁移到颈部，以降低表面能，颈部的曲率半径减小，直至长成一个颗粒，这是扩散迁移的烧结。

当烧结温度高于 Tamman 温度即温度比较高时的烧结，如图 8-5（b）所示，温度高，粒子强度弱，易发生塑性变形。此外，表面张力的方向是把两个颗粒拉在一起，将促进烧结。当温度高时，颗粒表面有液膜存在，可以通过溶液扩散，提高表面扩散、迁移速度，加快烧结过程。与干法烧结通过气相扩散相比，溶液扩散速度较快。有液膜时，液相中可能溶解颗粒组分，扩散更有利。

煅烧过程一般会导致比表面积、孔容、孔径降低，但是如果煅烧过程中发生了分解反应等，则会提高比表面积和孔容。湃铝石（特定物相的氢氧化铝），150℃左右煅烧时，失水，比表面积缓增；350℃左右发生再结晶，比表面积激增；煅烧温度再提高时，发生烧结，比表面积下降。

一般来说，煅烧过程中，分解反应、脱水、再结晶等是需要的反应，而烧结往往导致失活则是需要避免的。熔点高，蒸气压低，不易挥发、不易发生烧结；熔点高则 Tamman 温度高，不易发生塑性变形，所以避免烧结需要用高熔点的活性组分或助剂。金属的熔点多在 1500℃ 以下，氧化物的熔点多在 2000℃ 以上，MgO、稀土氧化物等由于熔点高，常用作提高热稳定性的助剂。

高熔点氧化物也常作为催化剂载体，可提高抗烧结性能。提高纳米金属抗烧结性能的一个常用方法是将纳米金属颗粒担载于高熔点的氧化物载体表面，金属-载体通过相互作用将金属纳米颗粒固定于载体表面，或称为将金属纳米颗粒限域于载体表面，抑制了其扩散、迁移，提高了抗烧结性能。此外，纳米金属粒子分散于载体表面且被隔开，也起到抑制烧结的作用。在催化剂使用过程中，伴随有烧结，但是工业催化剂的烧结速度应该很慢。按照凝固点降低原理，如果含有的杂质降低了体系的熔点，则易烧结；若杂质起到类似载体的作用，则可提高抗烧结性能。

烧结是导致催化剂特别是纳米金属催化剂失活的一个重要原因，所以相关研究一直在进行。有人研究了氧化铈担载的银纳米颗粒 [图 8-6(a)]，Ag 纳米粒子在 CeO_2 上的吸附热较在 MgO 上大，所以纳米 Ag 在 CeO_2 上更稳定。相对于 CeO_2，在还原度高的 $CeO_{1.8}$ 表面上更稳定，1nm 的 CeO_2 表面上的 Ag 纳米颗粒最稳定（这可能跟衬底 Pt 与 CeO_2 相互作用有关）。CeO_2 中，铈为 +4 价，它可以被部分还原转为 +3 价，伴随着晶格中的部分氧离子离开形成氧空位，可表示为 $CeO_{1-\delta}$，δ 的大小与还原度相关。

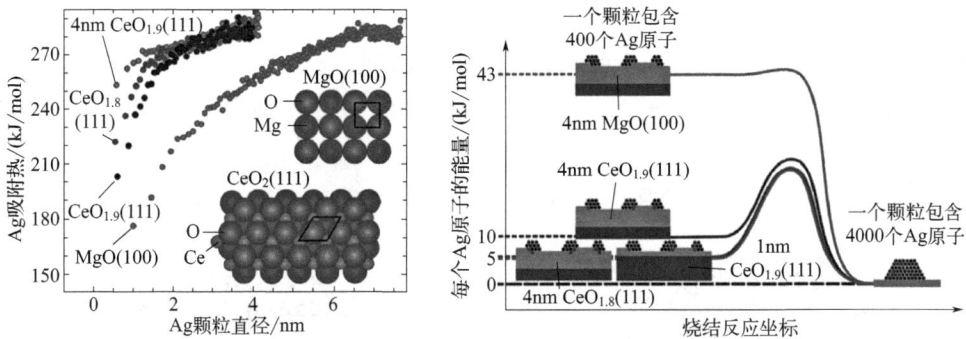

(a) 添加一个 Ag 原子对应的吸附热随 Ag 纳米颗粒粒径的变化，载体分别为 4nm $CeO_{1.9}$(111)、4nm $CeO_{1.8}$(111)、1nm $CeO_{1.9}$(111) 薄膜分别铺展于 Pt(111) 表面，以及 4nm MgO(100) 薄膜铺展于 Mo(100) 表面

(b) 几种载体表面上的 Ag 纳米颗粒烧结需要克服的能垒示意

图 8-6　烧结过程中的能量变化

如图 8-6(b) 所示，400 个 Ag 原子构成的纳米颗粒（直径约 3nm），当担载于 MgO 表面时，烧结为 4000 个 Ag 原子构成的纳米颗粒，能量降低很大，跨越的能垒很小，烧结容易发生。当它担载于 CeO_2 表面时，体系能量明显较低，与烧结后颗粒相比能量仅高少许，发生烧结跨越的能垒较大，烧结不容易发生。

金属-载体相互作用是将纳米金属颗粒"固定"于载体表面，是提高抗烧结性能的主要原因，也是提高抗烧结性能的常用手段。此外，避免或缓解纳米金属颗粒烧结的常用策略还有将金属纳米颗粒装入（或限域于）介孔中，采用双金属纳米颗粒，金属纳米颗粒周边包围氧化物等。

8.2.5　固相反应

生成固体化合物或固溶体的反应称为固相反应。固体化合物有特定的组成和晶格点阵结构，例如钙钛矿型复合氧化物 $LaCoO_3$，化合物中镧离子和钴离子比例为

1而且分布在各自的晶格点阵位置上，钴离子不占据镧离子的点阵位置，两种离子与氧离子的配位数以及成键方式不同。固溶体以 Ce-Zr 氧化物固溶体为例，铈、锆离子比不固定，二者在晶格中的位置可以互换，或者说铈离子和锆离子在晶格中占据相同的点阵位置，属于固溶体。

发生固相反应的物质，对于共沉淀得到的沉淀，一般是组分间发生反应，如两种均匀混合的氢氧化物沉淀之间；对于浸渍法，一般是所负载的活性组分与载体或者浸渍于载体表面的组分之间发生反应。

固相反应可以提高催化活性或者导致催化剂活性下降甚至失活，图 8-7 给出了一个例子。大晶粒 NiO 还原后一般得到大晶粒的金属 Ni，大晶粒镍对甲苯加氢生成苯和甲烷（$C_6H_5CH_3 + H_2 \longrightarrow C_6H_6 + CH_4$）有活性。还原 $NiAl_2O_4$ 可以得到小晶粒镍，因为在 $NiAl_2O_4$ 中的镍离子处于均匀分散状态，还原出来的金属 Ni 将会均匀分散于 Al_2O_3 表面（$NiAl_2O_4$ 还原得到 Ni/Al_2O_3，Ni 与 Al_2O_3 的相互作用又可以阻碍 Ni 纳米颗粒的迁移、烧结）。小晶粒 Ni 对甲苯加氢生成甲基环己烷（$C_6H_5CH_3 + 3H_2 \longrightarrow C_6H_{11}CH_3$）有活性，而对生成苯和甲烷的反应无活性。即对于这两个反应的催化剂，一个要求发生形成 $NiAl_2O_4$ 的固相反应，另一个则需要避免。

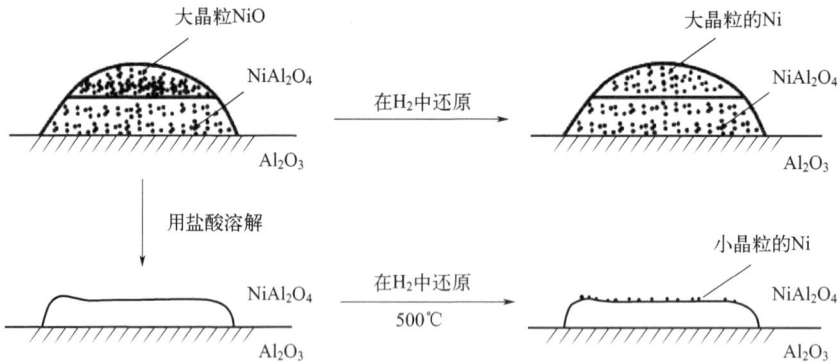

图 8-7   不同制法得到的两种镍催化剂

钙钛矿、六铝酸盐等复合氧化物催化剂以及 Ce-Zr-O 固溶体类氧化物一般通过固相反应制备。它们可以由对应的单一氧化物混合，然后煅烧获得，比如煅烧混合的 ZrO_2 和 CeO_2 可以制得 Ce-Zr-O 氧化物固溶体。发生固相反应生成复合氧化物或固溶体需要满足一定的条件。在热力学上，该复合氧化物或固溶体可以存在，这对离子大小和价态有一定的要求，比如形成尖晶石结构复合氧化物要求离子半径相近、由二价和三价阳离子和氧离子构成。在动力学上，为了使固相反应以足够快的速度进行，反应的两种或多种金属离子需均匀混合，并在适当温度焙烧。

8.2.6   焙烧对比表面积和孔结构的影响

碳酸盐、硝酸盐或氢氧化物等分解后得到的氧化物往往是催化剂的活性组分，或者该氧化物被还原得到的金属是催化剂的活性组分，所以煅烧所得氧化物的比表面积很重要。

　　原料的比表面积高、分散度高，对应氧化物的比表面积高。比容差（ΔV）大，所得氧化物的晶粒小，比表面积高。热分解气氛影响氧化物的比表面积，这是由于氧化物的晶粒大小由晶粒生成和晶粒长大速度的相对快慢决定，其中晶粒长大是扩散控制过程，扩散则受气氛影响显著。真空中扩散慢，晶粒小，在有氧化物组分的气氛中，该氧化物晶粒长大快，气氛中的氧化物组分可以成为扩散传递的媒介，可以从表 8-1 看出。这属于晶粒通过空间扩散而长大，即空间扩散。由于空气气氛含氧，氧化物中的氧可以通过空气传递，即氧化物小晶粒中的氧进入空气中，空气中的氧与大晶粒结合而成为大晶粒的组成部分，小晶粒最终消失，大晶粒进一步长大。氧化物晶粒长大更常见的途径是小晶粒的氧离子通过氧空位迁移、扩散至大晶粒。

表 8-1　煅烧气氛对氧化物的比表面积的影响

单位：m^2/g

化合物	真空下	空气	水蒸气
MgO	140	86.5	27
Al_2O_3	240	215	125

　　另一种较常见的气氛组分参与反应促进颗粒长大的例子是水蒸气。MgO 在含水蒸气的气氛中煅烧时，表面可能形成 Mg—OH 基团，它在表面迁移、团聚为大的颗粒，促进了烧结。

　　分解反应的比容差 $\Delta V > 0$，在理想情况下，热分解过程中细孔孔容的增加值等于原料变为氧化物的比容差。实际上，细孔孔容的增加值随 ΔV 增大而增加，但数值不等。可能由于所增加的细孔又发生了烧结，或者生成的孔太细，常用的物理吸附方法难以测出，导致孔容的增加小于比容差。

8.2.7　煅烧条件的选择

　　煅烧过程中发生的变化包含热分解、再结晶、晶型变化、固相反应、烧结等，需要扬长而避短，选择最佳条件，目标是使得催化性能优越。一般希望比表面积高，适当的孔径，活性组分晶粒小，机械强度高，有时需要活性组分处于特定的化学状态、特定的晶型结构等。

　　控制煅烧条件可以在一定程度上调控煅烧过程中所发生的变化。可选择的条件包括煅烧温度、升温速率、煅烧气氛等。具体条件的设定需要针对具体催化剂、煅烧过程中希望发生和避免发生的反应等来设定，往往需要经过实验研究。

　　煅烧设备主要有高温炉、回转圆筒、传送带煅烧、流化床煅烧、隧道窑煅烧等；工业上生产催化剂的煅烧过程还需要进行热量衡算，以便于过程操控等。这些比较简单，在此不再赘述。

8.3 还原

干燥、煅烧后的催化剂一般为氧化物或金属盐，对很多反应催化剂的活性组分是金属或低价态的金属氧化物，需要进行还原。例如，合成甲醇的催化剂 CuO/ZnO/Al$_2$O$_3$、水蒸气重整催化剂 NiO/Al$_2$O$_3$ 等，其活性组分分别是金属铜（或带正电性的金属铜）、金属镍；沉淀或浸渍，再经干燥、煅烧得到的是混合氧化物，故需要进行还原。还原一般原位（On site）进行，即将催化剂装入反应器，还原后直接进行催化反应。

8.3.1 金属氧化物或氯化物的还原反应

金属氧化物或卤化物的还原反应可以表示为如下，其中 M、s、g 分别代表金属元素、固相和气体状态：

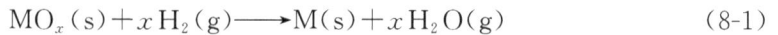

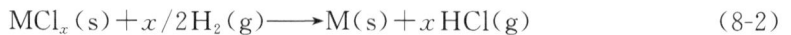

$$MO_x(s) + xH_2(g) \longrightarrow M(s) + xH_2O(g) \tag{8-1}$$

$$MCl_x(s) + x/2H_2(g) \longrightarrow M(s) + xHCl(g) \tag{8-2}$$

影响还原反应的主要因素有：

被还原物种的性质，如 CuO、NiO 和贵金属氧化物容易被还原，Cr$_2$O$_3$、V$_2$O$_5$ 等难以被还原，氯化物较易还原（但是氯容易导致催化剂中毒）。

载体和活性组分的相互作用，纯 CuO 在 250℃左右可被还原，而 CuO/CeO$_2$ 中的 CuO 在 120℃左右即可被还原。

分散度有时也影响还原行为，高分散的易被还原。但是所负载的金属与载体如果容易发生强相互作用，高分散有利于金属与载体之间相互作用甚至发生固相反应，则可能导致还原比较困难。

还原条件影响还原反应，因此影响催化剂性能。被还原组分的化学状态会因为还原条件而不同，导致催化剂活性差异。例如，合成氨催化剂 Fe$_3$O$_4$，在 444℃以下 p_{H_2O}/p_{H_2} 为 1/5 时，还原产物是 Fe 和 Fe$_3$O$_4$；温度提高，Fe$_3$O$_4$ 含量减少（Fe 是活性组分），但温度太高可引起烧结。

可以通过 TPR 实验和其他表征确定将活性组分还原至所期望的化学状态对应的还原条件。活性组分的化学状态与催化剂组成、组分间的相互作用相关，所以，需要研究还原条件、催化剂结构以及活性组分状态、催化性能三者之间的关系，在此基础上确定还原条件。

8.3.2 还原过程中金属微晶的生成机理

还原过程可表示如下，S 表示催化剂固体表面吸附位，M 为被还原出来的金属元素：

$$H_2+S \longrightarrow H_{2(s)}+2O_{(s)}^{2-} \longrightarrow 2OH_{(s)}^{-} \longrightarrow H_2O+O_{(s)}^{2-}+M \qquad (8-3)$$

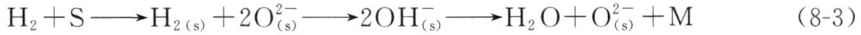

在该反应中，H_2 被吸附、活化，与氧化物中的氧离子结合生成羟基，该羟基吸附于载体表面。吸附的两个羟基脱水，并释放出一个氧离子，同时氧化物中的金属离子被还原。

$$H_2+M \longrightarrow H_2\text{-}M \ 或 \ H\text{-}M \longrightarrow 氢转移到 M 与 MO 界面 \longrightarrow M+H_2O \qquad (8-4)$$

当存在被还原出来的金属时，金属容易吸附氢并且可能是解离吸附，被吸附活化的氢更活泼，更容易与氧离子结合。存在被还原出来的金属时，还原速度会显著加快，金属对氧化物的进一步还原起到了催化作用。有时载体可被还原。负载的金属氧化物先被还原，被还原的金属可催化氧化物载体的还原，如 H_2PtCl_4/CeO_2。

当氧化物表面有被还原出来的金属时，该金属可以催化后续的还原反应，称为自催化还原。判断是否存在自催化还原现象可以利用自催化还原的两个特点：其一，存在诱导期；其二，还原开始后，还原速度将快速升高。

利用金属的自催化还原，可以制备特定结构的金属催化剂，举例如下。从图 8-8 所示的 TPR 可以看出，$Co_3O_4/LaFeO_3$ 中的钴离子还原温度比较高，其中的低温还原峰、高温还原峰分别对应 Co^{3+} 还原为 Co^{2+} 和 Co^{2+} 还原为金属钴，钙钛矿型复合氧化物 $LaFeO_3$ 中的铁离子不能被还原。图中最上面的曲线反映 $LaFe_{0.7}Cu_{0.3}O_3$ 的还原（还原为 $Cu/LaFeO_3$），即其中的铜离子在很低的温度下就可以被还原为金属铜的纳米颗粒。与 $LaFe_{0.7}Cu_{0.3}O_3$ 相比，$Co_3O_4/LaFe_{0.7}Cu_{0.3}O_3$ 多出了个 β 峰，它对应钴离子的还原。可以看出钴离子在 $Co_3O_4/LaFe_{0.7}Cu_{0.3}O_3$ 中的还原温度比 $Co_3O_4/LaFeO_3$ 中的低很多，这是由于先被还原出来的纳米金属铜可以活化 H_2，于是催化了钴离子的还原。钴离子在纳米金属铜的催化下被还原，所以纳米铜附近的钴离子更容易被还原，还原出来的金属钴原子将黏附于纳米铜表面，于是形成了 Cu 为核、Co 为壳的 Cu@Co 核壳结构纳米粒子。

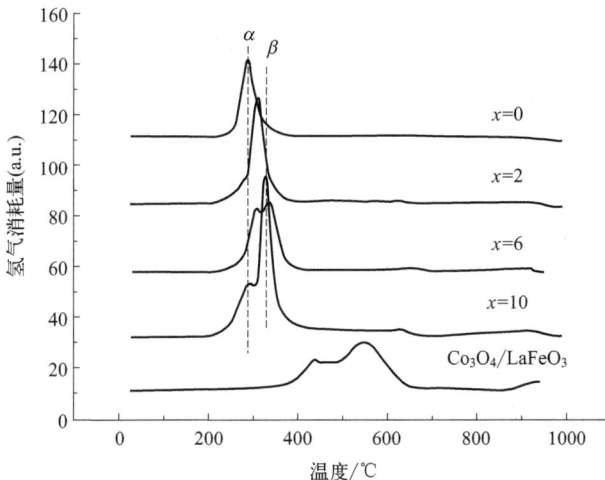

图 8-8 　$x\%Co_3O_4/LaFe_{0.7}Cu_{0.3}O_3$ 及 $Co_3O_4/LaFeO_3$ 的 H_2-TPR

　　调控还原气体组成等条件也可能调控纳米金属的结构。如图 8-9 所示，钙钛矿型复合氧化物 $LaRu_x Ni_{1-x} O_3$ 纳米颗粒负载于 SiO_2 表面，在氢气中较低温度下还原，钌离子被还原为金属钌；再提高还原温度，在金属钌的催化下镍离子被还原并包裹于钌表面，形成 Ru 为核、Ni 为壳的 Ru@Ni 核壳结构纳米颗粒。该过程中，La 不能被还原，以 La_2O_3 存在。于是还原得到 $Ru@Ni/La_2O_3-SiO_2$。

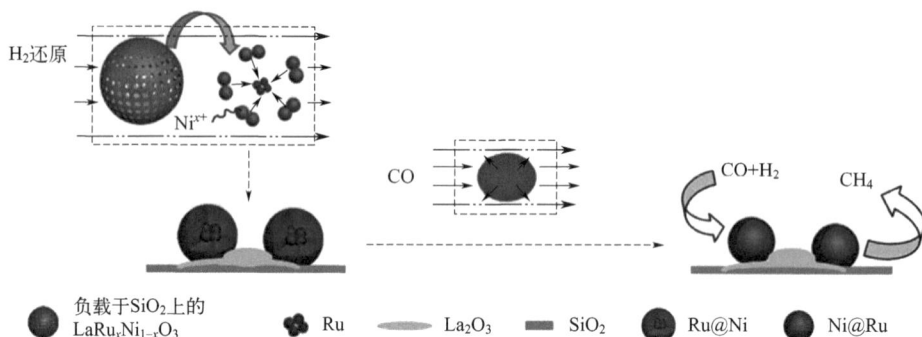

图 8-9　由 $LaRu_x Ni_{1-x} O_3/SiO_2$ 得到 $Ni@Ru/La_2O_3-SiO_2$ 的结构演变示意

　　将还原得到的 $Ru@Ni/La_2O_3-SiO_2$ 在 CO 气氛中，高温（700℃）处理一段时间，将得到 Ni 为核 Ru 为壳的 Ni@Ru 担载于 $La_2O_3-SiO_2$ 表面。由于 Ru 的表面吸附 CO 可以显著降低表面能，即 CO 气氛中 Ru 的表面能更低，Ru 逐渐迁移至表面。一般来说，Ru 的催化性能更好，但是贵金属成本高；Ru 富集于表面的 Ni@Ru 可以降低成本。这样还原制得的 $Ni@Ru/La_2O_3-SiO_2$ 催化剂对 CO 加 H_2 制甲烷具有很好的性能，抗积碳、抗烧结性能好。

8.3.3　还原过程动力学

　　和很多固气、固液反应一样，还原反应也包括几个步骤：还原气体扩散到固体表面，表面吸附，表面反应，产物脱附，产物扩散离开。其中最慢的一步为速率控制步骤。

　　下面给出一个还原过程动力学的框架，并由此体会化工中常见的一种研究方式。对于氧化铁球形颗粒的还原，基于还原反应的 5 个步骤，并提出可能的反应机理以及速率控制步骤，按这个方式有人做了研究，理论上推导出了速率方程式。

（1）理论推理出的动力学方程

$$\frac{k_p}{r_0 d_0}(C_0 - C_{0e})t = \left[1 - (1-R)^{\frac{1}{3}}\right] + \frac{r_0 k_p}{k_d} \times \left[\frac{1}{2} - \frac{R}{3} - \frac{(1-R)^{\frac{2}{3}}}{2}\right] \qquad (8-5)$$

式中，t 为还原时间；d_0 为氧化铁的初始密度；r_0 为 FeO 颗粒的初始半径；C_0 为表面还原气浓度；C_{0e} 为平衡浓度；k_p 为反应速率常数；k_d 为扩散系数；R （还原度）=已除去的氧量/可被除去的氧量。

当界面反应为速率控制步骤时，即 $k_p \ll k_d$、$k_p/k_d \approx 0$，则式（8-5）可简化为：

$$t = \frac{r_0 d_0}{k_p(C_0 - C_{0e})}\left[1 - (1-R)^{\frac{1}{3}}\right] \tag{8-6}$$

t（还原时间）与 r_0（颗粒半径）成正比，或者 $\lg t$ 对 $\lg r_0$ 做图的斜率为 1。

当扩散为速率控制步骤时，$k_p \gg k_d$，即 $k_d/k_p \approx 0$，则式（8-5）乘 k_d/k_p 然后化简得：

$$t = \frac{r_0^2 d_0}{k_d(C_0 - C_{0e})}\left[\frac{1}{2} - \frac{R}{3} - \frac{(1-R)^{\frac{2}{3}}}{2}\right] \tag{8-7}$$

式中，显示 t 与 r_0^2 成正比，$\lg t$ 对 $\lg r_0$ 做图的斜率为 2。

（2）实验结果

随 R 增大，$\lg t$ 对 $\lg r_0$ 做图的斜率由 1 逐渐增大到 2，如图 8-10 所示。

（3）关联理论推理与实验结果

实验结果的斜率增大说明扩散限制（对应理论结果）越来越显著。反应开始时，还原度 R 较小，以外表面反应为主，应该是表面反应为速率控制步骤，斜率应该为 1。随着反应的进行，外表面形成了金属铁，所生成的铁包裹或覆盖了未被还原的氧化铁，该覆盖层阻碍了氢气与氧化铁的接触，还原受扩散限制越来越显著，斜率逐渐增大。可见实验结果与理论推理的模型一致，所以理论推理所采用的机理/模型是可以使用的。

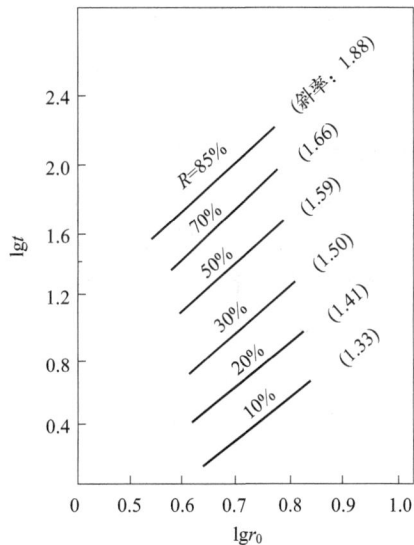

图 8-10　一定还原度下，颗粒半径 r_0 与还原时间 t 的关系

一种常用的研究方式是通过对机理/原理的分析提出假设或猜测，基于该假设或猜测推导出关系式即模型，由模型推理出可与实验数据相关联的规律或变化趋势等；进行实验测试，获得实验数据；对比实验数据和理论模型推导出的数据，二者相合说明模型不是错的，具有指导价值。

这样的研究方式，提出的机理/模型可以被证伪，不能被证实；如果有一个实验结果与模型相抵触，则模型被证伪；而有一个或很多个实验结果均与模型相合，仅说明模型具有指导价值，但不能被证实，因为实验的例子可以有无数个。

回顾前面"5.1.1"关于铝离子水解和氢氧化铝胶粒生成部分中，提出了一个模型证明硫酸根离子吸附于胶粒表面而不是与铝离子形成化学键存在胶粒体相中。该研究和本研究是同一种方式。

8.3.4　影响还原过程的因素

还原度 R 是指已除去的氧量/理论计算可被除去的氧量，由于氧量不易测，还原出来的水量可测出，所以用"$R=$ 实际出水量/理论出水量"来测量。

还原好与否的衡量标准有很多，其中主要是活性组分的化学状态、价态等，因具体催化剂而异，如高温变换铁催化剂要求还原为 Fe_3O_4，合成氨催化剂则要求还原为金属铁；活性组分的晶粒越小越好；催化剂（包括载体）的烧结少为宜。影响催化剂还原过程的主要因素有还原温度、还原气体种类及其流速等。

对于吸热反应（如合成氨 Fe_3O_4 的还原），温度高，（热力学）平衡右移，利于彻底还原，同时还原速度高，还原时间短；但高温会使催化剂和活性组分烧结。加热方式为热气体或加热器加热。对于放热反应（如低温变换催化剂 $CuO\text{-}ZnO$ 的还原），一般来说热力学上是有利的，即提高温度不会影响彻底还原，还可缩短还原时间，但高温会导致烧结，特别是金属铜易烧结；加热方式可以自加热，注意控制飞温。升温速率，特别是放热还原，飞温会导致烧结。

还原气体通常选择 H_2，有时用 CO，但通常采用稀释的 H_2 或 CO，如用 N_2 或 Ar 等稀释；使用稀释气体是为了降低还原气的分压，降低还原速度。还原气中可含参与反应的气体，如合成氨为放热，该催化剂的氢还原为吸热，掺入反应气体 N_2 可以提高反应温度。还原气中掺入还原产物水，可降低还原度。

空速是单位时间通过单位体积或质量催化剂的气体体积（换算为标准状态下的体积）。空速大，减小了水的分压及其影响；空速大耗热高，需要大的加热设备。

8.3.5　还原过程对金属分散度及催化剂强度的影响

晶粒大小由晶核生成速度和晶核长大速度的相对大小决定，提高晶核生成速度的方法包括提高还原温度，提高氢气空速和氢气分压，降低水汽分压等。但是由此也会带来问题：还原温度高或/和还原时间较长的话，晶粒长大快；氢气空速高，有时会导致过度还原；水分压太低，失去或削弱水汽的作用。有时利用水吸附于表面以阻碍氯离子的吸附残留，由于氯离子可能使催化剂中毒。

提高分散度的其他方法包括降低金属负载量，加入结构助剂，选择合适载体（与金属组分形成相互作用），合适的制备方法等（例：负载于分子筛的孔内）。

当被还原的组分含量高（大于 50%）时，催化剂的强度由被还原产物和载体共同承担，强度增或降与被还原的产物有关，以及被还原后的产物与载体的相互作用有关。多数情况强度降低，因为氧化物之间易形成相互作用，而金属与氧化物的相互作用相对较弱。载体一般是氧化物。当被还原的组分含量低时，还原后的产物负载在载体上，强度由载体决定，还原增加了孔隙率则强度下降，还原引起烧结则强度增大。

第9章
催化剂成型

9.1　催化剂颗粒的形状

商业催化剂必须是颗粒状或微球状，以便能均匀地填充到工业反应器中。对多数催化剂而言，载体的形状也往往基本上决定了催化剂的形状。所以成型操作是载体及催化剂制备的必需步骤。成型的目的主要是提高机械强度和制备成合适的形状，机械强度主要满足催化剂不易被磨损、破碎和粉化的条件；合适的形状可以提高反应器的体积利用率、利于传质以及压力降小。

催化剂的形状根据反应器类型来选择，目前采用的反应器类型主要有固定床、移动床、流化床、悬浮床等，不同床层通常采用不同形状和大小的颗粒催化剂。

（1）反应器类型

① 固定床　对粒度、强度要求不苛刻，目前工业上常用柱状、片状、球状、齿球状、三叶草形等直径在 2mm 以上的催化剂，粒径小利于降低内扩散，但太小会增大压力差（即穿过催化剂床层的压力降）。

② 移动床　催化剂可以更换或再生，可连续生产。由于催化剂可移动，对强度要求较高，一般为 3～4mm 的球形。

③ 流化床　催化剂在床层内不断处于翻腾状态，为了保持流化状态，微球形颗粒具有似流体的良好性能且耐磨，常用 20～150μm 的球粒。

④ 悬浮床　催化剂悬浮于液体中，要求催化剂易悬浮，通常用微米级至毫米级的球粒。

（2）催化剂形状

工业上常用催化剂主要有以下几种形状。

① 圆柱形　有规则、表面光滑的圆柱形催化剂在填充时易滑动，因此能填充均匀，具有均匀的自由空间分布及均匀的流体流动性能。空心圆柱形则具有表观密

度小、单位体积表面积大等优点。

② 球形　球形颗粒充填反应器的空间利用率高，填充易均匀，流体分布均匀，耐磨性也高。

③ 无定形颗粒　将块状物破碎后经适当筛分制成，由于形状不定，且筛下产品无法利用，随着成型技术的发展，这种方法已日趋减少。但由于制法简单，强度较高，工业上还在沿用，如浮石、天然白土、硅胶等。

④ 蜂窝状　具有无序细微孔和有序轴向通道的结构，外形和轴向通道可制成多种几何形状，多为圆柱形（如 150mm×100mm），主要用于环保，如汽车尾气净化催化剂。表 9-1 是常用固定床催化剂用载体的颗粒大小。

表 9-1　常用固定床催化剂用载体的颗粒大小

形状	颗粒大小/mm
圆柱形(压制成型)	直径×高度:9.5×9.5、9.5×4.8、6.4×6.4、6.4×3.2、4.8×4.8、3.2×3.2
空心圆柱形	外径×高度:19.1×19.1、15.9×15.9、15.9×9.5
圆柱形(挤出成型)	直径:6.4、4.8、3.2、1.1(高度一般为直径的2～3倍)
球形或赤球形	2～数十毫米
三叶草形	直径:2～10
无定形	1.5～数十毫米

9.2　固体粉料的筛分与混合

9.2.1　固体粉料的筛分

用筛子将颗粒分为大小近于相等的若干部分的过程称为筛分。筛子一般由金属网或有圆孔的金属板制成。筛子具有不同目数，目是指每英寸边长上孔的数目，以表示筛子网孔大小，目数越大则网孔越小，筛分得到的颗粒越小。1in＝2.54cm，于是 200 目，则 2.54cm/200＝127μm，去掉金属丝占去的空间，孔直径约 74μm。

9.2.2　固体粉料的混合

成型前需要将催化剂粉料、黏合剂、增塑剂等混合均匀，包括干混和湿混，干混即几种固相粉料混合，湿混则在固相粉料中加入液体进行混合。

混合过程发生的主要是物理变化，通过混合使物料均匀分布，利于后续的固相反应或/和其他相互作用发生。混合过程中加入黏合剂、增塑剂等调变颗粒表面性质，调变颗粒间相互作用，提高可塑性。工业生产催化剂使用混合器进行混合，包括搅拌、研磨、打浆等程序，依具体物料而定。

9.3　粉末颗粒的聚集及聚集体强度

9.3.1　粉末颗粒的聚集

一次物性是指原固体颗粒的物理、化学性质，如表面吸附、润湿等。二次物性是指成型条件下颗粒及其聚集体的性质，如分散性、可塑性等。二者相互关联：二次物性取决于包括流体力学性质的一次物性和成型操作条件。

颗粒间的聚集力及对应的聚集状态包括以下几种。

① 范德华力、偶极相互作用、静电力、磁力等　相互作用力弱，机械强度差；聚集体如图 9-1(a) 所示，一些小颗粒通过这几种作用力黏附于大颗粒表面，由于相互结合力弱，难以成型。

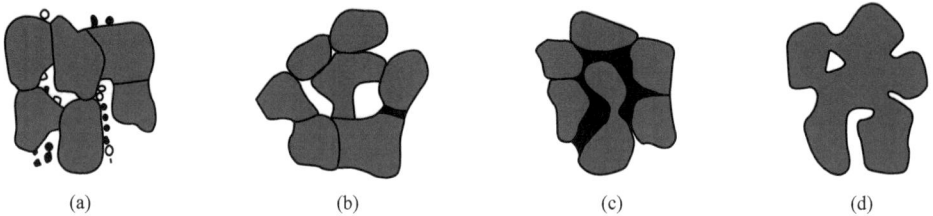

图 9-1　粉末的聚集状态

② 表面张力（要求有液体存在）　相互作用力较强，机械强度较高，但由于可塑性达不到要求，难以成型为特定的形状；存在气液界面时［图 9-1(b) 的孔壁上存在液膜］，表面张力可以将粉料颗粒拉在一起而团聚，但是气液界面容易被破坏，气液界面也可能由于液体流动而部分消失，所以仅有表面张力时不易成型。

表面张力、黏合剂等吸附层产生的引力（包括大分子间强的偶极相互作用、颗粒间强的静电作用、氢键等），如图 9-1(c) 所示的黏合剂将微粒黏合在一起，相互作用力较强，而且液膜与固体表面结合力强、不易流动，所以可成型。

催化剂成型时，表面张力与含水量、增塑剂、润滑剂、pH 等有关，从某种角度上说，上述的吸附层力属于经过调整的表面张力（界面相互作用）。

③ 化学键力　例如发生了固相反应导致烧结，如图 9-1(d) 所示，一方面，颗粒之间发生烧结，原来相接触的颗粒之间形成了化学键，作用力很强；另一方面，化学键被破坏后不容易形成，即没有可塑性，不能成型。可见颗粒之间的相互作用力适中时才可以成型。

9.3.2　聚集体的强度

人们研究了反映固体颗粒间凝聚力的抗拉强度，得到了半经验公式：

$$\sigma_Z = \frac{9}{8} \times \frac{1-\varepsilon}{\pi d^2} kH \tag{9-1}$$

式中，d 为微球颗粒直径；ε 为空隙率；k 为配位数，即一个颗粒与周围颗粒接触数的平均值；H 为接触点颗粒之间的联结力。实验研究发现：$k\varepsilon \approx \pi$，式（9-1）可写为：

$$\sigma_Z = 1.1\left(\frac{1-\varepsilon}{\varepsilon}\right)\frac{H}{d^2} \tag{9-2}$$

当 $\varepsilon = 0.35$ 时，

$$\sigma_Z = \frac{2H}{d^2} \tag{9-3}$$

基于此，下面考察颗粒间的几种聚集力与聚集体的强度关系。

（1）联结力为范德华力

$$H = \frac{A}{24} \times \frac{d}{a^2} \tag{9-4}$$

式中，a 为二颗粒表面的最小距离。

$$\sigma_Z = 8.3 \times 10^{-20} \frac{1}{a^2 d} (\text{kgf/cm}^2) \tag{9-5}$$

取 a 为 1nm，d 为 0.1μm，得 σ_Z 为 0.083kgf/cm²。范德华力太弱，不能使粉料颗粒有效团聚。A 可以看作一个常数，当 a 小于 100nm 时，$A = 10^{-12}$dyn·cm。

（2）静电力

$$H \cong 0.29\frac{Q^2}{d^2} = 0.29\pi^2\varphi^2 d^2 \tag{9-6}$$

式中，Q 为电荷量；φ 为电荷密度。代入式（9-3）得：

$$\sigma_Z = 5.7\varphi^2 \tag{9-7}$$

一般情况下，粒子不带电（颗粒表面存在双电层，但颗粒总体不带电），所以静电力对颗粒团聚的贡献可以忽略不计。

（3）表面张力

$$\sigma_Z \cong 8\frac{1-\varepsilon}{\varepsilon} \times \frac{\sigma}{d} \tag{9-8}$$

取 ε 为 0.35，d 为 0.1μm，水对硅胶的 σ 取为 7×10^{-5}kgf，计算可得 $\sigma_Z = 104$kgf/cm²。可以看出表面张力产生的团聚力足够大。

（4）吸附层力

略低于表面张力，吸附层产生的力很难计算。

可见成型前粒子之间的聚集力是吸附层力和表面张力，此两种力可以通过黏合剂、增塑剂、润滑剂和表面活性剂的选取来调节。

（5）压碎强度（σ_D）

$\sigma_Z > 0.4\text{kgf/cm}^2$ 时，$\sigma_Z/\sigma_D = 0.77$；$\sigma_Z < 0.4\text{kgf/cm}^2$ 时，$\sigma_Z/\sigma_D = 0.5$。压碎强度和抗拉强度成正比；抗拉强度小时，比值 $\dfrac{\sigma_Z}{\sigma_D}$ 较小，因为此时含水少、表面张力的贡献小。

9.4　黏合剂和润滑剂的选择

9.4.1　黏合剂

黏合剂的作用是提高颗粒间的内聚力，通过对表面性质的调变可以改善吸附层力、表面张力，分为以下几类。

（1）基体黏合剂

含量较高，黏合剂间相互作用较强，可能起到类似载体的作用，主要用于压缩成型或挤条成型，如水泥、黏土、石蜡、干淀粉等。

（2）薄膜黏合剂

用量较少，使颗粒表面形成薄膜以期调变表面性质，进而调变吸附层力和表面张力，如水、水玻璃、塑料树脂等。

（3）化学黏合剂

通过发生化学反应（化学吸附或结合于颗粒表面）或改变 pH 调节表面性质，使颗粒表面间相互作用增强，也可能在成型后的煅烧阶段黏合剂与颗粒间发生固相反应以提高强度，如铝溶胶、硅溶胶、硝酸等。

9.4.2　润滑剂

润滑剂的作用是减小物料颗粒之间或物料与设备（如压片机的冲模）之间的摩

擦作用，常用的有水、甘油、硅树脂，滑石粉、石墨、淀粉等。

成型后一般要经过干燥、煅烧，这些会导致织构、结构、机械强度等的变化，所发生的变化和前面热处理章节中介绍的类似。加入的黏合剂、增塑剂等可影响此变化：有机黏结剂，煅烧后产生 CO_2 和水，会导致比表面积变化（升高或降低）、机械强度下降；无机黏合剂在煅烧时可能发生烧结，可提高机械强度，但可能会导致比表面积下降。

9.5　成型方法

9.5.1　压缩成型法

设备如图 9-2 所示，即压片机，实际生产中由十几或二十几套上下冲头连续生产。压缩成型过程发生物理变化，从开始加压到压缩完成退出冲头发生的变化分析如下。

填充密度增加，空隙被压实，粒子本身发生弹性或塑性变形，部分粒子破碎，再由聚集力结合，硬化到极限，再增压体积保持不变；减压，弹性膨胀，若有气泡则由于气体膨胀形成裂缝。

压缩成型导致催化剂性质的变化主要有比表面积先降后增，压缩过程中粒子距离变近、紧密接触导致比表面积下降；压力再增大导致颗粒破碎使得比表面积增加。一般孔径和孔容变小，因为被压实；有时会导致表面吸附性能的变化，可能和粒度以及粒子间的作用力变化有关。

对于压缩成型，产品形状一致，大小均匀，表面光滑，机械强度高。生产能力低，冲头、冲模磨损大，成本较高，难成球形和薄片状颗粒。

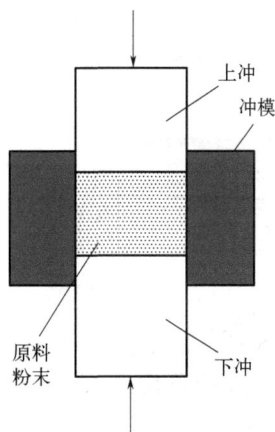

图 9-2　压缩成型示意

9.5.2　挤出成型法

常用的设备之一是活塞式挤条机，圆柱形模子上有孔，由活塞将粉料挤出成条，然后切割。常用设备之二是螺旋式挤条机，如图 9-3 所示，电动转动的螺旋杆输送并挤压物料，圆筒一端带着有孔的模子，物料将从模孔挤出，然后切割成圆柱形颗粒。

该方法要求物料具有较好的黏性和可塑性，需要加黏合剂（水等），但不宜太多，挤出后还需要有一定的强度以保持形状；操作容易，费用低，强度一般小于压缩法的产品。

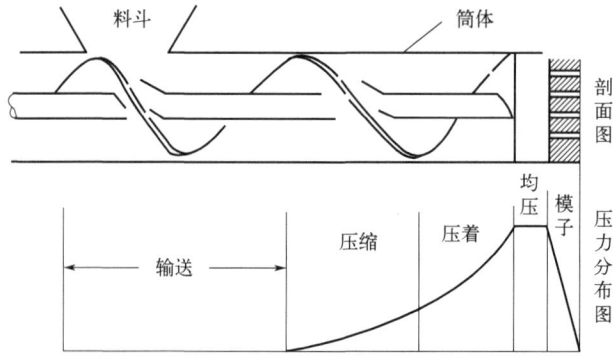

图 9-3   挤条成型及各部分的压力分布

9.5.3   转动造粒法

转动造粒法设备如图 9-4(a) 所示，倾斜的圆盘（45°～56°），四周有一定高度的挡板，盘的背面中心轴带动圆盘旋转。盘中加入粉料，喷洒水，摩擦力和离心力将粉料带到高处，重力使其落下。表面张力使粉料聚集，小的聚集体表面有水，随着滚动团聚体表面的水沾上粉料颗粒而长大，大到一定程度后从盘边溢出。

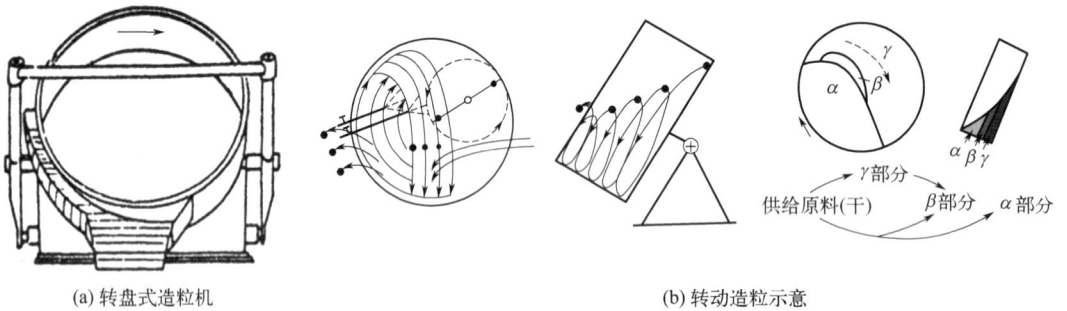

(a) 转盘式造粒机   (b) 转动造粒示意

图 9-4   转动造粒法所用设备

物料在盘中的运动轨迹如图 9-4(b) 所示，当滚动形成的团聚体颗粒尺寸大时，由于重力较大，团聚体颗粒转动到圆盘高处的摩擦力（相对重力而言）较小，随粒子变大圆弧变小。水洒在 γ 和 β 区，以便于小的团聚颗粒滚动变大。下层是小颗粒，大颗粒在上面。足够大的颗粒就是成型完成的颗粒。粉料颗粒的聚集力是表面张力。

9.5.4   喷雾成型法

设备如图 9-5 所示，包括加热系统、干燥成型系统、气固分离系统。操作的关键是悬浮液的雾化，雾滴要均匀，对应设备中的喷嘴即雾化器的设计很重要。热空气经袋式除尘器和旋风分离器送入干燥成型塔，带着待干燥的溶液或溶胶等由喷嘴进入干燥成型塔与热空气相遇、被干燥；然后再经气固分离得到固体粉末。该方法得到的催化剂形状规则、表面光滑、机械强度较好，成型的粒子小，一般为微米级。

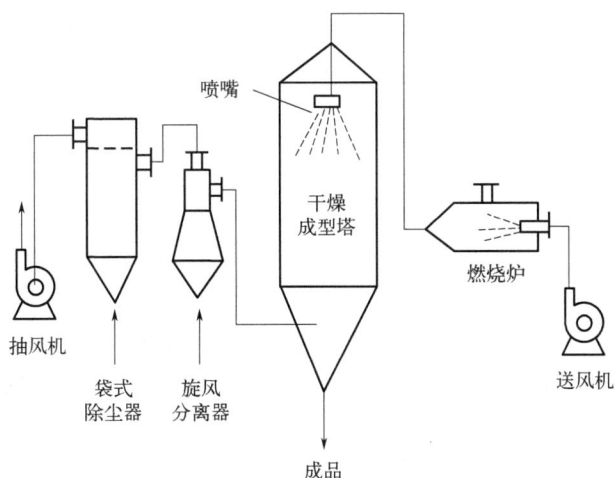

图 9-5　喷雾干燥成型装置

9.5.5　油中成型法

（1）油-氨柱成型法

设备如图 9-6 所示。胶溶得溶胶，将溶胶加入油中（A 段）成球状，因为溶胶与油相疏。球状液滴（水滴）在重力作用下进入氨水层（B 段），水滴的 pH 升高，溶胶团聚成凝胶；pH 由低到高，胶粒原来带正电，在碱性介质中将发生胶凝。凝

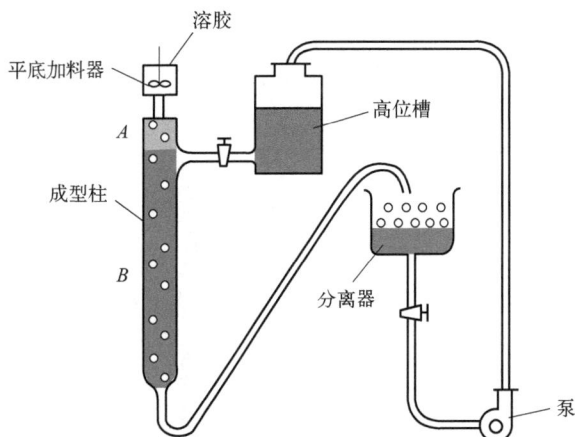

图 9-6　油-氨柱成型法示意

胶的颗粒下落的过程可以看作老化过程。A 和 B 之间由表面活性剂分隔开。凝胶的颗粒经过 B 段后，被抽入分离器，分离、洗涤、干燥、煅烧得到产品。

该方法的影响因素较多，包括油层即 A 段，与水不相溶，相对密度小于氨水和溶胶水滴；与溶胶的界面张力足够大以保证成球即成水滴；不因溶解氨而使溶胶在油中胶凝，即油中不溶解氨；含杂质足够少。氨水层即 B 段，需有利于胶凝作用发生，以便形成凝胶。表面活性剂分布在油层和氨水层界面，存有双重性基团，极性基在氨水侧，非极性基在油侧，使溶胶水滴顺利通过界面。该方法应用面窄，只适用于铝溶胶和硅胶等。

(2) 油柱成型法

铝溶胶与乌洛托品 $[(CH_2)_6N_4]$ 在室温混合，然后将此混合液加入热油中，得到氢氧化铝凝胶的球状颗粒。在热的油中会发生如下反应：

$$(CH_2)_6N_4 + 6H_2O \longrightarrow 6HCHO + 4NH_3$$

其中的机理可以结合上面的油-氨柱成型法和尿素的均匀沉淀法。

第 10 章
固体催化剂设计与制备示例

前面介绍了广泛使用的固体催化剂制备方法的基本原理，对应每种方法的更细致、深入的原理有大量的研究论文、综述和专著，浩如烟海；但是，我们不可能、也不必全部学习。掌握了化学、化工的基础知识，学习了本书的上述内容，另外需要学习"催化剂研究方法"（主要是表征催化剂的各种手段），就可以进行固体催化剂研究或开发工作了。在催化剂研究或制备技术开发过程中，根据所研究的反应或体系，再有针对性地查阅文献和学习相关的知识。

研发催化剂是"目标"导向或者说是"问题"导向的工作，即为了研发出有应用价值的催化剂（目标），解决其中面临的问题。为了解决"问题"，用到的知识可能是简单的或基础的知识，甚至常识，也可能需要复杂而深奥的专业知识，很多时候是各种知识灵活和巧妙的应用。别被所学的知识束缚了思维，别被学到的知识限制了想象空间。大学本科及中学阶段是学习知识的过程，进入研究和工作阶段则是创造知识和利用所学到的知识解决问题的过程。另外，对于催化剂研究和开发，投入大量的时间和精力进行实验至关重要，即勤奋很重要。

下面以笔者课题组的研究工作为例，介绍固体催化剂设计与制备的研究思路，供参考，希望对于科研新手能够有所助益。示例可以分为两个方面：其一，针对前沿领域的催化剂研发，即示例一（10.1节）和示例二（10.2节）；其二，针对工业催化剂设计或改进，即示例三（10.3节）。

前沿领域的一个重要方面是具有重大应用背景的新兴领域，如示例一的氢能领域。氢能是发展趋势，但实现商业化的广泛应用尚有诸多难题需要解决，包括降低电池成本、解决氢气的制造和存储问题等。对于一个课题组来说，只能针对特定的问题，探索解决的新途径或研究其中的原理。第一步需要找到"问题"，这需要了解该领域的背景、研发进展，并基于该背景和进展研判发展趋势。找到了"问题"之后，第二步是总结和归纳已经报道的解决该"问题"的对策和思路，综述别人如何解决该"问题"。第三步则是提出自己解决该问题的新的思想或对策，对于催化剂研究就是提出设计和制备催化剂的新方案，有望通过提出的新方案解决问题；对于基础研究则需弄明白"问题"对应的原理（如果原理不清楚的话）或者研究所提出的新方案对应的原理。

注意这里需要强调"新"方案，前沿研究重在创新，新方案中往往会蕴含新知识；所以，相应的研究可能会产生新知识。所说的新方案就是研究人员通常说的解决思路。

上述的三个步骤是确定研究课题的过程，确定了研究课题之后，对所提出的"新方案"细化，并开展对新方案的研究，于是进入了实验研究阶段。研究人员的大部分精力投入到实验研究中，研究新方案的可行性、其中的原理、对研究方案不断修正、对所研究对象的认识逐渐深入，期间会产生新的、更好的解决思路。

对于刚进入实验室的新手，如刚进实验室的研究生，需要阅读大量文献才能明白导师或其他指导老师（师兄、师姐）布置的解决思路的含义；当然，阅读文献更重要的是了解将要研究领域的背景和进展。对于能力强的新手，通过大量阅读文献也可能自己提出好的、可行的解决思路。

示例二属于研究过程中产生的解决思路。有了一定的研究经历，了解了所研究领域的背景，知道同行在解决哪些问题，就有可能对所研究的问题产生独特的解决思路。解决思路很宝贵，如果你有了新的想法，切记要和导师、课题组里的人员讨论。

示例三的解决思路适用于工业催化剂的研发或改进。工业催化剂往往是被充分研究了的催化剂，存在的问题或需要改进之处比较清楚，优良催化剂所要求具备的特征（结构特点）也比较清楚。催化剂研究就是针对问题，提出解决方案；或者，针对目标催化剂的特征，提出催化剂设计和制备方案。当然，这需要新思想、新方案，已经有的方案或者被专利保护，或者没有应用前景。

有了研究方案之后，要进行大量的实验研究。

提出好的、可行的解决思路需要灵感，灵感从何而来？关联各类信息或知识是触发灵感的重要途径。关注本领域的最新研究动态、新进展、新发现，用于解决所面临的"问题"，如示例一。也可以借鉴其他领域的最新研究成果或思路，触发解决"问题"的灵感，如示例二。所以，催化剂研发，获取广博的知识很重要，关注本领域和其他领域的新发现、新思想也很有用。

10.1　组合孔、整体式催化剂用于制氢系统小型化

10.1.1　小型化是燃料电池制氢系统面临的关键问题

（1）燃料电池制氢面临的关键问题

燃料电池中应用前景最为看好的是氢燃料电池，即以氢气为燃料的电池，它由燃料电池系统和供氢系统构成。它可以作为小型电器设备，例如笔记本电脑、手机等的电源；用作小型、便携式能源设施，例如用于远离现代供电网络的家庭、办公

场所；最大的应用市场是电动汽车的电源，即燃料电池汽车。

　　燃料电池的能效高、环境友好（氢燃料电池，氢为燃料，生成水）、没有噪声、安全性好，最具有吸引力的是环境友好和能效高，在低碳经济、可再生能源（氢气由可再生能源制造）领域占有重要地位，被认为是发展的趋势。

　　燃料电池发展至今接近两百年，但是应用范围不广。21 世纪初很多预测认为，现在燃料电池汽车应该已经在市场有一定的占有率，但目前进入市场的电动汽车使用的是充电电池。最近氢燃料电池汽车又受到很多国家的高度重视，有不少样车、加氢站建设的报道；但是要在市场有竞争力，还需要大幅降低电池成本和解决制氢、储氢问题。

　　制氢途径有很多种，从长远来看，应该来源于可再生能源或核能，如电解水、光解水等，这样获得的氢气需要储存，储氢又是一个难题。

　　其他的制氢途径，例如金属与水反应、氨分解、硫化氢分解等，也在研究之中。

　　煤、石油、天然气等烃类化合物制氢有成熟的技术，如合成氨所需要的氢气制造。另外，生物质可以生产乙醇、甲醇等化合物；电解水获得的氢气也可以转化为甲醇、甲烷等便于运输的化合物，这属于化学储氢。

　　图 10-1 给出了以乙醇为例的制氢流程。乙醇经过水蒸气重整（steam reforming of ethanol，SRE）或部分氧化（partial oxidation of ethanol，POE）或自热重整（autothermal reforming of ethanol，ARE）转化为 H_2、CO 和 CO_2 等的混合气体，再经水煤气变换反应（WGS）将大部分的 CO 转化为 H_2。由于受热力学平衡制约，残留约 1% 的 CO 不能经 WGS 转化。但是，微量的 CO 会使燃料电池的电极中毒，必须净化至 10^{-5} 或者（对于耐 CO 中毒的电极）10^{-4} 以下。这个净化的可能途径是 PROX（preferential oxidation，优先氧化），向该富氢气体中通入少量氧气，氧气优先氧化掉其中的 CO。

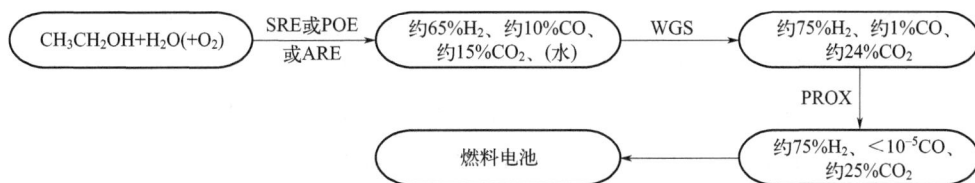

图 10-1　乙醇制氢流程示意

　　由于我国天然气需求量大，成本高，目前以煤制氢居多。针对化工、石油加工等的制氢技术成熟，但是设备体积庞大，不适合于燃料电池的制氢。由前述知道，燃料电池应用于汽车或更小设备的电源。化工厂庞大设备制造的氢气需要经过运输，再储存起来供燃料电池使用，但是氢气的低密度、易渗透使得其运输和储存均很难实现。

　　解决的可能途径是将氢储存于化合物中，含氢化合物方便运输，在加氢站（类似汽油车的加油站）转化为氢气，燃料电池汽车在加氢站加氢。加氢站也有氢气储存问题，高压罐存储存在安全隐患等。若能将含氢化合物在汽车上现场转化为氢气，则避开了氢气存储。

加氢站制氢，汽车上含氢化合物现场制氢，均不能使用化工行业的大型设备；加氢站不可能建设一个化工厂，汽车上制氢和其他小型的燃料电池更不可能直接使用现有化工厂的制氢技术。于是，对于氢燃料电池汽车的氢源系统需要解决的一个重要问题是含氢化合物制氢的小型化，燃料电池作为其他领域应用的小型电源也一样需要小型制氢设备。

这部分简要介绍了氢燃料电池的研究和应用背景，目的是说明：小型化是"燃料电池"氢源系统需要解决的核心问题。

（2）文献报道的解决"小型化"的对策

如图 10-1 所示制氢过程的反应都是催化反应，催化剂是关键。实现制氢系统"小型化"就需要研究高效（高活性）的催化剂，这也是制氢领域研究的重点，研究催化剂的结构、性能、机理等，对相关催化剂、催化过程加深认识，以期研发有应用价值的催化剂。这方面有大量的研究报道，取得了较大的进展。

充分利用催化剂的高活性，由催化剂构建反应器方面是相关的又一个研究领域。针对氢燃料电池"小型化"氢源系统的制氢催化反应器，根据报道可以分为如下三个方面，下面以 CO-PROX 反应器为例说明。

颗粒催化剂填充的固定床反应器。可以将 H_2 中的 CO 降至 30×10^{-6} 以下，反应器的体积也较小，如采用金催化剂，CO 降至 50×10^{-6}，对 1.5kW 电池供氢的 CO-PROX 反应器尺寸大于 150cm³。

存在的问题是反应气体穿过堆积的固体催化剂颗粒的压力降较大，导致穿过的反应气体的速度不能太大，即单位时间流过催化剂的反应物不能太多，不适合高效制氢时在高空速下使用。"小型化"要求反应物（含氢化合物）高速穿过催化剂并转化为产物，这样才能降低催化剂用量，从而减小反应器体积；所以催化剂颗粒堆积床层不是"小型化"的适合选择。

整体式催化剂是将 CO-PROX 催化剂负载于蜂窝状陶瓷载体上构成，气体穿过时的压差小，于是可以在高空速下运行。但是，高空速时，由于受扩散限制，难以将 CO 降至 10^{-5}；而降低空速，则反应器体积增大。整体式催化剂载体如图 10-2 所示，可以是整块的陶瓷，蜂窝状，常用的是堇青石，穿过的孔道尺寸在 1mm 左右；或者陶瓷泡沫、金属泡沫，其间是几百微米至毫米级的孔；或者波纹状金属卷曲得到的整块金属载体。

微型反应器是当前致力研究的主要方向。将金属等（FeCrAl、不锈钢、硅、陶瓷等）箔片成型为具有微米级（$100 \sim 500\mu m$）通道的规整形状，用作催化剂的载体，如图 10-3（b）所示，图 10-3（a）是载体负载催化剂并组装成的微型反应器。

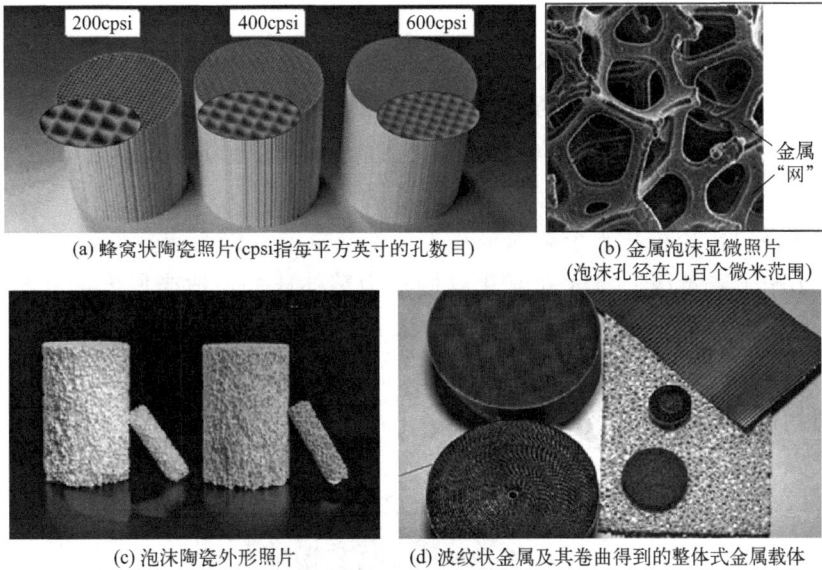

(a) 蜂窝状陶瓷照片(cpsi指每平方英寸的孔数目)

(b) 金属泡沫显微照片
(泡沫孔径在几百个微米范围)

(c) 泡沫陶瓷外形照片

(d) 波纹状金属及其卷曲得到的整体式金属载体

图 10-2　整体式催化剂载体

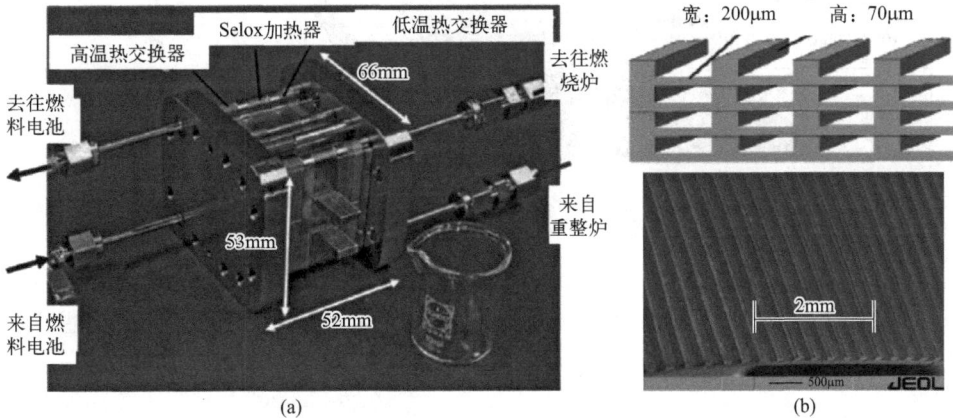

(a)

(b)

图 10-3　微型反应器照片

在空速不很高时，可将 CO 降至 10^{-5}，对 100W 的燃料电池供氢，其 CO-PROX 反应器的体积约 100mL。存在传质制约，高空速时，部分 CO 未与孔道壁的催化剂接触便穿过了孔道，所以很难净化至 10^{-5}。另外需要注意，此燃料电池的功率很小，而且 CO-PROX 是制氢中体积占比较小的一个环节。就是说微型反应器可以起到"小型化"的效果，但是所构建的整体的制氢系统体积仍然比较庞大。

（3）本研究提出的解决"小型化"的新思路

由前面的介绍知道氢燃料电池的氢源系统需要解决的关键问题是小型化；所报道的解决方案中，颗粒催化剂床层由于压力降大，不适合；整体式催化剂和微型反应器可以达到小型化的目的，但是体积仍然比较大，不是理想的方案。特别是燃料电池用作小型电源，体积庞大的问题就更明显。

整体式催化剂的孔道在毫米级，微型反应器的孔道则在几百个微米范围；如果将孔道尺寸再降低，就可以提高反应气体与催化剂表面的接触，以较小体积的催化剂就可以起到 CO 净化效果；并且保持高空速、小的压力降；于是可达到"小型化"目标。

大孔材料的孔径在几十个微米至几十个纳米范围，比泡沫金属和微型反应器的孔道尺寸小一个数量级。将大孔氧化物制作为整体式——适当厚度的片状整体式，担载 CO-PROX 催化剂；或者，将 CO-PROX 直接制备成片状整体式；富氢气体中的 CO 穿过该催化剂片就被氧化为 CO_2 而净化掉，于是实现了"小型化"，如图 10-4 所示。

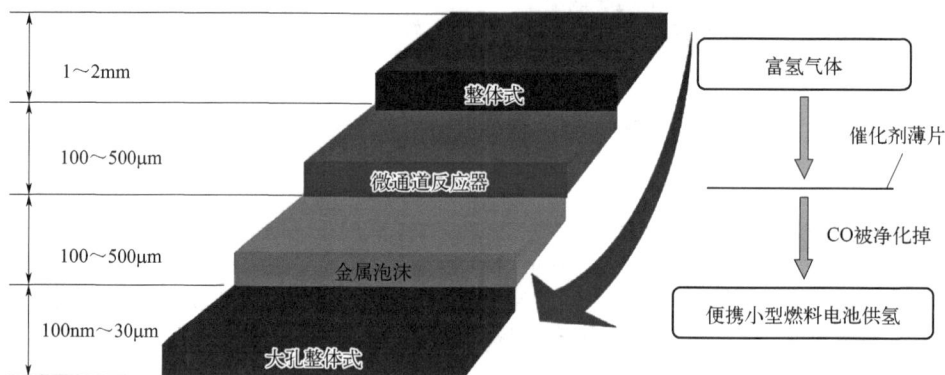

图 10-4　制氢催化反应器"小型化"途径示意（以 CO-PROX 为例）

我们 2004 年有了这个解决思路，一方面，当时氢燃料电池很受重视；另一方面，3DOM 材料于 1997 年提出，2004 年也有了一定的进展。我们也在关注着制氢和大孔材料领域的研究进展，于是有了这个想法。

10.1.2　组合孔、整体式催化剂用于制氢系统小型化 ——以 CO-PROX 为例

利用大孔整体式催化剂实现碳氢化合物制氢"小型化"，以富氢气中 CO 净化，即 CO-PROX 为代表反应进行探索。$CuO-CeO_2$ 是研究较多的 CO-PROX 催化剂。但是，3DOM 的 $CuO-CeO_2$ 尚未报道，制备方面需要做些探索，不过难度不大。

3DOM 氧化物的制备，在第 6 章中已经介绍过了，这里不再介绍细节。

（1）3DOM $CuO-CeO_2$ 催化剂

采用聚苯乙烯（PS）胶晶为模板，制备出了 3DOM $CuO-CeO_2$ 催化剂，蛋壳

孔的平均孔直径约 260nm。

另外还制备了常规的 CuO-CeO$_2$ 颗粒催化剂，采用高压压碎、破坏了 3DOM 大孔的 CuO-CeO$_2$，以及纯 CuO 和 CeO$_2$，以作对比。

这 3 个 CuO-CeO$_2$ 催化剂，组成相同即 Cu/Ce 相同，具有相同的化学结构（如压碎只是破坏了大孔），相近的比表面积和介孔、微孔结构。这些有表征数据为证，不在此列出了。

CuO-CeO$_2$ 催化剂已经有较多的研究，不少性质已经知道，比如 TPR 就可以反映出它的一些化学性质。由 TPR 结果知道，3 个 CuO-CeO$_2$ 催化剂的曲线形状一样，这是 3 个催化剂性质相同的一个反映。TPR 不能反映出是否存在大孔。

图 10-5 给出了 3 个催化剂上净化富氢气体中 CO 的性能。空速较低时，3 个催化剂净化效果相近，如空速为 40000mL/(g_{cat} · h) 时，都可以将 CO 完全净化掉（氧化为 CO$_2$）。高空速时，3DOM 催化剂的净化效果显著优于颗粒催化剂（particulate）和大孔被破坏了的催化剂（3DOM crushed）。

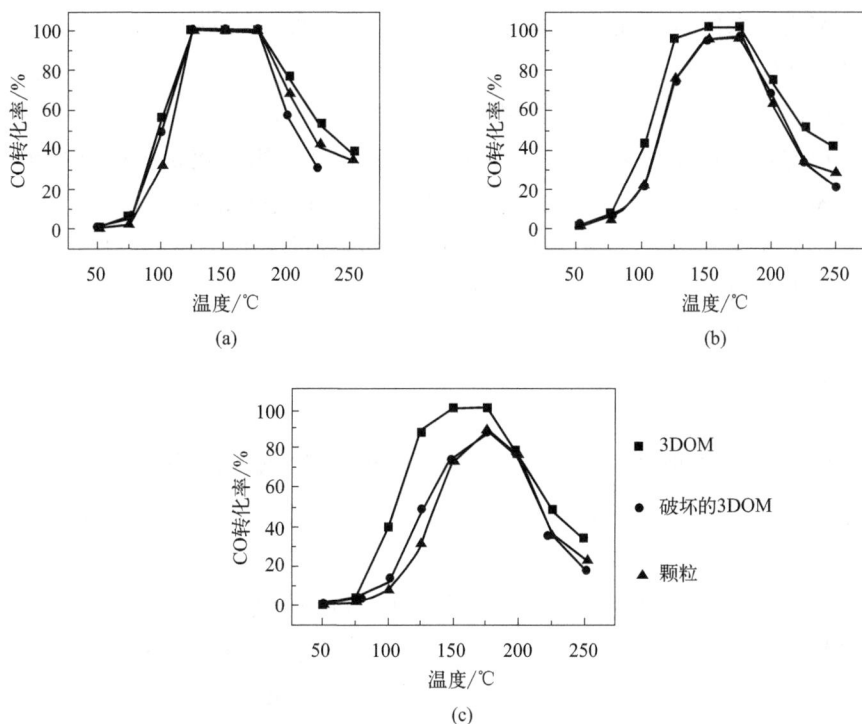

图 10-5　催化剂 CuO-CeO$_2$ 的 CO 转化率随反应温度的变化曲线

图 10-5 中的空速分别是 40000mL/(g_{cat} · h)、80000mL/(g_{cat} · h)、160000mL/(g_{cat} · h)，反应气组成为 1%CO、1%O$_2$、50%H$_2$ 和 N$_2$ 平衡气。

高空速下可以完全净化，就是说一定体积时，可以净化的富氢气体量大；对应的，当反应气体流速一定时，就是净化一定量的富氢气体需要更小体积的催化剂，即达到了"小型化"目的。

3个催化剂化学结构相同，所以本征活性应该相同。孔结构不同，3DOM在高空速下的净化效果显著优于另两个催化剂。另外，实验显示反应气体穿过大孔催化剂的压力降也小。

实验结果显示，我们提出的制氢催化反应器"小型化"的思想可行。

定性的原理分析：当催化剂的活性很高时，催化反应由扩散控制，大孔显著强化了传质，提高了反应气体与催化剂颗粒内表面（大孔壁）的接触，于是显著提高了CO转化率。催化剂性能测试用40目颗粒，对应直径约$420\mu m$，3DOM的CuO-CeO$_2$颗粒内充满260nm的大孔。常规的颗粒催化剂，颗粒内的孔大多为孔径在10nm以内的介孔；高空速下，反应气体不能与介孔壁充分接触，即受到内扩散限制，CO不能完全转化。

理论上，最优的催化剂孔结构可以通过计算机模拟获得，但是计算机模拟研究者会对有价值的体系进行计算。在我们提出这个"小型化"思想之前，还看不到这个计算的价值。在我们进行这个实验研究的若干年后，大孔-介孔催化剂领域有更多的研究、进一步发展，对应的计算机模拟也开始进行。

这个实验结果的启示是：当研发出高效（高活性）的催化剂后，实现"小型化"需要设计催化剂的孔结构。

继续我们提出的催化剂设计思想，我们希望制备大孔整体式催化剂，如图10-6所示。CuO-CeO$_2$的机械强度低，不能制备成整体式。需要用机械强度好的氧化物制备成整体式载体，然后负载CO-PROX催化剂。但是，分析3DOM材料的制备，发现3DOM氧化物整体式的制备难度太大。3DOM的大孔是三维有序的规整结构，而催化剂的大孔目的在于传质，没必要规整。

于是，将制备一般的大孔整体式氧化铝载体，然后担载CO-PROX活性组分，继续"小型化"探索和研究。

（2）组合孔、整体式氧化铝为载体的CO-PROX催化剂用于"小型化"

大孔整体式Al$_2$O$_3$的制备采用第7章介绍的微乳液技术。活性组分的负载，采用浸渍法。

聚苯乙烯模板可以切割为各种需要的形状，以该聚苯乙烯泡沫为模板，填充氢氧化铝溶胶（多次填充），干燥、煅烧后，制得的氧化铝将复制聚苯乙烯泡沫的形状（煅烧过程中，会有收缩，尺寸小于原聚苯乙烯泡沫），于是制得了整体式氧化铝载体。

从表10-1可以看出存在介孔，属于介孔-大孔的组合孔结构。PS泡沫填充铝溶胶后的干燥温度都是100℃。600℃和900℃煅烧得到的是γ-Al$_2$O$_3$。1300℃煅烧后的α-Al$_2$O$_3$具有很好的机械强度，但是比表面积小；用它做载体时，可以在其表面涂覆介孔γ-Al$_2$O$_3$提高比表面积。制得的整体式PS模板和几个温度煅烧后的氧化铝照片示于图10-6，对照图中的尺子，可以看出整体式圆柱的直径接近1cm。

表 10-1　组合孔、整体式 Al_2O_3 的比表面积、孔结构和机械强度数据

大孔整体式 Al_2O_3	BET 比表面积 /(m²/g)	BJH 孔径 /nm	BJH 孔容 /(cm³/g)	抗压强度 /MPa
AI-600	228	2.2	0.190	—
PB-600	261	2.8	0.214	0.123
AI-600-C	251	2.2,6.5	0.384	—
PB-900	85	6.5	0.169	0.713
PB-1100	80	5.6	0.168	0.759
PB-1300	5	2.8	0.010	3.081

注：AI 指由异丙醇铝水解得到铝溶胶；PB 指拟薄水铝石；C 指添加了介孔模板剂 CTAB（十六烷基三甲基溴化铵），分别作为填充的胶体。编号中的数字是煅烧温度（℃）。

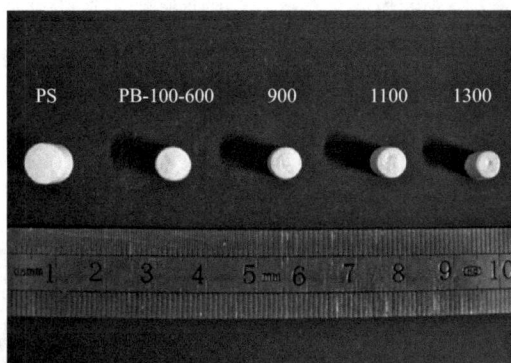

图 10-6　制得的整体式大孔氧化铝载体和聚苯乙烯（PS）模板的照片（图中所标数字是煅烧温度，℃）

氧化铝整体式复制了模板的孔结构；负载催化剂活性组分 Pt 后，大孔的孔结构无变化。大孔之间由较小的孔窗相连，利于反应物传递，如图 10-7 所示。从图 (d) 可以看出孔壁由两层合在一起，中间原来是 PS 模板；填充过程中模板两侧表面涂敷了氢氧化铝凝胶，煅烧过程中 PS 模板被烧掉，两侧的氢氧化铝凝胶转化为氧化铝靠在了一起。

通过浸渍法分别负载了 Pt、含 K 助剂的 Pt 和 Ni-Pt 双金属，从图 10-8 可以看出活性组分 Pt 在载体表面高分散，添加 Ni 或 K 可以提高 Pt 的分散度，加 Ni 的效果更明显，Pt 粒子直径在 1~2nm。

图 10-9(a) 中，P 指颗粒（Particle），M 指整体式，P-Pt/γ-Al_2O_3 和 M-Pt/γ-Al_2O_3 一个是颗粒催化剂，另一个是整体式催化剂，组成相同。破坏的 M-Pt/γ-Al_2O_3 是将 M-Pt/γ-Al_2O_3 的大孔通过高压破坏，其他性质二者相同。M-Pt/γ-Al_2O_3 在 225℃ 可以将 CO 完全氧化为 CO_2，而另两个催化剂则不能，即整体式催化剂可以完全净化 CO，而非整体式不能。在比较高的温度，反应由扩散控制，大孔利于传质，所以净化效果好。反应过程中，少量 CO 加氢生成了甲烷。

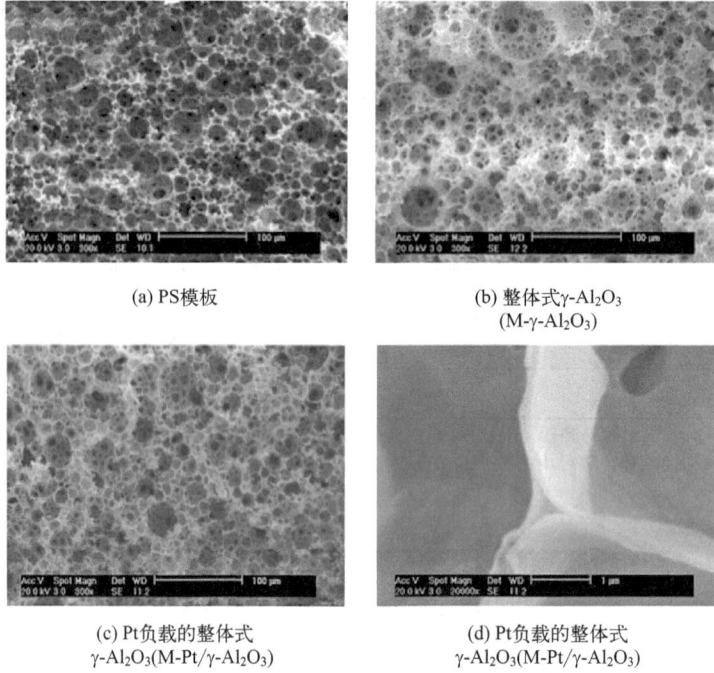

(a) PS模板

(b) 整体式γ-Al$_2$O$_3$
(M-γ-Al$_2$O$_3$)

(c) Pt负载的整体式
γ-Al$_2$O$_3$(M-Pt/γ-Al$_2$O$_3$)

(d) Pt负载的整体式
γ-Al$_2$O$_3$(M-Pt/γ-Al$_2$O$_3$)

图 10-7　模板及催化剂的 SEM

(a) M-K-Pt/γ -Al$_2$O$_3$

(b) M-Pt/γ -Al$_2$O$_3$

(c) M-Pt-Ni/γ/α -Al$_2$O$_3$

图 10-8　还原后催化剂的 TEM

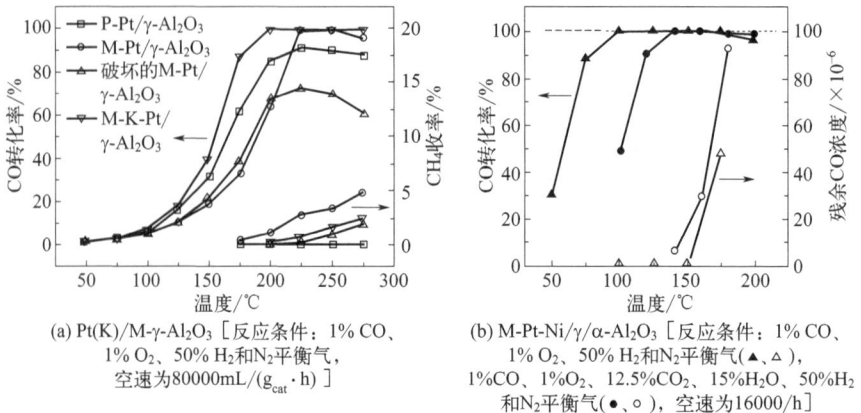

(a) Pt(K)/M-γ-Al$_2$O$_3$〔反应条件：1% CO、
1% O$_2$、50% H$_2$和N$_2$平衡气，
空速为80000mL/(g$_{cat}$·h)〕

(b) M-Pt-Ni/γ/α-Al$_2$O$_3$〔反应条件：1% CO、
1% O$_2$、50% H$_2$和N$_2$平衡气(▲、△)，
1%CO、1%O$_2$、12.5%CO$_2$、15%H$_2$O、50%H$_2$
和N$_2$平衡气(●、○)，空速为16000/h〕

图 10-9　催化性能

M-Pt-Ni/γ/α-Al$_2$O$_3$ 整体式催化剂可以在高空速下，将重整-变换所得的富氢气体中的 CO 净化到 10^{-6} 级 ［图 10-9(b)］。α-Al$_2$O$_3$ 又有好的机械强度。显示图 10-4 中提出的构想具有可行性。

又将 CuO-CeO$_2$ 催化剂担载于介孔-大孔整体式 Al$_2$O$_3$ 表面，从图 10-10(b) 可以看出大孔壁上所负载的一团一团的 CuO-CeO$_2$ 催化剂。其中，大孔在 $20\sim30\mu m$，由孔窗相连，CuO-CeO$_2$ 催化剂微粒高分散于大孔的壁上，图中看到的催化剂颗粒是纳米粒子的聚集体。该催化剂也有好的净化 CO 效果，不在这里做详细介绍。

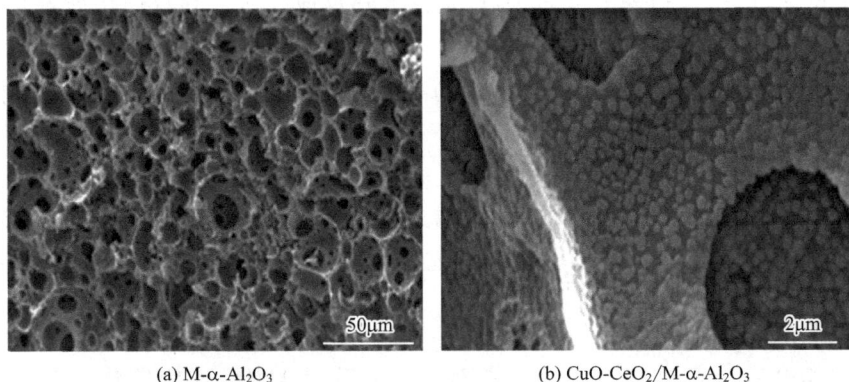

(a) M-α-Al$_2$O$_3$　　　　　　　(b) CuO-CeO$_2$/M-α-Al$_2$O$_3$

图 10-10　载体 M-α-Al$_2$O$_3$ 和催化剂 CuO-CeO$_2$/M-α-Al$_2$O$_3$ 的 SEM

表 10-2 列出了本研究的整体式催化剂和文献报道的好的催化剂对富氢气体中 CO 的净化性能，可以看出本研究的整体式催化剂在更高的空速下可以将 CO 净化至 10^{-5} 或 10^{-4} （分别对应 CO 转化率 99.9% 和 99.0%）。更高空速意味着可以降低催化剂体积，即可以达到小型化效果。

表 10-2　与文献报道的优良催化剂比较

催化剂和反应器	反应条件	空速/h^{-1}	转化率/%
M-Pt-Ni/γ/α-Al$_2$O$_3$[①]	1% CO,1% O$_2$,12.5% CO$_2$, 15% H$_2$O,50% H$_2$,N$_2$	16000	>99.9
CuO-CeO$_2$ 大孔 Al$_2$O$_3$ 整体[①]	1%CO,1%O$_2$,50%H$_2$,20%CO$_2$,N$_2$	16000	>99.0
CuO-CeO$_2$ Al 金属泡沫	1%CO,1.25%O$_2$,50%H$_2$,15%CO$_2$,He	4718	>99.0
4%Pt-0.5%Fe/丝光沸石陶瓷直孔整体	1%CO,1%O$_2$,15%H$_2$O,20%CO$_2$,H$_2$	5800、9500	>99.9
1%Pt/50% 3A 沸石和 50% γ-Al$_2$O$_3$ 金属片孔道反应器	0.5%$\sim$1%CO,1%$\sim$2%O$_2$,5%H$_2$O, 18%CO$_2$,He	2000、4800	>99.8

① 编著者课题组的整体式催化剂。

10.1.3　组合孔、整体式催化剂用于制氢系统小型化 ——催化剂设计的优化

上述组合孔、整体式催化剂用于制氢系统小型化显示出良好的效果，但存在新

的问题，又需要新的解决对策。

大孔整体式催化剂传质好、S_{BET} 较高又可以制作成所需要的形状的规整型整体式，使用方便。但是有两方面的问题，需要改善。第一个问题，大孔壁若由丰富的介孔材料构成，则机械强度比较低，反之，若没有纳米介孔，则 S_{BET} 低导致活性低；导热性能差，形成热点影响净化 CO 效果。富氢气体中含有 CO、H_2O、H_2 和 CO_2 等，其中 H_2 和 CO_2 的含量高，H_2 和 CO_2 会发生反应（逆水煤气变换反应，r-WGSR）生成 CO 和水，于是影响净化 CO 的效果。r-WGSR 是吸热反应，高温利于反应进行。CO 氧化生成 CO_2 是强放热反应，所以导致催化剂表面局部温度升高，即生成热点，热点上就易于发生 r-WGSR。

第二个问题即热点生成问题，对 CO-PROX 影响更大；第一个问题可能通过改善介孔材料的强度等得以改善。

针对热点生成问题，金属导热性好、机械强度又高，所以具有组合孔、整体式的金属载体是可能的选择，但是一方面组合孔、整体式的金属载体的制备难度大；另一方面金属载体上负载氧化物催化剂，金属和氧化物之间结合力弱、容易脱落。

于是做了以下两方面的工作。

（1）组合孔、整体式 $\alpha\text{-}Al_2O_3$ 表面涂覆介孔 $\gamma\text{-}Al_2O_3$ 作为催化剂载体 ——保持高机械强度并有较高的比表面积

$\alpha\text{-}Al_2O_3$ 有好的机械强度，但是比表面积比较低。其上涂一层介孔氧化铝，以提高比表面积。

图 10-11 给出了涂覆的示意图。先按上述的微乳液技术制备得到 $\alpha\text{-}Al_2O_3$ 整体式，图中的黑-灰色圆柱体，以 $M\text{-}\alpha\text{-}Al_2O_3$ 表示。在 $M\text{-}\alpha\text{-}Al_2O_3$ 的壁上沉积由氢氧化铝胶粒和表面活性剂构成的胶束，然后填充，即由毛细拉力将胶束拉入 $M\text{-}\alpha\text{-}Al_2O_3$ 的大孔内。其中的真空抽滤旨在抽去大孔中的气体，以利于胶束的填充。Pluronic P123 是制备介孔材料时常用的一种表面活性剂。

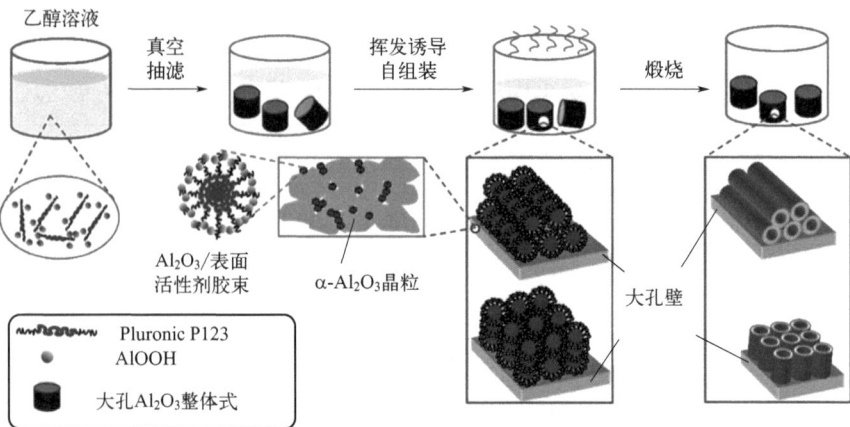

图 10-11　在 $M\text{-}\alpha\text{-}Al_2O_3$ 大孔壁上涂覆介孔氧化铝的示意图

填充后经干燥、600℃左右煅烧，实现了在 M-α-Al₂O₃ 的大孔孔壁上涂覆了一层介孔 γ-Al₂O₃，600℃煅烧将氢氧化铝胶粒转化为 γ-Al₂O₃。比表面积由 α-Al₂O₃ 的每克几个平方米，提高到涂覆后的每克一百平方米以上（具体 S_{BET} 大小和涂覆量以及涂覆后的煅烧温度有关）。制得的组合孔、整体式催化剂载体如图 10-12 所示，图 10-12(a) 显示了 M-α-Al₂O₃ 的大孔，其中的插图是整体式的照片；对比图 10-12(b) 和（c），可以看出（c）中在大孔壁上涂覆了一层絮状物，从图 10-12(d) 看出该絮状物是介孔结构，它是介孔氧化铝。

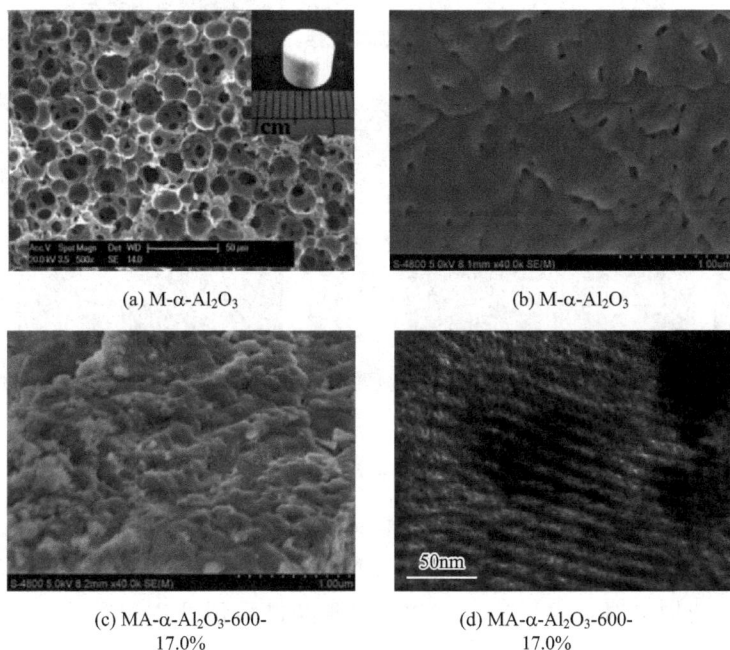

(a) M-α-Al₂O₃

(b) M-α-Al₂O₃

(c) MA-α-Al₂O₃-600-
17.0%

(d) MA-α-Al₂O₃-600-
17.0%

图 10-12　组合孔、整体式氧化铝载体的 SEM 图

（600 和 17.0％分别表示煅烧温度是 600℃和涂覆量的质量分数）

其中，氢氧化铝-表面活性剂胶束的制备原理在介孔材料的制备中已经有介绍。活性组分的负载可以采用浸渍法或吸附浸渍等。

该载体上再负载催化剂活性组分，得到介孔-大孔整体式 CO-PROX 催化剂。涂覆介孔 γ-Al₂O₃ 涂层的催化剂，催化性能相应的有所提高，具体数据不再列出。

（2）纳米碳材料和氧化物复合的组合孔、整体式催化剂——提高导热性

采用碳纳米管（CNTs）或石墨烯等作为载体可以避免或缓解热点生成，这是由于碳材料优越的导热性能；但是它们难以成型，更谈不上制作为整体式。

将 CNTs 与氧化物复合则可以成型并能提高载体的导热性。图 10-13 给出了制备得到的 CNTs-Al₂O₃ 复合物整体式的电镜图。图 10-13(a) 为整体式聚苯乙烯模板，图 10-13(b)～(f) 为 CNT-Al₂O₃ 复合物氧化物中掺杂 CNTs 后，可提高机械

强度，如图 10-13(f) 所示，CNTs 可以把氧化物连接在一起，阻碍颗粒破碎。

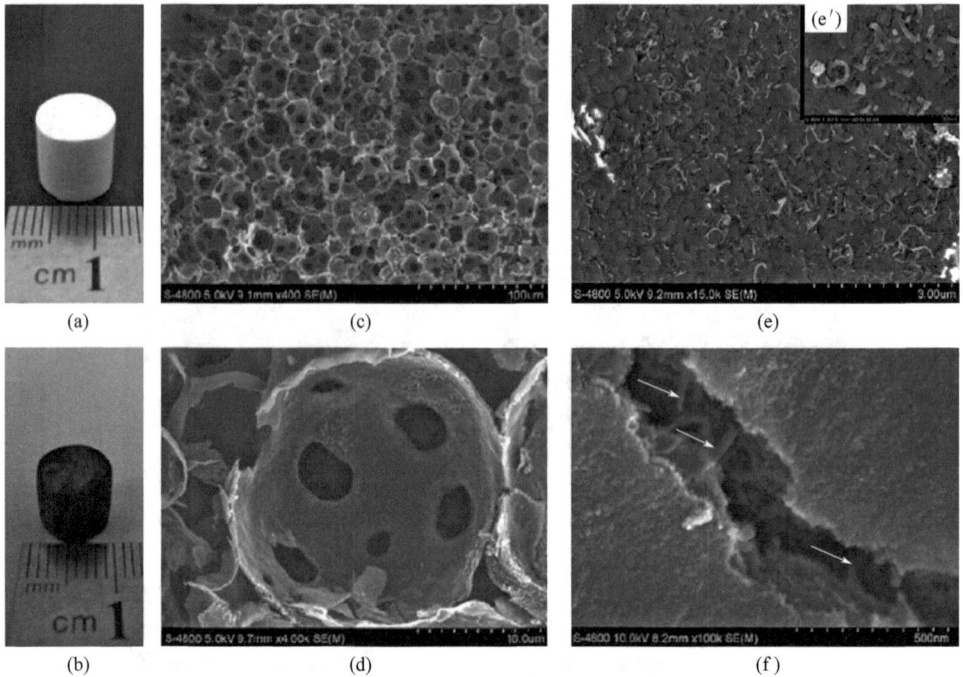

图 10-13   组合孔、整体式载体的形貌

纳米碳材料和氧化物复合的大孔整体式的制备与大孔 Al_2O_3 整体式的制备类似，不同之处只是填充使用了氢氧化铝-CNTs 的溶胶混合物。制备过程中，氢氧化铝和 CNTs 的均匀混合很重要。CNTs 需要经过酸预处理等程序，起到对 CNTs 改性的效果，以利于和氢氧化铝胶粒的均匀混合。

添加 CNTs 后，S_{BET} 提高了；但是整体式的导热性提高并不理想，可能是由于孔隙率的提高降低了导热性；表 10-3 列出了相关测试数据。

表 10-3   CNTs-Al_2O_3 复合物整体式的物性

样品	BET 比表面积 /(m²/g)	孔径 /nm	孔容 /(cm³/g)	抗压强度 /MPa	热导率[1] /[W/(m·K)]
CNTs-OX	108	125	0.40	—	—
Al_2O_3-1300-M	3	—	0.017	3.08	0.08468
0.5%CNT-Al_2O_3-1300-M	12	18.7	0.049	0.59	0.08624
1%CNT-Al_2O_3-1300-M	21	12.6	0.053	0.66	0.09535
3%CNT-Al_2O_3-1300-M	34	14.3	0.089	1.17	—
5%CNT-Al_2O_3-1300-M	48	12.5	0.128	1.89	0.1049
15%CNT-Al_2O_3-1300-M	80	9.1	0.163	1.23	0.08490

续表

样品	BET 比表面积 /(m²/g)	孔径 /nm	孔容 /(cm³/g)	抗压强度 /MPa	热导率[①] /[W/(m·K)]
5%CNT-Al₂O₃-600-M	215	4.0	0.235	0.94(0.123)[②]	0.08768
5%CNT-Al₂O₃-900-M	183	4.0	0.211	1.18(0.713)[②]	—
5%CNT-Al₂O₃-1100-M	86	6.4	0.171	1.33(0.759)[②]	—

① 热导率在室温时测试。
② 括号中的数据是纯 Al₂O₃ 整体式在室温下的抗压强度。

　　然而，CNTs 应该起到了缓解热点生成的作用。所测试得到的导热性是整体式催化剂的导热性，即热从整体式一端传导至另一端。整体式是厘米级尺寸，CNTs 长度在几十至几百纳米，所以 CNTs 对此导热性提高不明显。但是，由于 CNTs 均匀分散于整体式中，CNTs 的优越导热性能会使得整体式中各个位置的温度比较均匀，也就是避免或缓解了热点生成。

　　在复合物整体式载体表面负载 Pt-Ni 双金属催化剂（采用浸渍法），制得了整体式催化剂。与未复合 CNTs 的 Al₂O₃ 对应催化剂相比，净化 CO 的性能有明显提高。图 10-14 给出了 CNTs-Al₂O₃ 复合物整体式担载 Pt-Ni 催化剂对 CO-PROX 的性能。类似的方法，制备了石墨烯-SiO₂ 复合物担载 Pt-Ni 催化剂、石墨烯-SiO₂ 复合物担载 Ru 催化剂等。

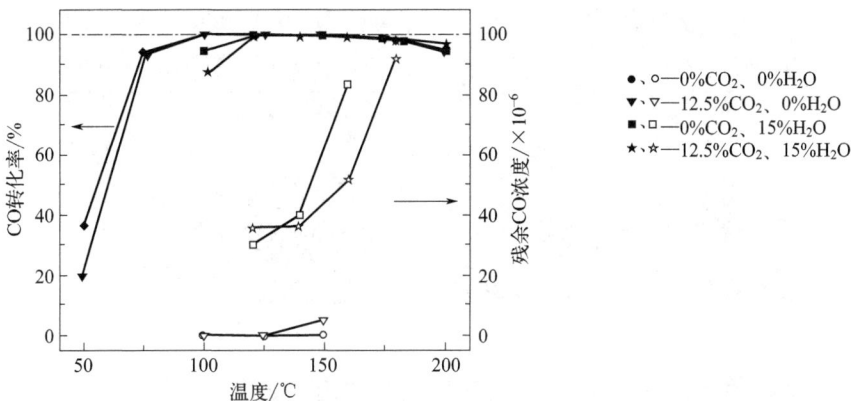

图 10-14　催化剂 0.75% Pt/0.35 % Ni/5% CNT（数字均为占催化剂的质量分数)-Al₂O₃-1300-M 在 CO-PROX 反应中的催化性能

（反应气体 1% CO、1% O₂、0~12.5% CO₂、0~15% H₂O、50% H₂ 和 N₂ 平衡气）

　　通过以上结果可以看出，CO-PROX 催化剂的孔结构设计非常重要，组合孔、整体式催化剂是小型化的很有前景的途径，并可能推广于其他扩散控制的反应，构造小型化反应装置。

　　整理一下这部分的总体思路框架。在对燃料电池制氢领域有系统的了解之后，分析和提炼得出需要解决的一个关键问题：制氢系统小型化。针对制氢系统小型化，收集资料、归纳、整理出已经报道的解决方案和对策。提出自己的新方案，这里的新方案是组合孔、整体式的催化剂途径；组合孔（介孔、大孔）是当时（21世纪初）活跃的研究领域，制氢也是当时活跃的研究领域。所以，这个新方案是利用材料领域的最新研究技术成果解决制氢系统面临的问题。利用相近领域或者其他领域的前沿技术成果或思路，解决研究者所面临的技术问题，这是一类比较常见的新技术研发路线。

10.2　核壳结构纳米催化剂的设计与制备新方法
——利用光热效应引发界面反应

10.2.1　核壳结构纳米颗粒和局域表面等离子共振简介

（1）纳米金属@氧化物的核壳结构纳米颗粒制备是一个难题

纳米金属为核，包一层氧化物壳，构成的核壳结构纳米颗粒，表示为金属@氧化物。图 10-15 给出了一个代表性的金属@氧化物电镜照片，中心黑色的是金属（Pt）纳米颗粒，包裹的浅颜色部分是氧化物（SiO_2）壳层。

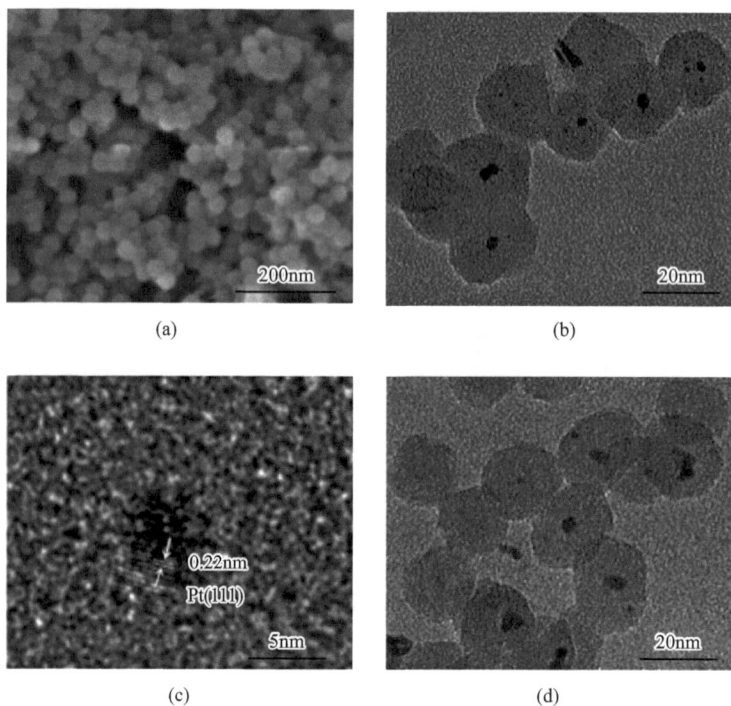

图 10-15　Pt@SiO_2 核壳结构纳米颗粒的形貌

金属@氧化物作为催化剂有利于金属和氧化物之间的协同作用；金属纳米粒子被氧化物包裹使得金属颗粒相互分离，所以可以抑制金属粒子的烧结。在催化剂设计方面，可以制备多功能催化剂，比如纳米金属 Co 表面包一层分子筛，用于合成气（CO+H$_2$）转化，在金属 Co 上 CO 加氢生成烷烃，该烷烃向外扩散穿过分子筛过程中可以脱氢生成烯烃，实现合成气直接制烯烃。

金属@氧化物应用范围很宽，金属@半导体可用于太阳能电池的光伏材料，在医药领域也有潜在的应用前景。但是它的制备很有难度，所以其制备成为其应用的制约因素。

提出的比较好的制备方法：使用有机分子的一端连接核（纳米金属颗粒），另一端连接氧化物的前驱物，这样用氧化物的前驱物包裹纳米金属颗粒，然后干燥、煅烧得到金属@氧化物。此处的"连接"应该是比较强的物理作用或者化学键，这个技术路线的实现不容易。例如，氧化物的前驱物一般使用对应氢氧化物胶粒或其他类型的胶粒；那么，形成的核壳结构金属@氧化物纳米粒子会分散在这些胶粒中，分离二者（核壳结构颗粒和未黏附于金属纳米颗粒的氢氧化物胶粒）又是难题。此外，制备过程中会引入一些纳米金属颗粒的表面修饰剂，去掉表面修饰剂也有难度。

（2）局域表面等离子共振和光热效应

局域表面等离子共振（localized surface plasmon resonance，LSPR）是指当光线入射到一些金属纳米颗粒上时，如果入射光子频率与贵金属纳米颗粒或金属传导电子的整体振动频率相匹配时，纳米颗粒或金属会对光子能量产生很强的吸收作用，就会发生 LSPR 现象，如图 10-16(a) 所示；这时会在光谱上出现一个强的共振吸收峰。这属于物理学的一个基础知识，在谱学仪器等领域有广泛的应用。碱金属、镁、铝、铂、金、银、铜等金属具有 LSPR 性质。

光热效应：在光照下，当金属纳米颗粒产生 LSPR 时，被激发的电子会以释放热能的方式回到基态，导致金属纳米颗粒表面温度升高，如图 10-16(b) 所示。

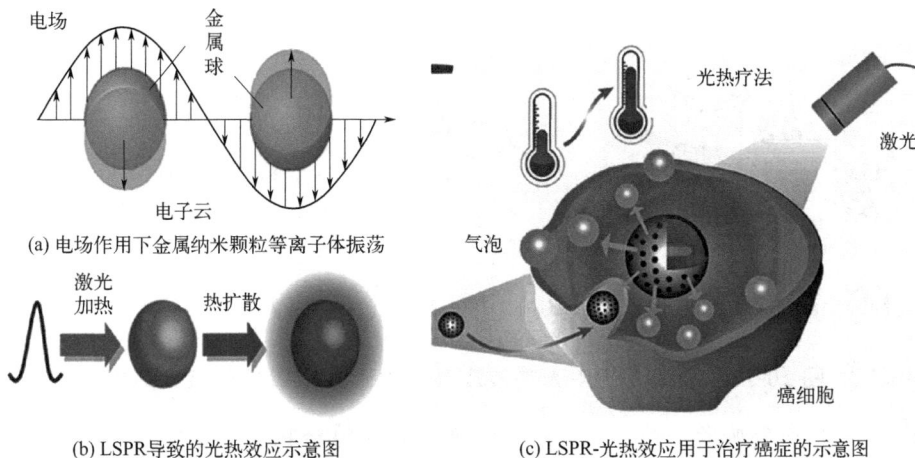

(a) 电场作用下金属纳米颗粒等离子体振荡

(b) LSPR导致的光热效应示意图

(c) LSPR-光热效应应用于治疗癌症的示意图

图 10-16 LSPR 说明示意图及其在医疗中的应用

金纳米颗粒具有良好的 LSPR-光热效应，医学上研究发现将金纳米颗粒移动至癌细胞内，用可以产生 LSPR 的激光照射，产生高温，可以杀死癌细胞。在此基础上，进行了应用前景更好的研究，制备金纳米棒@介孔二氧化硅的核壳结构，利用高比表面积 SiO_2 载带化疗药物，当这个核壳结构纳米颗粒进入肿瘤细胞后，用可以产生 LSPR 的激光照射，核壳结构纳米颗粒的温度升高，温度升高使得释放出药物，实现了光控释药，如图 10-16(c) 所示。图中气泡显示释放出的药物，图的上面温度计颜色变红示意温度升高；图中心位置，灰色的球是金纳米棒@介孔二氧化硅的核壳结构。

10.2.2　利用光热效应引发界面反应制备核壳结构纳米催化剂

物理概念 LSPR 对很多化学出身者比较陌生，也很复杂，但是 LSPR 的光热效应容易理解，它的应用又很有意思。查阅文献发现光热化学是一个大的领域；但是光热用于制备催化剂却没有报道。

固体催化剂制备中，有不少反应需要在一定的温度才能进行，比如前面介绍的利用尿素的均匀沉淀法、柠檬酸配合法。联系 LSPR 的光热效应和固体催化剂制备，我们有了制备纳米金属@氧化物核壳结构的新构想：利用光热效应引发胶粒生成，生成的胶粒黏附于金属纳米颗粒表面，得到金属@氧化物的核壳结构纳米颗粒。基于这个思想，我们研究了 $Au@CeO_2$ 和 $Ag@CeO_2$ 等的制备。

制备过程和基本原理如图 10-17 所示，首先制备得到纳米金颗粒。这个已经有成熟的技术，利用文献报道的方法，金纳米颗粒的尺寸可控。图 10-17 的（Ⅰ）将 Au 纳米粒子分散到包含 Ce^{3+}、柠檬酸以及乙二醇的水溶液中，激光照射该溶液可以得到（Ⅱ）Au@GCEC。GCEC 是 Gel of Citric acid-Ethylene glycol-Ce^{3+} 的缩写，即柠檬酸和乙二醇的聚合大分子（胶粒），胶粒上络合了铈离子。

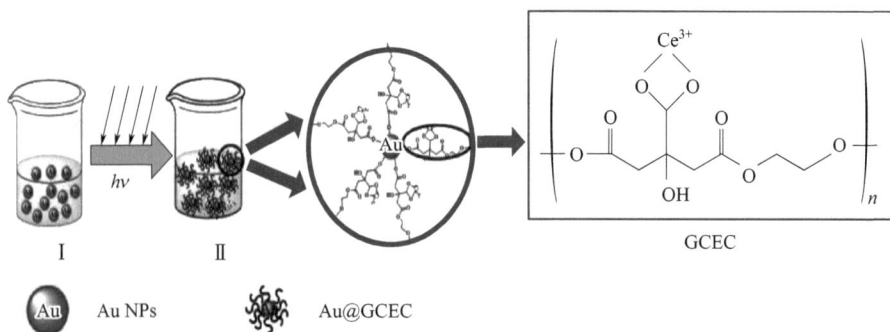

图 10-17　利用 LSPR-光热效应制备纳米金@氧化物核壳结构

激光照射到金纳米颗粒，LSPR 的光热效应导致金颗粒表面温度升高，柠檬酸和乙二醇在温度升高后会聚合形成大分子，大分子的聚合度到纳米尺度就是胶粒。

　　我们在制备过程中，使用模拟太阳光（使用汞灯，为了节约科研经费），其中包含可以引起 LSPR 的光波段。

　　制备过程中，搅拌溶液、用水冷却溶液的器壁，以保持溶液温度固定于室温。光照引发的 LSPR 的光热效应仅仅使得纳米金颗粒表面的温度升高，即聚合反应和对应的胶粒生成仅仅在纳米金颗粒表面发生；于是生成的胶粒包裹金颗粒，而溶液中没有生成胶粒。就是说溶液中生成的就是 Au@GCEC，没有单独的 GCEC 胶粒，这样就不存在分离问题；通常的方法将氧化物前驱体的胶粒连接于金颗粒表面，同时在溶液中也存在胶粒，所以存在分离包裹了胶粒的金颗粒与其他胶粒的问题。

　　金颗粒表面温度可以通过照射光的强度、持续时间以及金颗粒尺寸和形状等来控制。

　　图 10-18 给出了制得的 17nm 的 Au 纳米粒子 TEM 图等，它吸收波长 520nm 附近的光，即该波段的光可以引发 LSPR。

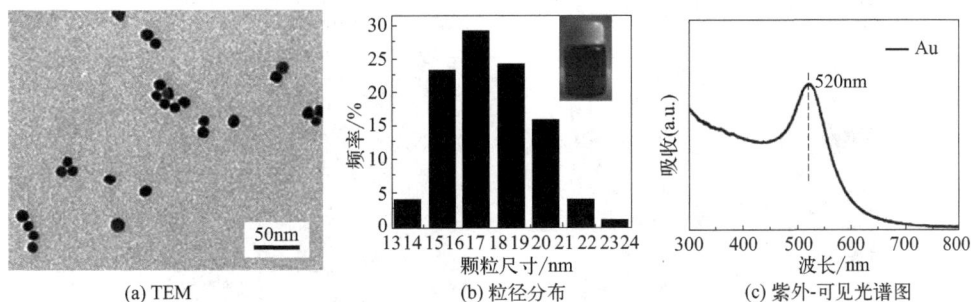

(a) TEM　　　　　(b) 粒径分布　　　　　(c) 紫外-可见光谱图

图 10-18　Au 纳米粒子的形貌

　　图 10-19 为 Au 与 CeO_2 前驱液经过不同的光照时间后制备的 Au@GCEC 核壳结构的 TEM 图。从图 10-19(a) 可以看出，未光照的 Au 纳米粒子形状仍然显示为球形，且均匀分散到水溶液中，Au 纳米粒子的周围没有发现壳层物质的出现。从图 10-19(b)～(f)，GCEC 壳仅仅在 Au 纳米粒子的表面形成，换言之，除了 Au 纳米粒子的表面，水溶液中的其他地方没有发现 GCEC 胶粒。图 10-19(i) 和 (j) 是光照 2h 后的 Au@GCEC 核壳结构的 EDS 线扫能谱图，从图中可以看出 Au@GCEC 是以 Au 纳米粒子为核、二氧化铈前驱液（GCEC）为壳的核壳结构。在图 10-19(b)～(g) 以及其相应的内置插图中可以观察到，随着光照时间从 15min 增加到 2h，GCEC 壳层的厚度也逐渐由 1nm 增加到 13nm。这表明反应中 GCEC 凝胶的形成是由光照射 Au 纳米粒子后产生的局部热量引发的。

　　当光照 2h 或者更长时间，如图 10-19(g) 和 (h)，从图中可以看出，GCEC 壳不仅仅在 Au 纳米粒子的界面形成，而且也出现在母液中；同时，随着光照时间的增加壳层厚度不再增长。前者是由于形成的 GCEC 壳与 Au 纳米颗粒之间的黏结不是很牢固，因而在溶液剧烈的搅拌过程中，二者发生分离，于是一部分 GCEC 胶

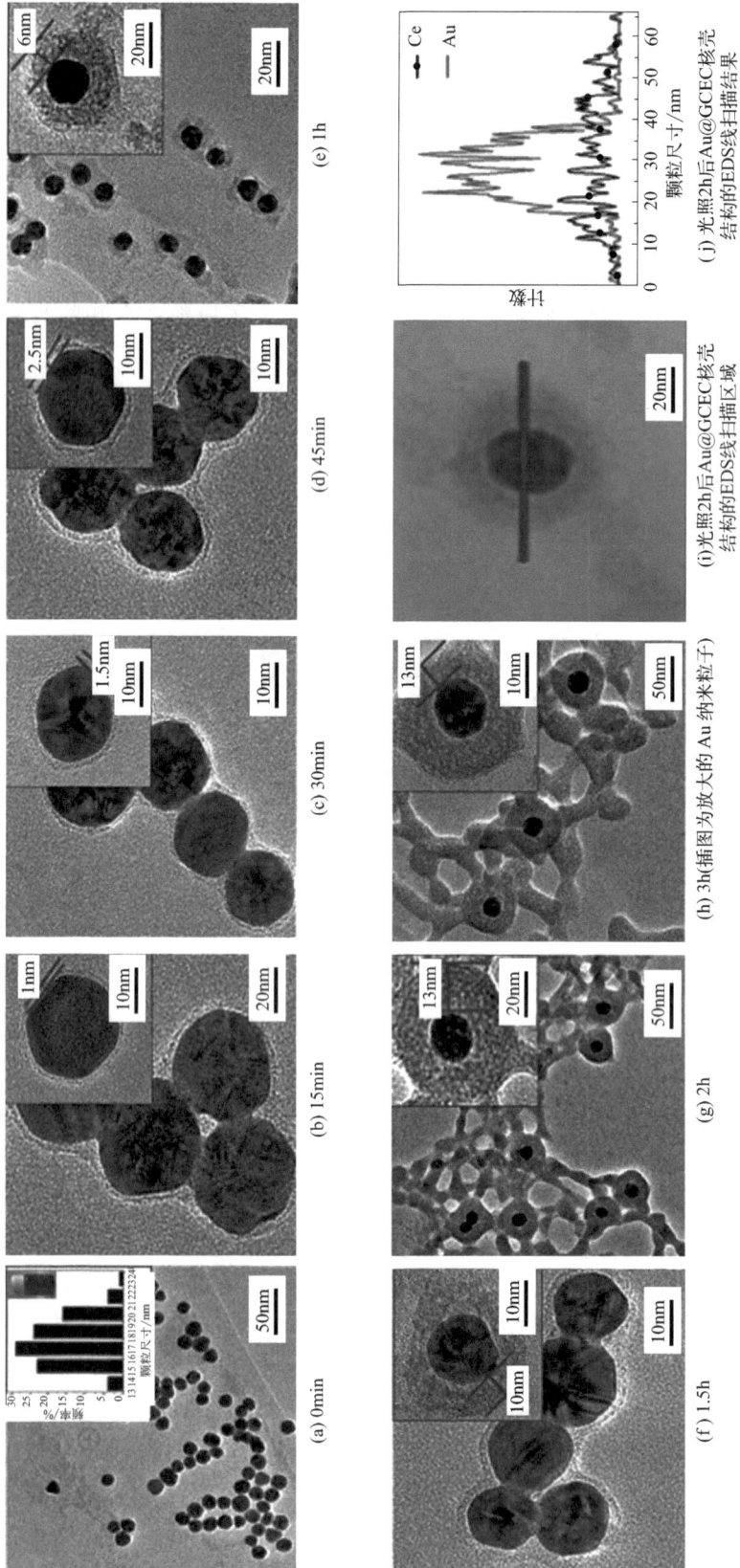

(a) 0min (b) 15min (c) 30min (d) 45min (e) 1h

(f) 1.5h (g) 2h (h) 3h(插图为放大的 Au 纳米粒子)

(i)光照2h后Au@GCEC核壳结构的EDS线扫描区域

(j) 光照2h后Au@GCEC核壳结构的EDS线扫描结果

图 10-19 不同光照时间 Au@GCEC 核壳结构的 TEM 图

粒被冲击剥离 Au 颗粒表面。后者是由于 Au 纳米粒子的 LSPR-光热效应引发的热量仅仅局域于 Au 纳米粒子的表面，当处于远离 Au 纳米粒子表面 13nm 处的位置时，产生的热量无法继续引发聚合反应形成 GCEC 胶粒。需要说明的是，通过使用循环冷却水使溶液的温度始终控制在 25℃，且为保证溶液温度的稳定和均一，在整个制备过程中要持续搅拌。

同时，从整个图 10-19 中可以看出，随着光照时间的增加，Au 纳米粒子的尺寸并没有发生改变，这是由于制备得到的 GCEC 壳层包裹了 Au 纳米颗粒，使得 Au 纳米粒子不能相互碰撞、长大。

Au@GCEC 煅烧后就得到 Au@CeO_2 核壳结构纳米颗粒，将制得的 Au@GCEC 担载于 SiO_2 表面、煅烧可得 Au@CeO_2/SiO_2 催化剂，该催化剂对 CO 氧化具有较好的活性。

用类似的方法制备了 Ag@CeO_2，制备流程、效果类似 Au@CeO_2，不再赘述。

整理一下这部分的总体思路框架。金属@氧化物的核壳结构纳米颗粒属于前沿研究领域，它的制备是一个本领域研究者熟知的技术难题。换句话说，问题显而易见，不需要分析、提炼等思考过程去挖掘问题。局域表面等离子共振（LSPR）属于物理学的基础知识，LSPR 特性之一的光热效应在医疗行业应用前景看好，其技术路线很有趣。受 LSPR 在医疗行业应用研究的启发，将 LSPR 的光热效应用于解决纳米核壳结构的制备，效果挺好，也很有趣。

LSPR 的光热效应制备纳米核壳结构尚需深入研究细节，如上述的 GCEC 和 Au 或 Ag 纳米颗粒表面以什么力相互作用、是否有更好的调节、调控该核壳结构的途径等。LSPR 的光热效应制备固体催化剂是否可以拓展应用，如尿素水解的均匀沉淀法依赖于温度控制，是否可以通过 LSPR 的光热效应调控温度，从而调控 pH 值等。如果进行更多深入和广泛的研究，就可能发展起来一种基于 LSPR 光热效应的制备方法。

10.3　利用钙钛矿型复合氧化物构筑纳米催化团簇

作者在研究钙钛矿型复合氧化物（Perovskite-Type Oxides，PTOs）作为催化剂的基础上，提出了利用 PTOs 的一些性质制备催化剂，逐渐发展成为一种负载型纳米金属催化剂的制备方法。基于这样的思路，也可以利用其他复合氧化物（或复合物）作为催化剂前驱体，不限于 PTOs。

10.3.1　钙钛矿型复合氧化物简介

PTOs 按组成可表示为 ABO_3，它的结构稳定，在催化、材料等领域有广泛的研究。20 世纪 60 年代开始，它作为汽车尾气净化催化剂显示出良好的应用前景，之后作为氧化、还原催化剂有大量的研究报道，并拓展于其他领域。近些年来，它用于太阳能光伏发电方面的研究取得了显著进展，前景很乐观。此外，作为陶瓷材料，氧离子导体等电解质材料在诸多方面受到关注。

ABO_3 中，A 位通常为半径较大的稀土或碱土元素离子，如 La^{3+}、Sr^{2+}、Ca^{2+}、Pr^{3+}、Ba^{2+}、Ce^{4+} 等；B 位则通常为较小的 Mn^{3+}、Cr^{3+}、Co^{3+}、Ni^{3+}、Fe^{3+} 等过渡金属离子。PTOs 的理想单元晶胞结构通常为立方的对称形式，B 位离子和 6 个氧离子配位，构成 BO_6 形式的八面体；A 位的离子则与 12 个氧离子配位，得到组成为 AO_{12} 的多面体，如图 10-20 所示。

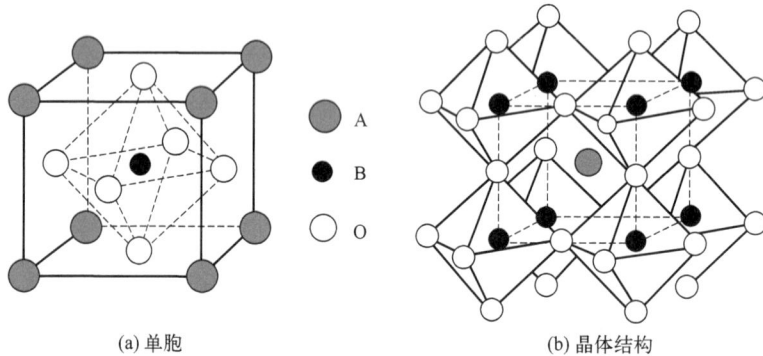

(a) 单胞   (b) 晶体结构

图 10-20   钙钛矿型氧化物 ABO_3 的结构

我们制备纳米金属催化剂过程中使用 PTOs 作为前驱体，利用其以下几个特点：

① ABO_3 中 A、B 位离子可以调变，也可以被其他离子部分取代，从而可以固定大量种类的金属离子在晶格中，如 $A_{1-x}A'_xB_{1-y}B'_yO_3$，于是在制备催化剂时可以根据需要选择催化剂组成，适用面宽；

② ABO_3 中的所有金属离子是原子水平的均匀混合，即在 PTOs 晶格中 A 位和 B 位离子（对 $A_{1-x}A'_xB_{1-y}B'_yO_3$，则 A 位有 A 和 A'、B 位有 B 和 B'离子）均匀混合，所以还原后得到的金属原子也将均匀混合，于是利于发生相互作用；

③ 限域作用，均匀混合的离子限域于 ABO_3 晶粒中，详见图 10-20 及对应的说明。

10.3.2   以 PTOs 为前驱体制备 CO 甲烷化催化剂

(1) CO 甲烷化催化剂存在的关键问题

CO 甲烷化是煤制天然气的一个关键环节。煤炭气化得到合成气（CO 和 H_2 混合气），经过脱硫等净化、水煤气变换反应调 CO/H_2 比，然后 CO 和 H_2 反应生成甲烷，反应式为 $CO+3H_2 \longrightarrow CH_4+H_2O$。

CO 甲烷化是强放热反应，高温反应速率高，但是受热力学限制，转化率低。所以，工业上往往采用多段反应，高温段反应速率高、提高效率，然后再低温段反应提高转化率并实现 CO 完全转化为甲烷。例如托普索工艺，使用镍基催化剂，高温段的反应温度达 620℃，低温段 340℃，压力均为 5.3MPa。Ru、Rh 等贵金属也具有好的性能，但是成本太高；Co、Fe 基催化剂的选择性较低，会发生碳链增长生成乙烷、丙烷等等。

存在的关键问题：①烧结，反应温度高，是强放热反应，Ni 催化剂在长期高温运行过程中，金属会发生迁移而互相接触从而导致晶粒长大，即烧结，活性比表面积下降；②积碳，会发生副反应 $CH_4 \longrightarrow 2H_2 + C$ 和/或 $2CO \longrightarrow C + CO_2$，形成的碳晶须或碳纳米管等石墨化碳会覆盖在金属活性位，降低活性比表面积、降低活性。这两个原因会导致催化剂失活。放热反应更容易发生烧结，因为催化表面反应放热会导致活性位的温度升高，高温则加速活性组分扩散迁移，即加速烧结过程。

实际上，烧结是金属催化剂广泛面临的问题，积碳则是碳氢化合物生产、转化的催化过程广泛面临的问题，所以相关的研究很多。提出了若干解决对策，包括双金属催化剂、金属活性组分与载体或助剂相互作用等等。其中，助剂 La_2O_3 对抑制烧结和减缓积碳均有一定的效果。

我们针对 CO 甲烷化的 Ni 基催化剂的烧结、积碳问题，利用 PTOs 的特性，提出了新的对策。

(2) 催化剂设计和制备新方法

制备 ZrO_2 担载的 La_2O_3 为助剂的 Ni 催化剂，一般用浸渍法制备，用镍和镧的硝酸盐溶液浸渍载体，经干燥、煅烧后，会得到 $NiO-La_2O_3/ZrO_2$，再还原可得 $Ni-La_2O_3/ZrO_2$，如图 10-21(a) 所示。催化剂中，Ni 纳米颗粒和 La_2O_3 不在一起，因为干燥后的 $Ni(NO_3)_2$、$La(NO_3)_3$ 分别形成颗粒，煅烧后分别得到 NiO、La_2O_3 也不在一起，于是还原后得到的 Ni 纳米颗粒和 La_2O_3 不在一起。

如果将 PTO 的 $LaNiO_3$ 担载于 ZrO_2 表面，还原后得到的 Ni 纳米颗粒和 La_2O_3 就在一起，如图 10-21(b) 所示。因为，$LaNiO_3$ 中镍离子和镧离子在一起，而且均匀混合于该 PTO 的晶格点阵中，即镍离子和镧离子被限域于 PTO 的晶格点阵中。

传统浸渍法的煅烧过程中，会有少量的钙钛矿结构的 $LaNiO_3$ 生成，由于负载后催化剂的局部会存在 NiO 和 La_2O_3 均匀混合，此时这两种氧化物会发生固相反应生成 $LaNiO_3$。

催化剂中，Ni 和 La_2O_3 在一起与否对催化剂的性能很重要。La_2O_3 和 Ni 纳米颗粒在一起的话，La_2O_3 与 Ni 相互作用对 Ni 纳米颗粒起到限域作用，另外 La_2O_3 对 Ni 颗粒形成空间位阻，二者均使得 Ni 颗粒不易迁移，抑制了 Ni 颗粒的烧结，于是提高了抗烧结性能。

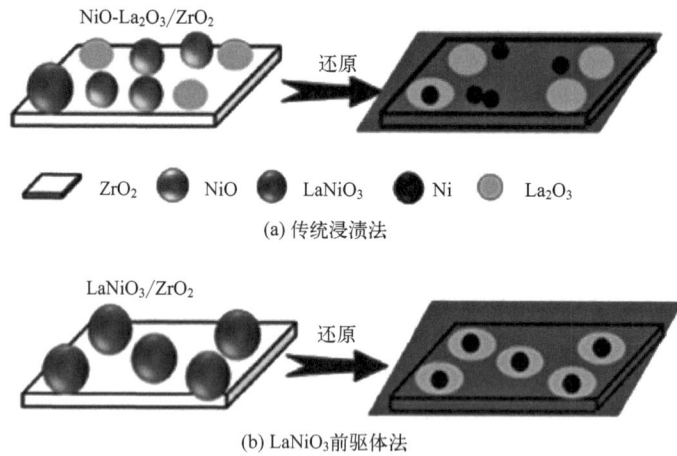

$NiO-La_2O_3/ZrO_2$

还原

$\square$ ZrO_2 $\bullet$ NiO $\bullet$ $LaNiO_3$ $\bullet$ Ni $\bullet$ La_2O_3

(a) 传统浸渍法

$LaNiO_3/ZrO_2$

还原

(b) $LaNiO_3$前驱体法

图 10-21   传统浸渍法和以 PTOs 为前驱体制备 Ni-La$_2$O$_3$/ZrO$_2$ 催化剂的比较示意

La_2O_3 与 CO_2 生成 $La_2O_2CO_3$，$La_2O_2CO_3$ 可以与 Ni 上的积碳反应，消除积碳。积碳在 Ni 颗粒表面，因为积碳是 Ni 颗粒上甲烷裂解等生成。所以，Ni 纳米颗粒和 La_2O_3 在一起，消积碳效果就好。

所以，这样设计和制备的催化剂应该有好的抗烧结、抗积碳性能。

采用柠檬酸配合结合浸渍法制备 $LaNiO_3/ZrO_2$，如图 10-22 所示。镧、镍的盐（一般用硝酸镧和硝酸镍）和柠檬酸、乙二醇配制成混合溶液。该溶液浸渍介孔氧化锆载体，金属离子、柠檬酸和乙二醇由毛细压力拉入孔内；浸渍后再静置一段时间，升温至 80℃ 左右，柠檬酸和乙二醇发生聚合，同时金属离子被配合于该聚合分子（即胶粒）中；然后进行干燥、煅烧。煅烧过程中，胶粒分解为 La_2O_3 和 NiO 纳米颗粒，二者均匀混合，这是因为被配合于该聚合分子上的镧离子和镍离子均匀混合；所以煅烧过程中，La_2O_3 和 NiO 会发生固相反应生成 $LaNiO_3$。于是都得到 $LaNiO_3/ZrO_2$。

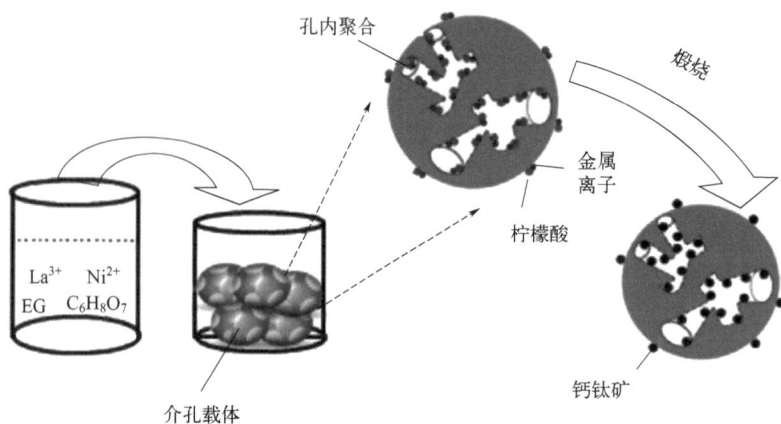

孔内聚合

煅烧

金属离子

柠檬酸

La^{3+} Ni^{2+}
EG $C_6H_8O_7$

钙钛矿

介孔载体

图 10-22 $LaNiO_3/ZrO_2$ 制备流程示意

制备过程中，尽量使得金属离子、柠檬酸和乙二醇进入介孔并均匀分散，以利于后续的聚合反应进行。应该先让金属离子、柠檬酸和乙二醇进入孔内，再升温聚合。或者，先在较低温度加热一下溶液，便于金属离子在柠檬酸上的配合，同时可能会有聚合；但是聚合度要小，否则聚合度大，生成聚合分子（胶粒尺寸）太大的话，不能进入载体孔内。浸渍条件的选择和控制，一方面需要做分析，另一方面需要进行实验验证和摸索。

表征结果显示制备得到了 $LaNiO_3/ZrO_2$，与常规浸渍法相比，PTO 的 $LaNiO_3$ 为前驱体的催化剂的抗烧结、抗积碳性能显著提高。

图 10-23(a) 的 XRD 显示形成了 PTOs，存在 $LaNiO_3$ 的衍射峰，不存在 NiO 的衍射峰。而常规浸渍法制得的催化剂中，存在 NiO 的衍射峰，同时有微弱的 $LaNiO_3$ 的衍射峰，说明也有部分 $LaNiO_3$ 存在。La_2O_3 即使有也以无定形存在，XRD 检测不到。

图 10-23(b) 的 TPR 显示 $LaNiO_3/ZrO_2$ 与纯 $LaNiO_3$ 的形状类似，显示生成了 PTO 结构的 $LaNiO_3$。常规浸渍法制备的催化剂的 TPR 形状则明显不同。

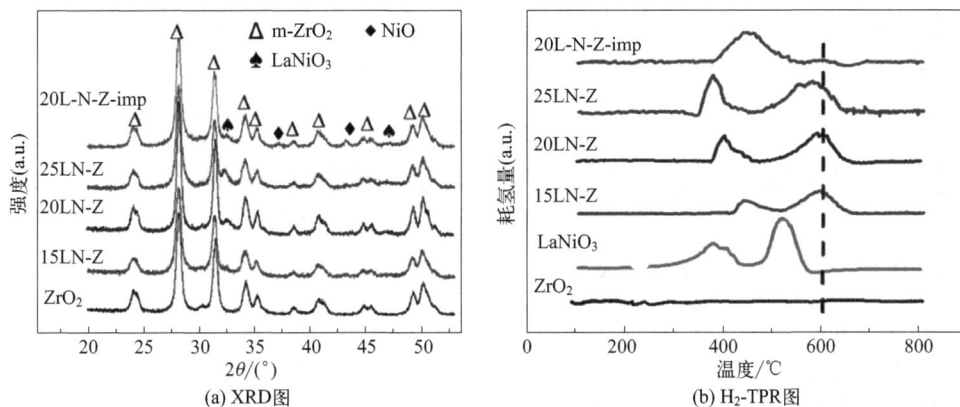

图 10-23　$LaNiO_3/ZrO_2$（记为 xLN-Z，x 是催化剂中 $LaNiO_3$ 的含量）和常规浸渍法制备的 $NiO-La_2O_3/ZrO_2$（记为 xL-N-Z-imp）的组成及还原活性

制得的催化剂用于 CO 甲烷化反应的稳定性测试示于图 10-24，柠檬酸配合-浸渍法制备的 $LaNiO_3/ZrO_2$ 的稳定性显著优于常规浸渍法制备的催化剂。

以钙钛矿为前驱体的催化剂有利于 Ni 的高度分散，同时抗烧结能力更强，稳定性测试前后的催化剂中，Ni 金属的分散度分别是 11.0% 和 10.1%，有微弱的烧结。常规浸渍法制得的催化剂中，Ni 的分散度则分别是 6.5% 和 3.8%，分散度低而且烧结比较严重。

稳定性测试后的催化剂热重测试结果显示，以钙钛矿为前驱体的催化剂上的积碳量不足催化剂重量的 5%，常规浸渍法制得的催化剂上的积碳量接近 20%。

还有其他的一些表征数据也显示以钙钛矿为前驱体制备 $Ni-La_2O_3/ZrO_2$ 催化剂可以显著提高抗烧结和抗积碳性能，这里不再列举。

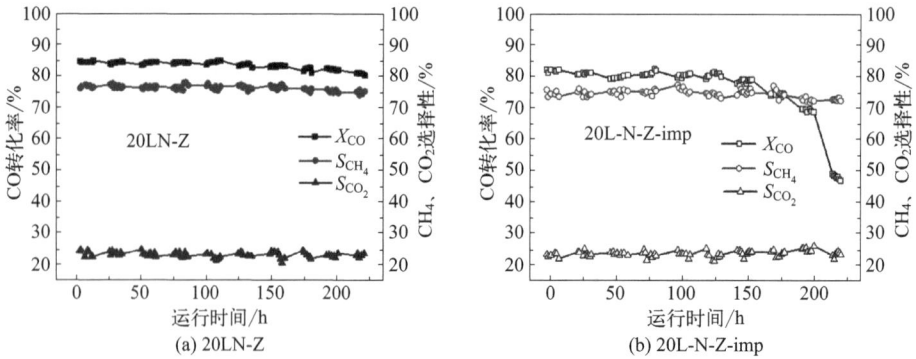

图 10-24   催化剂的 CO 甲烷化反应的稳定性测试［反应条件：550℃，
$H_2/CO/N_2 = 3/1/1$，15000mL/(g·h)］

说明：用这种方法制备负载型纳米金属催化剂时，需要避免所负载组分与载体发生固相反应。例如若以碳纳米管为载体负载 $LaCoO_3$，空气等氧化气氛中煅烧，碳纳米管会被烧掉；惰性或还原气氛中煅烧，生成 PTO 前的氧化钴会和碳纳米管发生反应，钴被还原生成金属钴；这样就难以形成 PTOs。再如，氧化铝载体也易于与钴、镍等发生固相反应形成尖晶石，也会影响 PTOs 生成。

10.3.3   以 PTOs 为前驱体制备合成气制低碳醇催化剂

（1）合成气制低碳醇简介及其优良催化剂要求具备的结构特征

合成气是由煤炭或其他碳氢化合物制得的以一氧化碳和氢气为主要成分的混合气体，合成气是一个"平台"混合气体，它可以生产甲醇、合成氨制化肥、经费托合成制液体燃料（煤制油）、甲烷化（煤制天然气）等等。低碳醇指分子中含 2 个或以上的醇类，主要是含 2～5 个碳原子的乙醇至戊醇。低碳醇可以作为汽油添加剂，或者分离后得到乙醇、丙醇、丁醇、戊醇等，作为化工原料。

乙醇汽油对乙醇有大量的需求，所以近年来合成气制乙醇受到重视。

合成气制甲醇、合成气甲烷化均有成熟工业应用，费托合成在我国也有千万吨的产能；但是合成气制低碳醇尚无工业应用，主要原因是催化反应的选择性低。合成气制低碳醇过程中副产物有甲醇、烃类、CO_2 和水，这个过程包含甲醇合成、甲烷化、费托合成等的反应，很复杂，选择性很难控制。

以 Co-Cu 基催化剂为例说明低碳醇生成机理，如 10-25（a）所示。金属铜上非解离吸附 CO，加氢可生成 CH_xO；金属钴表面解离吸附 CO，加氢可形成 CH_x；此二者结合生成乙醇。H_2 可以在 Cu 或 Co 表面活化。钴表面形成的 CH_x 会发生聚合，称为碳链增长，生成乙烷以及含两个以上碳原子的烃类，这就是费托合成。生成乙烷以及含两个以上碳原子的烃类的过渡态，与 CH_xO 结合生成丙醇等低碳醇。铜上的 CH_xO 会加氢生成甲醇，钴上的 CH_x 加氢将生成甲烷。

Cu-Co 协同催化才能生成乙醇等低碳醇，即要求 Cu 上的 CH_xO 和 Co 上的 CH_x 结合；这要求两个活性位 Cu 和 Co 比邻。若能制备得到图 10-25(b) 所示的双金属催化剂，则应该有较好的低碳醇选择性，这些双金属中的 Cu 和 Co 比邻或靠近。图中两种颜色的小球代表两种金属原子。但是，这些结构的双金属制备难度很大。

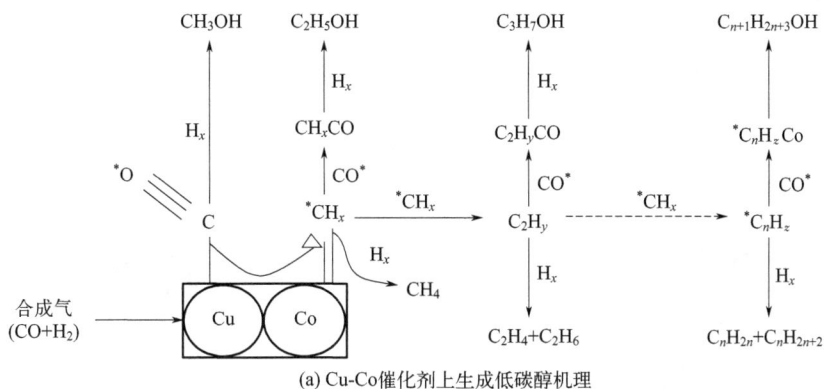

(a) Cu-Co催化剂上生成低碳醇机理

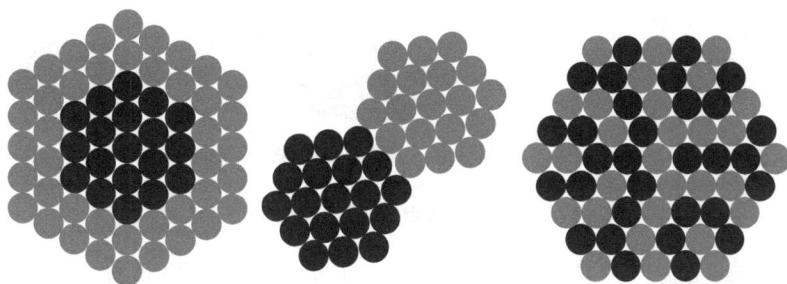

(b) 纳米双金属示意

图 10-25　Cu-Co 催化剂上生成低碳醇机理和纳米双金属示意

(2) Cu-Co 双金属催化剂的设计与制备新思路

在上面 $LaNiO_3/ZrO_2$ 催化剂设计的基础上，介绍 Cu-Co 双金属催化剂的设计和制备，以 $LaCo_{0.7}Cu_{0.3}O_3/SiO_2$ 为例。

La、Co、Cu 三种离子被限域于 $LaCo_{0.7}Cu_{0.3}O_3$ 纳米晶粒的晶格点阵中，还原后金属 Cu、Co 和 La_2O_3 将"在一起"，这里需要强调的是 Cu 和 Co "在一起"。双金属情况下，还原条件会影响双金属结构。如图 10-26 所示，$LaCo_{0.7}Cu_{0.3}O_3$ 在 300℃以氢气还原时，铜离子被还原为金属，而钴离子不能被还原，仍然在 PTO 晶格中，以 $LaCoO_3$ 存在。$LaCo_{0.7}Cu_{0.3}O_3$ 还原过程中，伴随铜离子的还原，部分镧离开 PTO 晶格形成 La_2O_3。于是得到 Cu 纳米颗粒-$LaCoO_3$ 和 La_2O_3 团在一起，负载于 SiO_2 载体表面。然后，提高温度至 580℃，切换为 CO 还原气体，PTO 中的钴离子在金属铜催化下被还原为金属。Cu 可以吸附 CO，即可以催化钴离子的还原，还原出来的钴原子会黏附在铜颗粒表面，形成 Cu 为核 Co 为壳的核壳结构纳米颗粒 Cu@Co；即形成了图 10-25（b）双金属中的核壳结构。在 CO 气氛中，Co 的表面能比 Cu 低，于是有利于 Co 富集于表面（这是选 CO 为还原气体的原因），形成核壳结构 Cu@Co。

将 $LaCo_{0.7}Cu_{0.3}O_3/SiO_2$ 在氢气气氛中，升温至 600℃ 还原，则铜离子和钴离子将同时被还原出来，得到的 Cu 纳米颗粒和 Co 纳米颗粒团聚在一起，即形成图 10-25 双金属的相连的纳米颗粒；图中 Co 有两个颗粒，铜则有一个颗粒，示意 $LaCo_{0.7}Cu_{0.3}O_3$ 中钴含量高。

在 H_2 气氛中保持一段时间，纳米颗粒会发生重构。由于 H_2 气氛中 Cu 的表面能低于 Co 的表面能，所以，Cu 会在表面富集，逐渐形成 Co 为核 Cu 为壳的核壳结构 Co@Cu，如图 10-26 的下层所示。

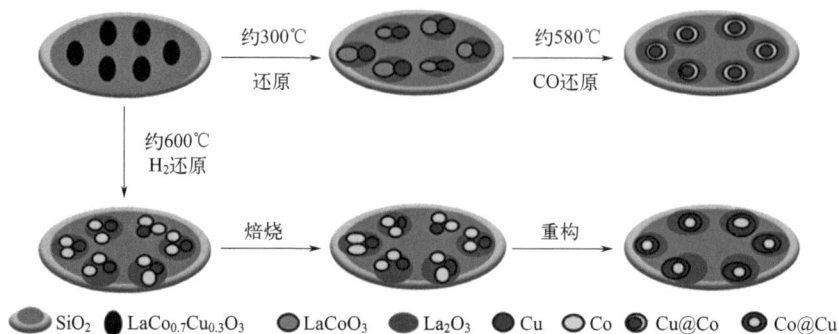

图 10-26 以 $LaCo_{0.7}Cu_{0.3}O_3/SiO_2$ 为例说明纳米双金属 $Cu\text{-}Co/La_2O_3\text{-}SiO_2$ 的设计与制备

催化剂制备流程与图 10-22 一样，只是调换催化剂组成即可。XRD、TPR 和 TEM 证实形成了 PTO 的 $LaCo_{0.7}Cu_{0.3}O_3$，TEM 可以看到 PTO 的晶格条纹。X 射线光电子能谱（X-ray Photoelectron Spectroscopy，XPS）可以测得元素的表面含量，由此可以显示是否形成核壳结构——壳层元素表面含量会高些、核内元素则表面含量低一些。电镜的能量色散谱 EDS 可以直观看到颗粒的元素分布。

图 10-27 的（b）和（d）分别是 STEM 的（a）和（c）中线段的颗粒的 EDS，按线段扫描的 Cu 和 Co 元素组成。中间位置元素含量高，则该元素主要分布于颗粒的中心即核；两边位置的元素含量高或者元素在扫描线段的含量变化小，则显示该元素在壳层或颗粒外表面富集。图 10-27 直观显示了核壳结构纳米颗粒的形成。

图 10-27（a）和（b）为 $LaCo_{0.7}Cu_{0.3}O_3/SiO_2$ 先在 H_2 中 300℃ 还原，然后在 CO 中 580℃ 还原得到的 $Cu@Co/La_2O_3\text{-}SiO_2$；图 10-27（c）和（d）为 $LaCo_{0.7}Cu_{0.3}O_3/SiO_2$ 在 H_2 中 600℃ 还原并重构得到的 $Co@Cu/La_2O_3\text{-}SiO_2$。

形成了 Cu-Co 双金属的其他表征结果不在此赘述。

以这个催化剂制备方案得到的 $LaCo_{0.7}Cu_{0.3}O_3/ZrO_2$ 显示出更好的催化性能，氧化锆载体优于氧化硅载体。具体的数据可以查阅发表的论文，不在这里列出了。

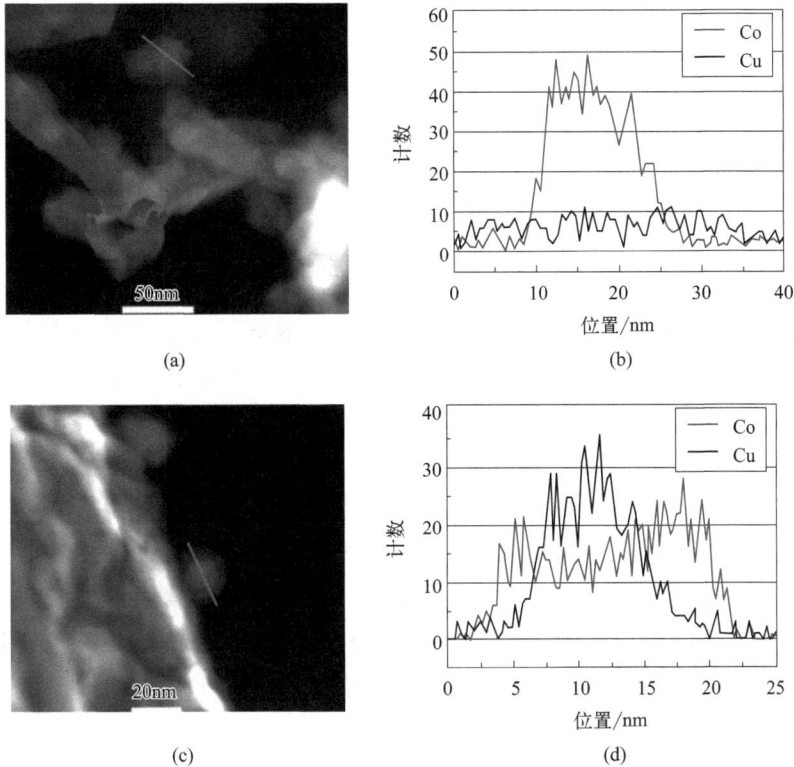

(a)

(b)

(c)

(d)

图 10-27　扫描透射电子显微镜（STEM）形貌和对应的 Cu 和 Co 元素的 EDS 线扫

$LaCo_{0.7}Cu_{0.3}O_3/ZrO_2$ 还原后得到 $Cu\text{-}Co/La_2O_3\text{-}ZrO_2$，其中双金属 Cu-Co 是活性组分，$La_2O_3$ 是助剂。PTOs 的 ABO_3 中 A、B 位离子可以被取代，于是通过取代可以添加助剂。如 $La_xCe_{1-x}Co_{0.7}Cu_{0.3}O_3/ZrO_2$ 还原后得 La-Ce-O 修饰的 ZrO_2 担载 Cu-Co 双金属催化剂。氧化镧和氧化铈可以形成固溶体，作为助剂，添加铈助剂对性能有所改善。

由于 ABO_3 中 A、B 位离子可以部分被取代，所以对于所制备的催化剂组成可以调变。

10.3.4　以 PTOs 为前驱体构筑纳米金属/双金属/单原子-氧空位催化剂

PTOs 中的氧离子在还原气氛中可以离开晶格，形成氧空位，表面氧空位则可以吸附和活化氧物种，比如吸附和活化 O_2、H_2O、CO_2 等。作为氧化反应催化剂，PTOs 的氧空位活化氧分子，对 CO 和碳氢化合物氧化具有良好的活性。于是可以尝试利用 PTOs 为前驱体，制备金属-氧空位构成的双活性位，用于 CO 氧化等氧化催化剂；金属吸附、活化 CO，氧空位吸附、活化 O_2，此二者结合生成 CO_2。

有文献认为氧空位可以活化 CO，于是可能金属-氧空位催化剂对合成气制低碳醇具有良好的活性；即氧空位非解离吸附 CO，起到类似 Cu 的作用，它和可以解离吸附 CO 的 Co 组合，催化合成气制低碳醇。当然，这是猜想。

即尝试以 PTOs 为前驱体构筑新型催化剂。

制备过程如图 10-22 所示，具体过程不再重复。PTOs 的组成选择和还原条件控制方面，需要保留有不能被还原的 PTO 存在，PTO 上形成氧空位。

(1) 金属 (Rh、Co、Ni 或 Fe) -氧空位催化剂用于合成气制低碳醇

Rh 对合成气直接制乙醇（合成气制低碳醇，显著提高乙醇的选择性）有很好的选择性，研究报道很多，但是由于成本高，尚不具备应用价值。Rh 纳米颗粒与载体等相互作用可以部分形成 $Rh^{\delta+}$（指带正电性的 Rh 原子），Rh^0 和 $Rh^{\delta+}$ 可以协同催化合成气生成乙醇，此二者分别起到类似前述 Co 和 Cu 的作用。

于是，我们探索了 Rh-氧空位组合的双活性位催化剂用于合成气制低碳醇。如图 10-28 所示，首先制备得到 $LaFe_{1-x}Rh_xO_3/SiO_2$，在 200℃ 之前 PTO 中的铑离子就可以被 H_2 还原为金属，从 PTO 晶格析出；铁离子则需要 800℃ 以上才能被还原。$LaFe_{1-x}Rh_xO_3$ 中铑离子还原将伴随部分 La_2O_3 生成，因为 ABO_3 中 A/B 位离子比是 1，还原前 $La/(Fe+Rh)=1$。选还原温度为 300℃，$LaFe_{1-x}Rh_xO_3/SiO_2$ 被还原为 $Rh/La_2O_3\text{-}LaFeO_3/SiO_2$。

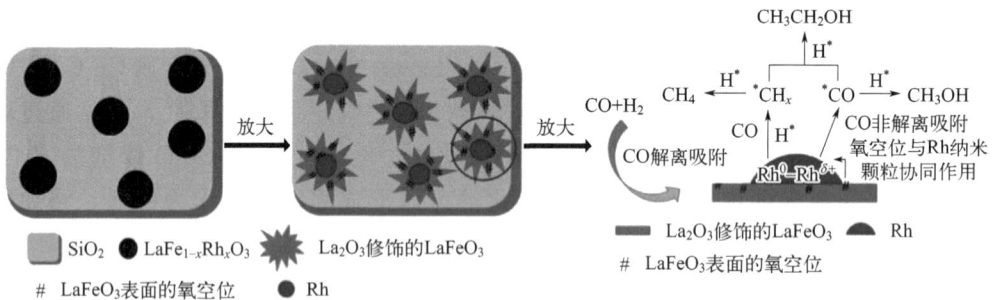

图 10-28　催化剂 $LaFe_{1-x}Rh_xO_3/SiO_2$ 在还原过程中的结构转化及反应途径

由于铑离子在 $LaFe_{1-x}Rh_xO_3$ 晶格中高分散，还原出来的 Rh 纳米颗粒也高分散，尺寸主要分布于 1～2nm。钙钛矿结构的 $LaFeO_3$ 上则可以形成氧空位，如前述。

对催化剂结构进行了系统表征，分析了催化反应机理，认为 Rh 纳米颗粒中的 Rh^0 解离吸附 CO，Rh 纳米颗粒与 $LaFeO_3$ 相互作用形成的 $Rh^{\delta+}$ 非解离吸附 CO，这两种吸附的 CO 加氢并结合生成乙醇。发现 $LaFeO_3$ 上的氧空位也可以吸附 CO，吸附强度弱于 $Rh^{\delta+}$；可能存在 "Rh^0-氧空位" 协同催化生成乙醇过程，氧空位上非解离吸附 CO；也可能氧空位上吸附的 CO 迁移至 Rh 纳米颗粒，促进了乙醇的生成，如图 10-28 右侧所示。

这样制得的催化剂对合成气直接制乙醇具有很高的选择性以及良好的活性和稳定性，如图 10-29 所示。

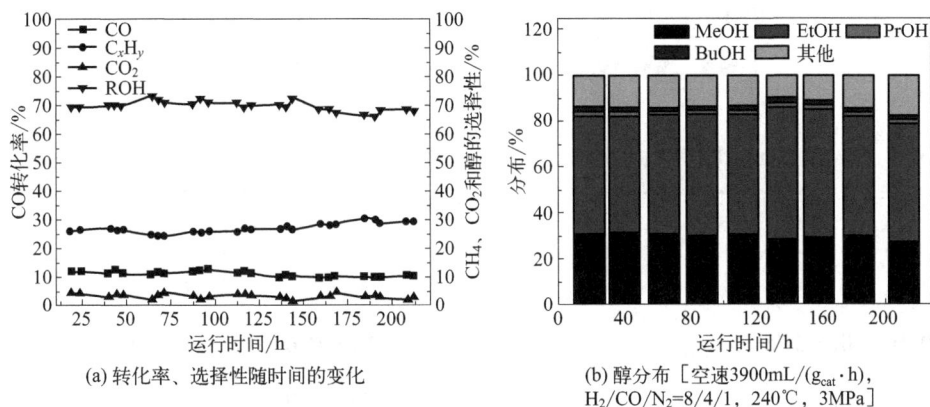

(a) 转化率、选择性随时间的变化

(b) 醇分布 [空速3900mL/(g_{cat}·h)，H_2/CO/N_2=8/4/1，240℃，3MPa]

图 10-29　催化剂 $LaFe_{0.5}Rh_{0.5}O_3$/SiO_2 还原后的稳定性测试结果

类似地，研究了 Co、Ni 或 Fe 分别和氧空位构成的双活性位催化剂，用于合成气制低碳醇，也呈现出良好的性能。

（2）构筑双金属/单原子-氧空位的负载型催化剂

对于 $LaNi_{1-x}Pt_xO_3$/SiO_2，当 Pt 含量小，即 x 小，H_2 中 300℃还原可得到单原子 Pt 分散于 PTO 表面的 Pt/$LaNiO_3$，它担载于氧化硅即 Pt/$LaNiO_3$/SiO_2。300℃可以还原其中的铂离子，而镍离子不能被还原。

钙钛矿结构的 $LaNi_{1-x}Pt_xO_3$ 中，三种金属离子均匀分散于晶格点阵中，在300℃的还原过程中，铂离子迁移至 PTO 的颗粒表面也应该均匀分散，由于它在晶格中的均匀分散，当 $LaNi_{1-x}Pt_xO_3$ 中的铂离子含量很低时，如 $x<0.05$，还原迁移至表面的 Pt 大部分以单原子形式存在。

单原子金属催化剂中，金属的分散度为 100%，对于贵金属可以提高利用率、降低成本。另外单原子催化剂也呈现出一些独特的性质。

图 10-30 中，为了利于形成氧空位，B 位多添加了一种金属离子（钴离子）。300℃以 H_2 还原 $LaCo_{x'}Ni_{0.87-x'}Pt_{0.13}O_3$/$SiO_2$ 可得 Pt/$LaCo_xNi_{1-x}O_3$/SiO_2，其中Pt 以 2nm 左右的纳米颗粒存在（这里的 PTO 中，Pt 含量比较高）。Pt 可以吸附活化 CO，$LaCo_xNi_{1-x}O_3$ 上的氧空位可以活化 O_2，该催化剂对 CO 氧化具有很好的活性，如图 10-30 右侧的机理示意。

采用图 10-22 所示的方法制得 $LaNi_{0.9}Ru_xPt_{0.1-x}O_3$/$TiO_2$，300℃可还原出贵金属离子，镍离子仍然留在 PTO 晶格中，得到 Pt-Ru/$LaNiO_3$/TiO_2，得到双金属-氧空位的活性位组合催化剂，氧空位在 $LaNiO_3$ 表面形成。制得 PTO 结构的 $LaCo_{0.9}Pt_{0.03}Pd_{0.03}Ru_{0.03}O_3$，较低温度还原可得负载型三金属催化剂 Pt-Pd-Ru/$LaCoO_3$。这些催化剂对 CO 氧化呈现了优良的性能。

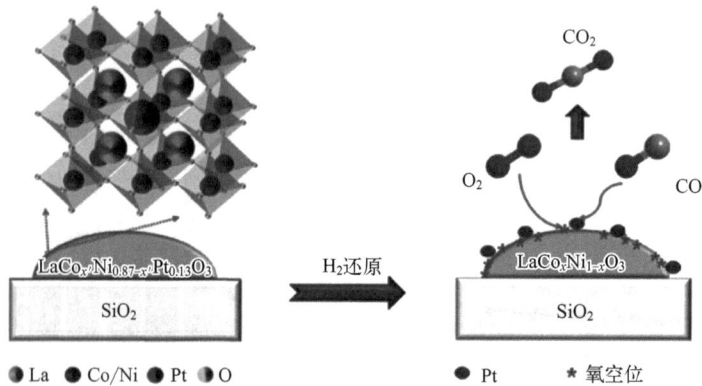

图 10-30   由 $LaCo_{x'}Ni_{0.87-x'}Pt_{0.13}O_3/SiO_2$ 转变为 $Pt/LaCo_xNi_{1-x}O_3/SiO_2$ 的结构示意

这些示例显示，所提出的方法具有比较宽的适用范围；而且可以制备出一些新构成的催化剂。对于其性能和构效关系等就不在这里赘述了，感兴趣者可以查阅发表的论文。

上述例子表明，所提出的方法具有较宽的适用范围，且可以制备出一些新构成的催化剂。

钙钛矿型复合氧化物前驱体可以是设计、构筑纳米催化团簇的平台，用于制备负载型纳米金属催化剂，以这种技术路线可以制备负载型纳米双金属或多金属，包括负载于氧化物载体上的合金、核壳结构、紧密接触的纳米金属颗粒等。构筑由纳米双金属或多金属和一种或几种氧化物助剂构成的负载型纳米颗粒催化团簇，实现双金属组分协同催化、助剂调变活性组分的化学状态，从而调控表面催化反应。还可以构筑负载型"（双）金属-氧空位"催化剂、负载型多金属催化剂或单原子与氧空位构成的双活性位催化剂，它们对 CO 氧化具有高活性。本催化剂构筑思路，不限于钙钛矿型复合氧化物，其他复合氧化物也可以作为前驱体。

针对 CO 甲烷化催化剂面临的问题（或者催化剂需要改进之处），即烧结和积碳失活问题，利用钙钛矿型复合氧化物的特性，提出了设计和构筑催化剂的新思路。针对合成气制低碳醇的选择性低的问题，基于低碳醇催化剂方面的基础研究，利用钙钛矿型复合氧化物的特性，提出了新的催化剂设计和构筑思路。这两个催化剂的设计都利用了钙钛矿型复合氧化物的特性，并且利用这些特性还可以构筑和制备用于其他反应的催化剂，于是，可以说这个设计方案发展成为了有一定应用范围的一种固体催化剂制备方法。

参考文献

［1］ 赵九生，时其昌，马福善，等. 催化剂生产原理. 北京：科学出版社，1986.

［2］ 潘履让. 固体催化剂的设计与制备. 天津：南开大学出版社，1993.

［3］ Yang Q L，Liu G L，Liu Y. Perovskite-type oxides as the catalyst precursors for preparing supported metallic nanocatalysts：A review. Ind Eng Chem Res，2017，57：1-17.

［4］ 朱洪法，刘丽芝. 催化剂制备及应用技术. 北京：中国石化出版社，2022.

［5］ 靳永勇，郝盼盼，任军，等. 单原子催化——概念、方法与应用. 化学进展，2015，27：1689-1704.

［6］ Royer S，Duprez D，Can F，et al. Perovskites as substitutes of noble metals for heterogeneous catalysis：dream or reality. Chem Rev，2014，114：10292-10368.

［7］ Niu T，Zhang L，Liu Y. Highly dispersed Ru on K-doped meso-macroporous SiO_2 for the preferential oxidation of CO in H_2-rich gases. Int J Hydrogen Energy，2014，39：13800-13807.

［8］ Wong A，Lin Q，Griffin S，A，et al. Synthesis of ultrasmall，homogeneously alloyed，bimetallic nanoparticles on silica supports. Science，2017，358：1427-1430.

［9］ Reichenauer G. New insights and characterization methods through. Part Part Syst Char，2004，21：117-127.

［10］ Ko E I. Sol-gel process，preparation of solid catalysts，in：Ertl G，Knozinger H，Weitkamp J. Handbook of Heterogenous Catalysis. VCH，1997，85-98.

［11］ Pechini M P. Barium titanium citrate，barium titanate and processes for producing same ［P］：US 3231328. 1962.

［12］ Kakihana M，Yoshimura M. Synthesis and characteritics of complex multicomponent oxides prepared by polymer complex method. Bull Chem Soc Jpn，1999，72：1427-1443.

［13］ Lee H，Hong M，Bae S，et al. A novel approach to preparing nano-sized Co_3O_4-coated Ni powder by the Pechini method of MCFC cathods. J Mater Chem，2013，13：2626-2632.

［14］ Kakihana M. "Sol-gel" preparation of high temperature superconducting oxides. J Sol-Gel Sci Technol，1996，6：7-55.

［15］ Tai L W，Lessing P A. Modified resin-intermediate processing of perovskite powder：part Ⅰ. Optimization of polymeric precursors. J Mater Res，1992，7：502-510.

［16］ Beck J S，Vartuli J C，Roth W J，et al. A new family of mesoporous molecular sieves prepared with liquid crystal templates. J Am Chem Soc，1992，114：10834-10843.

［17］ Carreon M A，Guliants V V. Ordered meso-and macroporous binary and mixed metal oxides. Eur J Inorg Chem，2005，2005：27-43.

［18］ Huo Q，Margolese D I，Ciesla U，et al. Organization of organic molecules with inorganic molecular species into nanocomposite biphase arrays. Chem Mater，1994，6：1176-1191.

［19］ Monnier A，Schuth F，Huo Q，et al. Cooperative formation of inorganic-organic interfaces in the synthesis of silicate mesostructures. Science，1993，261：1299-1303.

[20] Huo Q, Margolese D I, Ciesla U, et al. Generalized synthsis of periodic surfactant/inorganic composite materials. Nature, 1994, 368: 317-321.

[21] Kresge C T, Roth W J. The discovery of mesoporous molecular sieves fromthe twenty year perspective. Chem Soc Rev, 2013, 42: 3663-3670.

[22] Taguchi A, Schüth F. Ordered mesoporous materials in catalysis. Micropor Mesopor Mater, 2005, 77: 1-45.

[23] Velev O D, Jede T A, Lobo R F, Lenhoff A M. Porous silica via colloidal crystallization. Nature, 1997, 389: 447-448.

[24] Carreon M A, Guliants V V. Synthesis of catalytic materials on multiple length scales: from mesoporous to macroporous bulk mixed metal oxides for selective oxidation of hydrocarbons. Catal Today, 2005, 99: 137-142.

[25] Guliants V V, Carreon M A, Lin Y S. Ordered mesoporous and macroporous inorganic films and membranes. J Membr Sci, 2004, 235: 53-72.

[26] Stein A, Schroden R C. Colloidal crystal templating of three-dimensionally ordered macroporous solids: materials for photonics and beyond. Curr Opin Solid State Mater Sci, 2001, 5: 553-564.

[27] 徐如人, 庞文琴. 无机合成与制备化学. 北京: 高等教育出版社, 2001.

[28] Eriksson S, Nylén U, Rojas S, et al. Preparation of catalysts from microemulsions and their applications in heterogeneous catalysis. Appl Catal A: Gen, 2004, 265: 207-219.

[29] Zhang Y, Liang H, Zhao C Y, et al. Macroporous alumina monoliths prepared by filling polymer foams with alumina hydrosols. J Mater Sci, 2009, 44: 931-938.

[30] 黄剑锋, 冯亮亮, 曹丽云. 溶胶-凝胶工艺及应用. 北京: 高等教育出版社, 2021.

[31] Cansell F, Aymonier C, Loppinet-Serani A. Review on materials science and supercritical fluids. Curr Opin Solid State Mater Sci, 2003, 7: 331-340.

[32] Dimitrov A S, Nagayama K. Continuous convective assembling of fine particles into two-dimensional arrays on solid surfaces. Langmuir, 1996, 12: 1303-1311.

[33] Farmer J A, Campbell C T. Ceria maintains smaller metal catalyst particles by strong metal-support bonding. Science, 2010, 329: 933-936.

[34] Fang Y Z, Liu Y, Zhang L H. LaFeO$_3$-supported nano Co-Cu catalysts for higher alcohol synthesis from syngas. Appl Catal A: Gen, 2011, 397: 183-191.

[35] Li S, Gong D, Tang H, et al. Preparation of bimetallic Ni@Ru nanoparticles supported on SiO$_2$ and their catalytic performance for CO methanation. Chem Eng J, 2018, 334: 2167-2178.

[36] Zhang Y, Liang H, Liu Y, et al. Three-dimensionally ordered macro-porous CuO-CeO$_2$ used for preferential oxidation of carbon monoxide in hydrogen-rich gases. Catal Commun, 2009, 10: 1432-1436.

[37] Zhang Y, Zhao C Y, Liu Y, et al. Macroporous monolithic Pt/γ-Al$_2$O$_3$ and K-Pt/γ-Al$_2$O$_3$ catalysts used for preferential oxidation of CO. Catal Lett, 2008, 127: 339-347.

[38] Lu S, Liu Y, Wang Y. Meso-macro-porous monolithic Pt-Ni/Al$_2$O$_3$ catalysts used for miniaturizing preferential carbon monoxide oxidation reactor. Chem Commun, 2010, 46: 634-636.

[39] Lu S, Zhang L, Liu Y, Coating mesoporous alumina onto the macropore walls of monolithic α-Al$_2$O$_3$ and its use as catalyst support for preferential oxidation of CO. RSC Adv, 2013, 3: 5639-5648.

[40] Lu S, Liu Y. Preparation of meso-macroporous carbon nanotube-alumina composite monoliths and

their application to the preferential oxidation of CO in hydrogen-rich gases. Appl Catal B: Environ, 2012, 111-112: 492-501.

[41] Niu T, Liu G L, Liu Y. Preparation of Ru/graphene-meso-macroporous SiO_2 composite and their application to the preferential oxidation of CO in H_2-rich gases. Appl Catal B: Environ, 2014, 154-155: 82-92.

[42] Hu Y, Wang Y, Lu Z, et al. Core-shell nanospheres Pt@SiO_2 for catalytic hydrogen production. Appl Surf Sci, 2015, 341: 185-189.

[43] Li C, Zhang Y, Li Z, et al. Light-responsive biodegradable nanorattles for cancer theranostics. Adv Mater, 2018, 30: 1706150.

[44] Qu Y, Liu F, Liu Y, et al. Forming ceria shell on Au-core by LSPR photothermal induced interface reaction. Appl Surf Sci, 2015, 343: 207-211.

[45] Zhong H, Wei Y, Liu Y, et al. Preparation of core-shell Ag@CeO_2 nanocomposite by LSPR photothermal induced interface reaction. Nanotechnology, 2016, 27: 135701.

[46] Li S, Tang H, Liu Y, et al. Loading Ni/La_2O_3 on SiO_2 for CO methanation from syngas. Catal Today, 2017, 297: 298-307.

[47] Liu G, Niu T, Liu Y, et al. Preparation of bimetal Cu-Co nanoparticles supported on meso-macroporous SiO_2 and their application to higher alcohols synthesis from syngas. Appl Catal A: Gen, 2014, 483: 10-18.

[48] Liu G L, Niu T, Liu Y, et al. The deactivation of Cu-Co alloy nanoparticles supported on ZrO_2 for higher alcohols synthesis from syngas. Fuel, 2016, 176: 1-10.

[49] Zhong H, Wang J, Liu Y, et al. Nanoparticles of Rh confined and tailored by $LaFeO_3$-La_2O_3 on SiO_2 for direct ethanol synthesis from syngas. Catal Sci Technol, 2019, 9: 3454-3468.

[50] Zhang S, An K, Liu Y, et al. SiO_2 supported highly dispersed Pt atoms on $LaNiO_3$ by reducing a perovskite-type oxide as the precursor and used for CO oxidation. Catal Today, 2020, 355: 222-230.

[51] Zhang S, An K, Liu Y, et al. Bi-active sites of stable and highly dispersed platinum and oxygen vacancy constructed by reducing a loaded perovskite-type oxide for CO oxidation. Appl Surf Sci, 2020, 532: 147455.

[52] Zhang S, Zhou W, Mao J, et al. Super anti-sintering Pt nanoparticle catalysts on perovskite support by Ru ions enhancing the interface bonding, J Mater Chem A, 2022, 10: 8227-8237.